本书获江西理工大学优秀学术著作出版基金资助

生物柴油科学与技术

舒　庆　余长林　熊道陵　编著

北　京
冶　金　工　业　出　版　社
2012

内 容 简 介

本书对生物柴油的原料来源、物化特性、产品分析表征方法、催化制备方法、催化反应动力学、国内外工业化生产工艺发展现状、生产工艺强化技术手段、下游产品开发利用进行了介绍。

本书可供能源化工、生物质能源相关领域的科研人员和高等院校相关专业的师生参阅，也可供相关领域的管理人员参考。

图书在版编目(CIP)数据

生物柴油科学与技术/舒庆，余长林，熊道陵编著．—北京：冶金工业出版社，2012．12

(现代生物质能源技术丛书)

ISBN 978-7-5024-6095-2

Ⅰ．①生…　Ⅱ．①舒…　②余…　③熊…　Ⅲ．①生物能源—无污染燃料—柴油—生产工艺　Ⅳ．①TE626．24

中国版本图书馆 CIP 数据核字(2012) 第 271253 号

出 版 人　谭学余

地　　址　北京北河沿大街嵩祝院北巷 39 号，邮编 100009

电　　话　(010)64027926　电子信箱　yjcbs@cnmip.com.cn

责任编辑　张熙莹　美术编辑　彭子赫　版式设计　孙跃红

责任校对　石　静　责任印制　张祺鑫

ISBN 978-7-5024-6095-2

冶金工业出版社出版发行；各地新华书店经销；北京慧美印刷有限公司印刷

2012 年 12 月第 1 版，2012 年 12 月第 1 次印刷

169mm×239mm；12 印张；228 千字；180 页

38.00 元

冶金工业出版社投稿电话：(010)64027932　投稿信箱：tougao@cnmip.com.cn

冶金工业出版社发行部　电话：(010)64044283　传真：(010)64027893

冶金书店　地址：北京东四西大街 46 号(100010)　电话：(010)65289081(兼传真)

(本书如有印装质量问题，本社发行部负责退换)

前　　言

近年来，为了缓解石油短缺和环境保护带来的巨大压力，生物燃料已经引起了世界各国的广泛关注。生物燃料是指以生物质为原料，经物理或化学方法转化后得到的产品，可作为汽车或其他动力装置的燃料。其中，生物柴油在经济适用性方面具有极强的竞争力，且具有环境友好、可再生的优点，是一种很有发展潜力的生物燃料。大力发展生物柴油，有望在经济的可持续性发展、能源替代、减轻环境压力和控制大气污染等方面产生重要的战略意义。为了促进我国生物柴油产业的发展，在江西理工大学优秀学术著作出版基金的资助下，以作者多年来在生物柴油的物理性质预测、分析手段优化设计、新型碳基固体酸催化剂制备、催化活性及工艺参数优化、热力学和动力学分析、反应与分离耦合工艺开发、生物柴油及甘油的下游产品开发利用等方面所做的研究工作为基础，组织编著了本书。

本书对生物柴油的原料来源和类型、物理化学性质、产品分析表征方法、制备方法、催化反应动力学、国内外生物柴油工业化生产工艺、生物柴油及甘油的下游产品开发利用等方面进行了系统阐述。以期给广大从事生物柴油研发、生产和应用的科学研究工作者，以及相关领域的研究人员提供相应借鉴。

参加本书编写的有从事生物柴油科研、设计、生产方面的学者、专家和专业技术人员，他们是张彩霞（第1章），许宝泉（第2章），舒庆（第3章和第4章），熊道陵（第5章），余长林（第6章）。另外，江西理工大学冶金与化学工程学院、江西理工大学科学技术处的领导和专家给予了大力支持，在此一并表示衷心的感谢！

由于生物柴油的科学研究与应用仍处于不断迅速发展的阶段，限于编著者的水平和经验，书中不足之处，敬请同行专家和广大读者批评指正。

舒　庆

2012年7月于江西赣州

目　　录

1 绪　论

能源是工农业生产的生命线。然而，化石能源属于不可再生能源，因为大量开采和使用已日渐枯竭。除此以外，化石能源在燃烧过程中排放了大量有害物质，已经对自然环境和人类健康带来了恶劣的影响。化石能源使用过程中产生的以上问题，已经迫使全世界的政府和科研机构积极地寻找一种可再生的清洁能源，并希望通过这种理想的清洁能源来代替常规化石能源，特别是基于石油的能源。

我国国民经济持续快速的发展，带动了能源消费长期高速增长。目前，我国石油供给已呈现出紧张局面。近几年来，我国石油产量约为1.6亿吨，而石油消费量却已超过2.5亿吨，使我国产生了石油供应严重不足的问题。中国自1993年成为石油净进口国以来，石油进口量逐年增加，2004年，我国净进口石油突破1亿吨，接近需求总量的40%。2007年，我国石油消费总量为3.4亿吨，其中进口量为1.63亿吨，约为需求总量的48%。从未来发展趋势看，预计到2015年，石油缺口将达到1.8亿~2亿吨左右。我国正处于加速工业化发展阶段，伴随着人口和经济产值的高速增长，石油供应和消费总量将会一直持续增长，如果石油供应不足的问题不能顺利解决，那么将对我国的社会经济发展带来不利的影响。因此，在我国，能源短缺问题尤其值得重视。

在石油的消费构成中，柴油已经成为了一个重要组成部分。目前，以柴油机为动力的农业机械，在世界各国所占的比例已经达到90%。并且，越来越多的小轿车也开始使用柴油机，欧洲市场上的柴油小轿车比例已超过45%。随着石油供求矛盾的不断激化，在我国也已经产生了严重的柴油供应问题。近年来，随着我国石油加工量的上升，汽油和煤油都拥有一定数量的出口余地，而柴油的供应缺口仍然较大。目前，生产的柴汽比约为1.8，而市场消费的柴汽比均在2.0以上。在广西、云南、贵州等省区，消费的柴汽比甚至在2.5以上。现阶段，我国柴油缺口仍有60万~240万吨。2010年，柴油的需求量已突破1000万吨，至2015年市场需求量预计将会达到1300万吨。在未来较长的一段时间内，柴油供应不足都将会是一个制约我国石油市场发展的焦点问题。

近年来，为了缓解石油短缺和环境保护所带来的巨大压力，生物燃料已经引起了人们的广泛关注。生物燃料是指以生物质为原料而获得的燃料，它可用于汽车或其他动力装置。生物燃料主要有甲醇、乙醇、生物柴油三种。在这些替代燃料中，生物柴油在经济适用性方面具有极强的竞争力，且具有环境友好、可再生的优点，是一种很有发展潜力的新能源。大力发展生物柴油，有望在经济的可持续发展、能源替代、减轻环境压力和控制大气污染等方面产生重要的战略意义。

1.1 生物柴油的发展历史

柴油机（diesel engine）由鲁道夫·迪塞尔（Rudolf Diesel）博士所发明，它是一种以柴油为燃料的内燃机。其工作原理为：柴油机在工作时，其汽缸内吸入的空气将会因为活塞的运动而受到较高程度的压缩，而达到500~700℃的高温状态。燃油自油箱、进油管经输油泵进入柴油滤清器，过滤后进入喷油泵，然后由柱塞偶件压缩产生高压经出油阀、高压油管进入喷油器。喷油器把经过滤的燃油以雾状喷入燃烧室中与高温高压的空气混合立即自行着火燃烧，形成的高压推动活塞向下做功，推动曲轴旋转，完成做功行程。

迪塞尔当时主要以矿物柴油为燃料供其研制成的柴油机使用，除了以矿物柴油为燃料外，迪塞尔也开始研究以矿物柴油之外的能源为柴油机燃料。1893 年 8 月 10 日，迪塞尔在德国的奥格斯堡第一次以花生油而不是矿物柴油为燃料，进行了柴油机的燃烧性能实验。为了纪念这一事件，8 月 10 日被命名为“国际生物柴油日”。在 1900 年的法国巴黎世界博览会上，迪塞尔展出了以花生油为动力燃料的柴油机。1912 年，在万众瞩目之下，迪塞尔作出了预言：“植物油作为引擎燃料，今天看来可能不值一提，但随着时间推移，它总有一天会和石油一样重要。”当迪塞尔以植物油为燃料进行柴油机实验时，为了防止高黏度的植物油阻塞柴油机的喷射器，他使用了大尺寸的喷射器。另外，由于当时所研制的柴油机均存在着体积笨重的缺陷，从而限制了它的使用范围，主要在一些大型军舰上使用。随着时间推移到 20 世纪 20 年代，技术上的革新使得柴油机逐渐朝小型化方向发展，这同样也要求在柴油机上使用低黏度的燃料。然而，在同一时期，随着石油的出现，以其炼制过程中得到的一些饱和碳氢化合物为柴油机的燃料时，发现其是一种价格相对低廉而且燃烧效率更高的一种燃料，也被认为是一种最适合的燃料来源。这也导致了以植物油为燃料的研究没有得到进一步的关注和进展。同样，还必须注意到这样一个实际情况：当今的柴油机已经无法以植物油为燃料了，这是由于植物油的高黏度将阻塞柴油机的喷射器，喷射系统中会大量积炭，其糟糕的低温流动性也是原因之一。例如，菜子油只能用于非直喷式压燃机，而当今已经很少生产和使用该类型的柴油机了。

当石油供应出现短缺时，在这种燃料紧缺的严峻形势下，直接以植物油或者是以植物油经物理化学作用转化后得到的衍生物为柴油机燃料的设想，也一度获得了全世界研究者的广泛关注和兴趣。自从 20 世纪 30 年代以来，多种基于以植物油为柴油机燃料的设想被提出来，如直接使用、与其他燃料混合使用、热裂解获得碳氢化合物、脂肪酸酯（生物柴油）。如当时的中国，通过热裂解桐子油得到了一种主要成分为碳氢化合物的液体燃料。40年代，巴西直接以棕榈油、蓖麻子油和棉子油为内燃机的燃料，或把以上油类经热裂解后得到的碳氢化合物作为内燃机的燃料。

20世纪70～80年代，美国的研究人员再次提出了使用生物燃料的想法。这是因为以下两个方面的原因：一方面，美国国家环保局（EPA）在1970年通过了清洁空气法，通过该法的实行，美国国家环保局可以更具体地控制污染物（如二氧化硫、一氧化碳、臭氧以及氮氧化物）的排放标准。这为清洁燃料的开发创造了条件，也为燃料添加剂设定了标准。另一方面，由于1973～1974年阿拉伯石油禁运和1978～1979年伊朗革命等事件的发生，加上美国国内石油生产量减少，导致了石油价格上涨。

1982年8月，在美国北达科他州的法戈，第一次召开了基于植物油利用开发研究的国际会议。这次会议讨论了燃料的使用费用、植物油燃料对发动机燃烧性能和耐用性的影响以及燃料规范标准和添加剂等。同时，油料作物的种植、植物油加工与提取方法，也在这次大会上进行了讨论。尽管植物油一直被当作是一种重要的柴油机代用燃料，但是，其在作为燃料使用时，存在着高黏度、低挥发性和糟糕的低温流动性等缺陷。这些不足都迫使研究者无法直接以植物油为燃料，而只能以植物油为原料去开发其经物理化学作用后得到的下游产品为燃料的可行途径。

在以植物油为原料进行其下游产品燃料研发的工作中，脂肪酸酯（生物柴油）的制备工作受到了最多的关注，其可通过植物油与低碳醇的酯交换反应来制备。早在1853年，当第一台柴油发动机还没有开始运转时，科学家Duffy和Patrick已经进行了植物油的酯交换实验。由于甲醇来源广泛，而且价格便宜，因此，通常选择甲醇与油脂进行酯交换反应来制备生物柴油。当选择甲醇与油脂反应时，产品生物柴油的主要成分是脂肪酸甲酯（fatty acid methyl esters，FAMEs）。按化学成分进行分析，一般为棕榈酸、硬脂酸、油酸、亚油酸等由14～20个碳原子的长链饱和或者不饱和脂肪酸同甲醇所形成的脂肪酸甲酯类化合物。生物柴油这个名称是1992年第一次由美国的大豆柴油发展委员会（现在的名称是国家生物柴油委员会）提出，该委员会对生物柴油在美国的商业化发展起了重要的先驱者作用。

脂肪酸甲酯类化合物的特点：（1）高十六烷值、较低的黏度值、高开口闪点值；（2）燃烧该类燃料所产生的CO_2与其生产原料生长所吸收的CO_2接近，不会加剧温室效应；（3）可被生物降解、无毒、不含硫、对环境无害，可以达到美国《清洁空气法》所规定的健康影响检测要求；（4）无需对现有柴油机进行改造，可直接或按任意比例与石化柴油调配后在柴油机上使用，是替代石化柴油的理想燃料；（5）从能量密度的角度来说，生物柴油也是石化柴油的理想替代物。例如，硬脂酸甲酯、棕榈酸甲酯和油酸甲酯的热值分别为40.226MJ/kg、39.599MJ/kg和40.060MJ/kg，经比较可发现：以上这些甲酯组分的热值均与具有类似分子结构的石化柴油组分（长碳链脂肪烃）的热值接近。由于柴油机采用的是定体积供油方式，当燃用甲酯与石化柴油的热效率假定大致相等时，则每循环供油量的体积不需做多大变动，即可达到柴油机原工况的性能，这也是生物柴油可以在柴油机上直接使用的主要原因。从清洁的角度来说，生物柴油也是石化柴油的理想替代物。生物柴油是一种含氧燃料，一方面，在燃烧时可以为油束中心的富油区提供氧原子；另一方面，由于氧原子始终与碳原子相连，使得碳原子不会发生最终生成芳香烃和碳粒的副反应，因而可以抑制浓混合气区的炭烟生成，降低混合燃料中的芳香烃含量，减少炭烟的生成。同时，生物柴油中的硫含量低，也可降低硫酸盐微粒的排放。

1.2 生物柴油的原料来源和燃烧性能

本节主要讨论生产生物柴油的原料油脂来源、种类、在世界各国的分布情况以及生物柴油的各项燃烧性能指标，并与石化柴油的燃烧性能进行比较。

多种可食用植物油、不可食用植物油、动物脂肪、废动植物油脂、可食用植物油精炼加工过程和日用生活品生产过程中产生的下脚料以及具有不同碳链长度和不饱和键个数的各种脂肪酸，均可作为原料来生产生物柴油，如棉子油、大豆油、花生油、玉米油、油菜子油、葵花子油、鱼油、猪油、泔水油和皂脚酸化油等。当前，全世界每年消费的柴油总量已经达到10亿吨，而可用于生产生物柴油的油脂原料的总量还达不到所消费的柴油总量的12%。全球每年生产的油脂中，大约有80%用于供人类食用，20%用于油脂化工业（其中，6%为动物脂肪，14%为植物油）。世界最大的植物油来源是棕榈油，占植物油总产量的31.0%，另外，大豆油为29.2%，菜子油为14.6%，葵花子油为8.5%。大约有75%的可食用油来自于含油种子胚乳的提取物，如大豆油等。另外25%的可食用油来自于含油种子果皮的提取物，如棕榈油、橄榄油等。当前，全世界对植物油的需求正以600万吨/年的速度增长。其中，作为食用油对植物油需求的增长速度为400万吨/年，生物燃料生产对植物油需求的增长速度为200万吨/年。

动植物油脂通常通过其与甲醇的酯交换反应（添加催化剂或无催化剂作用）来制备脂肪酸甲酯（生物柴油）。当以高酸值廉价油脂为原料制备生物柴油时，可同时通过脂肪酸与甲醇的酯化反应和甘油酯与甲醇的酯交换反应来制备生物柴油。与化石能源不同，世界上不同的国家与地区，分别拥有不同种类的可作为生物柴油生产原料的动植物油脂资源。目前，世界各国纷纷根据本国国情来选择合适的油脂原料生产生物柴油。表1-1为世界各国的主要植物油生产情况（2009年）。

表 1-1 世界各国的主要植物油生产情况（2009 年）

种 类	总产量/万吨	产量排名前三的生产国	占全世界总产量的百分比/%		
			第一名	第二名	第三名
菜子油	2038	欧盟，中国，印度	41.3	23.1	10.1
大豆油	3574	美国，中国，阿根廷	23.8	20.5	17.1
葵花子油	1183	俄罗斯，乌克兰，欧盟	21.6	22.2	20.0
棉子油	483	中国，印度，美国	33.1	21.3	6.2
花生油	500	中国，印度	43.4	30.8	—
橄榄油	297	欧盟，土耳其	75.8	5.7	—
棕榈仁油	517	马来西亚，印度尼西亚	—	—	—
椰子油	355	菲律宾，印度尼西亚，印度	—	—	—

由表 1-1 可知，美国的大豆油产量居世界第一位。因此，其已大力发展了以大豆油为主要原料的生物柴油产业。东南亚国家属于热带雨林或热带季风气候，全年高温，但雨水丰富，适于规模化种植油棕，棕榈油现已成为当地发展生物柴油的重要原料。世界可再生能源生产大国巴西，主要利用蓖麻子油生产生物柴油。欧洲和北美地区耕地资源丰富，农业高度发达，因此，欧洲各国，尤其是德国，大规模种植油菜，利用菜子油生产生物柴油，并建立了相应的产品标准。而在日本，由于其人口众多，国土面积少，土地资源缺乏，植物油资源贫乏，因此日本生物柴油的主要原料来源于废弃煎炸油（地沟油）。如按照当前动植物油脂为原料生产生物柴油技术的总花费情况进行经济评估，原料成本将占生产总成本的 70% ~90% 。因此，油脂原料的价格是决定生物柴油价格的最主要因素。

植物油将是我国今后十年或更长时间内最主要的生物柴油生产原料。我国不同地区植物油原料的种类变化较大，主要有草本植物油（菜子油、棉子油、大豆油）和木本植物油（黄连木子油、文冠果油、麻风果油）。从长远来看，开发适宜于山地生长的、不可食用的各类植物油资源，是解决我国产业化生产生物柴油原料需求的主要途径。我国植物油资源丰富，美国科学院推荐的具有普遍适应性的 60 多种优良能源植物中，几乎有一半原产于我国，如广泛生长在四川、广东、广西、云南和海南等地的乌桕树、麻风树、黄连木树、光皮树等都可以产生丰富的植物油，但现有的木本油料资源没有充分利用。我国应当依托生物柴油产业这一广阔的市场，开发利用各种高产、经济性好的油料林木资源，同时利用贫瘠土地种植油料树木，如黄连木、文冠果、麻风树等。另外，一些植物油（如大豆油、菜子油等）在精炼加工过程中，会产生一些下脚料（皂脚），其中含磷脂、水、油脂及胶质，因为水化磷脂容易腐败发臭，所以一般均使用硫酸将其酸化，使磷脂分解后分层得到酸化油。酸化油的主要成分是游离脂肪酸及中性油，也可作为生产生物柴油的重要原料来源。

我国是植物资源相对丰富而且分布广泛的国家，虽然可为生物柴油原料的选择提供巨大便利。但是，由于我国是人口大国，目前我国的食用油仍需要大量进口以及食用优先的限制，我国不可能利用大量的可食用植物油来生产生物柴油。因此，欧美生物柴油产业发展模式不符合中国的实际情况。与发达国家不同，我国近期生产生物柴油的原料主要是廉价废动植物油脂。我国是食用油消费大国，2007 年的食用油消费总量约为 1600 万吨。其中，大约有 10% 的食用油在使用后被废弃，产生了 160 万吨废动植物油脂。虽然废动植物油脂存在收集困难、预处理复杂等缺点，但具有回收价格低，可降低生物柴油生产原料成本的优点，如加以回收利用，无疑是一个巨大的廉价生物柴油原料来源，而且可以减少环境污染。因此，利用地沟油生产生物柴油不但可以降低生产成本，还能变废为宝。可以预见我国存在巨大的油料植物资源开发潜力，可为生物柴油的产业化发展提供坚实的保障。表 1-2 为一些常见植物油的主要化学成分（其中，$m:n$ 表示构成甘油酯的脂肪酸分子结构中的碳原子个数为 m，不饱和双键个数为 n）。

表 1-2 常见植物油的主要化学成分（质量分数） （%）

成 分	$m:n$								
	16∶0	18∶0	20∶0	22∶0	24∶0	18∶1	22∶1	18∶2	18∶3
玉米油	11.67	1.85	0.24	0.00	0.00	25.16	0.00	60.60	0.48
棉子油	28.33	0.89	0.00	0.00	0.00	13.27	0.00	57.51	0.00
海甘蓝油	2.07	0.70	2.09	0.80	1.12	18.86	58.51	9.00	6.85
大豆油	11.75	3.15	0.00	0.00	0.00	23.26	0.00	55.53	6.31
油菜子油	3.49	0.85	0.00	0.00	0.00	64.4	0.00	22.30	8.23
花生油	11.38	2.39	1.32	2.52	1.23	48.28	0.00	31.95	0.93
葵花子油	6.08	3.26	0.00	0.00	0.00	16.93	0.00	73.73	0.00

由表 1-2 中的不同植物油的组分情况可知：生物柴油不是一种纯化合物，而是一种由不同碳链长度和双键数量的脂肪酸甲酯组成的混合物。因而，其与纯化合物不同，没有固定的沸点，其沸点随气化率的增加而不断提高。生物柴油的沸点只能以某一温度范围表示，这一温度范围称为沸程或馏程。由于生物柴油中各种脂肪酸甲酯结构较为相似，沸点范围较窄，在 325 ~ 350℃之间，接近 0 号柴油，可保证在柴油机汽缸中迅速气化和燃烧。

不同植物油的物理性质见表 1-3，不同植物油制备而成的生物柴油的物理性质见表 1-4。

表1-3 不同植物油的物理性质

种 类	密度 /g·cm⁻³	闪点/℃	运动黏度(40℃)/mm²·s⁻¹	酸值 /mg KOH·g⁻¹	热值 /MJ·kg⁻¹
大豆油	0.91	254	32.9	0.2	39.6
油菜子油	0.91	246	35.1	2.92	39.7
葵花子油	0.92	274	32.6	3	39.6
棕榈油	0.92	267	39.6	0.1	36.0
花生油	0.90	271	22.72	3	39.8
玉米油	0.91	277	34.9	4	39.5
棉子油	0.91	234	18.2	0.56	39.5
南瓜子油	0.92	>230	35.6	0.55	39.0
麻风树油	0.92	225	29.4	9.7	38.5

表1-4 不同植物油制备而成的生物柴油的物理性质

种 类	十六烷值	运动黏度(40℃)/mm²·s⁻¹	皂化值	酸值 /mg KOH·g⁻¹	碘值	热值 /MJ·kg⁻¹
大豆油	52	4.08	201	0.15	138.7	40
油菜子油	49~50	4.30~5.83		0.25~0.45		45
葵花子油	49	4.90	200	0.24	142.7	45.3
棕榈油	62	4.42	207	0.08	60.07	34
花生油	54	4.42	200		67.45	40.1
玉米油	58~59	3.39	202		120.3	45
棉子油	54	4.07	204	0.16	104.7	45
南瓜子油		4.41	202	0.48	115	38
麻风树油	61~63	4.78	202	0.496	108.4	40~42

由表1-3可知，不同种类植物油的密度值差别很小，主要集中在0.90~0.92g/cm³范围内；闪点值差异不明显，玉米油的闪点最高，麻风树油的闪点最低；在40℃时的运动黏度值相差较大，棉子油最低（18.2mm²/s），棕榈油最高（39.6mm²/s）；酸值相差较大，麻风树油最高（9.7mg KOH/g），棕榈油最低（0.1mg KOH/g）；热值差别较小。

由表1-4可知，以不同植物油为原料制备而成的生物柴油的密度相差不大，一般在0.86~0.90g/cm³之间，而0号柴油的密度约为0.83g/cm³，2号柴油的密度约为0.85g/cm³。由此可见，生物柴油的密度要比石化柴油高2%~7%。这是因为生物柴油中不同种类脂肪酸甲酯组分的碳链长度要普遍大于石化柴油中的各种碳氢化合物组分的碳链长度。由于油料密度的大小对燃料从喷嘴喷出的射程和雾化质量有很大影响，与发动机的排放物也有重大影响，因此，降低油料的密度有助于提高其燃烧性能。

十六烷值是用于评定柴油抗爆性的一种性能指标，它是在规定的试验条件下，用标准单缸试验机测定柴油的着火性能，并与一定组成的标准燃料（由十六烷值定为100的十六烷和十六烷值定为0的α-甲基萘组成的混合物）的着火性能相比，而得到的实际值。当试样的着火性能和同一条件下用来比较的标准燃料的着火性能相同时，则标准燃料中的十六烷值所占的体积分数，即为试样的十六烷值。柴油的十六烷值对整个燃烧过程都有影响，十六烷值低，将导致燃料着火困难，滞燃期长，容易使发动机在工作时爆震，加速机件磨损，甚至损坏连杆轴承。较高的十六烷值将有助于提高发动机的冷启动性能和减少炭烟的生成。值得注意的是：十六烷值也不可太高，过高的十六烷值将导致燃料着火后仍有相当多的燃料继续喷入燃烧室，致使燃料分子发生高温局部缺氧裂解，而降低发动机功率和增加耗油、冒黑烟等不良后果。为了保证发动机的优良运转效果，需要一个适宜的十六烷值，如在美国，规定了一种普通柴油的十六烷值最小为40。在美国的ASTM标准中，将B100的十六烷值的最小值定为47，这与美国国家度量衡委员会定义的“优良柴油”的设定值一致。由表1-4中不同植物油为原料制备而成的生物柴油的十六烷值分布情况可知，十六烷值均在49～63之间，均可满足“优良柴油”的要求。

酸值是一种评价油脂中脂肪酸含量的重要性质，通过比较酸值的大小，可以确定一种燃料是否由适合的生产工艺制备而成，以及是否发生了氧化作用而降低了燃料的品质。如果一种燃料的酸值大于0.5mg KOH/g，那么发动机中将有更多的固体残余物，从而降低发动机泵和过滤系统的使用寿命。

碘值是衡量生物柴油不饱和度大小的指标，甲酯分子中的双键越多，则其碘值也越大。通过测定碘值，可以计算出混合脂肪酸的平均双键数，而平均双键数的大小又与生物柴油的燃烧性能、运动黏度、冷滤点等有关。因此，碘值可在一定条件下判断生物柴油的性质。皂化值表示在规定条件下，中和并皂化1g油脂所消耗的KOH毫克数。皂化值的高低表示油脂中脂肪酸相对分子质量的大小，皂化值越高，说明脂肪酸相对分子质量越小，亲水性较强，失去油脂的特性；皂化值越低，则脂肪酸相对分子质量越大或含有较多的不皂化物。

动力黏度是指流体单位接触面积上的内摩擦力与垂直于运动方向上的流速变化率的比值。运动黏度是指动力黏度与同温同压下流体的密度的比值。它是衡量燃料流动性能及雾化性能的重要指标。运动黏度过高时，流动性差而使成油困难；同时，喷出的油滴直径过大，喷油的射程过长，油滴有效蒸发面积减少，蒸发速率减慢；另外，引起混合气组成不均，燃烧不完全，增大燃料消耗量。当运动黏度过低时，流动性能过高，燃料会从油泵的柱塞和泵筒之间的空隙流出，致使喷入汽缸的燃料减少，降低发动机效率；同时，雾化后的油滴直径过小，喷油的射程短，不能与空气均匀混合，燃烧不完全。0 号柴油的运动黏度值为 2.7mm²/s。由表 1-3 中不同植物油的运动黏度分布情况可知，植物油的运动黏度值为 0 号柴油的 10 倍以上。另外，由表 1-4 中不同植物油为原料制备而成的生物柴油的运动黏度分布情况可知，生物柴油的运动黏度值在 3 ~5mm²/s 之间。因此，植物油经酯交换反应转化为生物柴油后，运动黏度会显著降低，但还是要比石化柴油高一些，这同样也是由于生物柴油各组分的碳链长度大于石化柴油组分的碳链长度而造成。

生物柴油的各项燃烧性能指标与市场上普通的石化柴油的比较见表 1-5。

表 1-5 生物柴油与石化柴油各项燃烧性能指标比较

物　性	生物柴油	石化柴油
标　准	ASTM D6751	ASTM D975
20℃密度/g · mL⁻¹	0.88	0.85
闭口闪点/℃	>130	60
40℃运动黏度/mm² · s⁻¹	2 ~6	2 ~4
氧含量(质量分数)/%	11	0
硫含量(质量分数)/%	0.005	0.05
热值/MJ · L⁻¹	30 ~40	35
燃烧功效/%	104	100

由表 1-5 中的数据可以看出，油脂经酯交换工艺转变为生物柴油后，其燃烧性能大为改善，主要表现在黏度大为降低。在相同的燃烧条件下，对生物柴油 B100（100% 生物柴油）和 B20（20% 生物柴油与 80% 石化柴油混合）分别进行了燃烧试验，并测量了以上两种燃料在燃烧过程中所生成的不同燃烧排放物的数量，然后与石化柴油在燃烧过程中所生成的燃烧排放物的数量进行了比较分析，排放量降低的具体程度情况见表 1-6。

表 1-6 B100 和 B20 生物柴油与石化柴油在燃烧排放量降低程度上的比较（%）

排放物	B100	B20	排放物	B100	B20
CO	-44	-9	硫酸盐	-100	-20
颗粒物质	-40	-8	聚芳香烃化合物	-80	-13
NO_x	-6	-1	总未燃碳氢化合物	-68	-14

由表 1-6 可知，生物柴油 B100 燃烧时不排放二氧化硫，与石化柴油相比，排出的 NO_x 等有害气体和颗粒物质也已经大幅减少。B20 也可显著减少有害排放物质对环境的危害。从以上的比较分析中，可以得出一个结论：油脂经物理或化

学反应转化为生物柴油后，其雾化、燃烧和排放特性可以大为改善，燃料性能接近石化柴油，部分指标甚至还优于石化柴油。因此，使用生物柴油部分替代石化柴油，不仅可以缓解石化柴油的供求矛盾，而且能减少柴油机的有害排放物。可使用纯生物柴油（B100），或者将B100与石化柴油在任意配比下混合后作为柴油机的燃料。

然而，需要注意的是，与石化柴油相比，生物柴油具有不同的溶剂特性，这将对车辆的天然橡胶垫圈和软管的使用寿命带来不利的影响作用（主要是1992年以前制造的车辆）。一方面，这些作用可能来自于自然磨损；另一方面，由于氟橡胶不与生物柴油反应，这些部件的制造材料可使用氟橡胶来代替，而同样达到避免生物柴油溶解腐蚀作用的目的。除此以外，生物柴油也可以分解石化柴油使用过程中残留在燃油管线中的固体物质。最终，这将导致燃油过滤器被这些分裂的颗粒所堵塞。因此，当柴油机开始使用生物柴油为燃料时，需要改变发动机的燃油过滤器和加热器。

1.3 生物柴油的国内外发展现状

1.3.1 国外生物柴油生产现状

1.3.1.1 美国

美国是最早研究、生产和使用生物柴油的国家。美国政府采取了有力的补贴措施来促进生物柴油产业的发展。同时，在立法方面也提供了保证。1990年，美国修正《空气洁净法》规定，在有严重空气污染城市的公共运输车辆上禁止使用石化柴油燃料。1999年，克林顿政府专门签署了开发生物质能源的法令，并将生物柴油B20（20%生物柴油与80%石化柴油混合油）列为重点发展的清洁能源之一。2001年，美国能源部新建了国家生物质能中心，大力推广生物柴油的研究与应用。2003年，美国又通过了一项给予生物柴油以税收优惠政策的法案，在石化柴油中每添加1%的生物柴油可以免除燃油消费税1%，最高免税额为20%。为了保证生物柴油的质量，美国也已经制定了生物柴油的标准。美国生物柴油生产原料包括大豆油、黄脂膏和牛油脂等，其中以大豆油为主。2002年，美国生物柴油销售量为5万吨，2003年提高到8万吨，比2001年的1.6万吨提高了400%。截至2007年8月，美国已经有133家生物柴油生产厂，总生产能力为493万吨/年，其中生产能力10万吨/年以上的有19家。美国计划2016年达到生产生物柴油330万吨/年。由于考虑到生物柴油生产量的大幅提高将导致对油料作物需求量的不断增长，而将显著提高国际油料的价格。因此，美国在生产大豆生物柴油的同时，也在积极探索其他途径为原料来生产生物柴油。美国可再生资源国家实验室通过现代生物技术制成的“工程微藻”，在实验室中可使其油脂含量达到40% ~60%，预计每英亩（1acre =4046.856m²）“工程微藻”可生产6400 ~16000L生物柴油。在美国，主要使用的是B20生物柴油。美国生物柴油产量变化情况如图1-1所示。

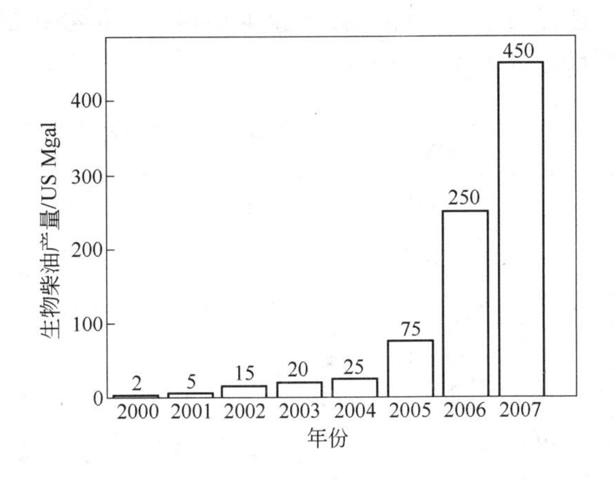

图1-1 美国生物柴油产量变化情况

（1US gal =3.785dm^3）

1.3.1.2 欧盟

欧盟是生物柴油产量最大和使用最广的地区，份额已占到成品油市场的5%，预计到2020年将达到20%。生产原料主要是菜子油，并对生物柴油实行免税政策，促进了生物柴油产业的快速发展。生物柴油的应用方式为在石化柴油中掺入5% ~20%的生物柴油，或直接使用纯生物柴油（B100）为燃料。2006年，欧洲国家生物柴油的总产量接近500万吨，2010年欧盟生物柴油总产量为957万吨。

目前，欧盟生物柴油的生产和使用主要集中在德国、法国和意大利三个成员国。其中，德国生物柴油的产量最大，为25万吨，有9个生物柴油生产厂，300多个生物柴油加油站，在杜塞尔多夫和利尔等地均建立了生物柴油工业化生产企业，并制定了生物柴油标准DINV 51606。法国自1992年开始生产生物柴油以来，产量也增长较快，有4个生物柴油生产厂，最大的生产规模为年产12万吨，2006年产量达到70万吨。法国雪铁龙集团进行了生物柴油的动力测试试验，其试验所使用的是B5生物柴油（生物柴油在石化柴油中的掺混比率为5%），通过10万千米的燃烧试验，证明了生物柴油可直接用于普通柴油发动机，并具有较好燃烧性能。意大利也是目前欧洲生物柴油使用较广的国家之一，已有6个生物柴油生产厂，并准备建设欧盟最大的总生产能力为25万吨/年的生物柴油生产企业。奥地利有3个生物柴油生产厂，总生产能力为5.5万吨/年，税率为石化柴油的4.6%。比利时有2个生物柴油生产厂，总生产能力为24万吨/年。英国政府也制定了一系列生物燃料优惠政策来促进生物质燃料的生产，在其再生运输燃料规则中规定：2008～2009年，运输燃料中的生物燃料掺混率为2.5%，2009～2010年增至3.75%，2010～2011年增至5%。由于优惠政策的颁布，促进了英国生物柴油的项目建设发展。欧盟主要国家生物柴油产量变化如图1-2所示，生物柴油消费量增长情况如图1-3所示。

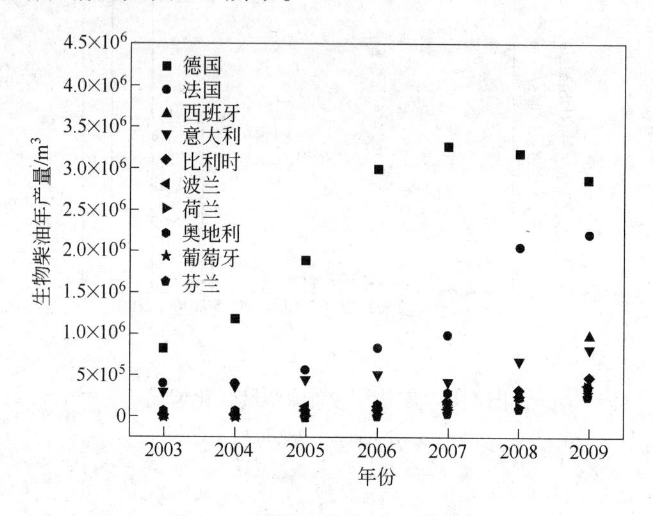

图1-2　欧洲生物柴油产量变化

生物柴油之所以在欧盟得到大力推广应用，主要有两方面原因：一方面，欧盟实行农业预留地政策，即农民每年必须闲置部分耕地，但是可以将闲置的耕地用于种植具有工业应用价值的油菜等，并且由政府提供适当的经济补贴。在这种导向下，欧盟近些年的油菜子产量持续上升，为生物柴油的生产提供了充足的原料。另一方面，通过立法和税收优惠政策促进了生物柴油产业。例如，德国对生物柴油实行免税政策，这大大提高了生物柴油的竞争力。

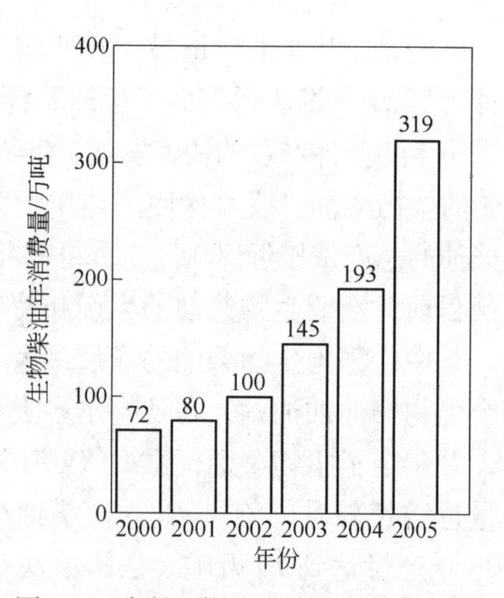

图1-3　欧洲生物柴油消费量增长情况

1.3.1.3　其他国家

其他一些国家，也纷纷根据本国的动植物油脂资源情况，在生物柴油的生产和研究方面进行了积极的工作，如马来西亚是世界棕榈油的主产国和主要输出国，2011年其棕榈油产量高达1900万吨。其计划在2014年，将生物柴油中的棕榈油添加量由5%逐年增加到7%或10%。

印度是世界上能源需求增长速度最快和最主要的石油进口国之一。2003 年，印度政府制定了“国家生物液体燃料发展计划（national mission on biofuel）”，重点推行“麻风树生物柴油计划”，并出台了一系列激励政策与措施。印度于 2005 年开始在全国 1/10 的政区内积极推广使用生物柴油，预期到 2011 ~ 2012 年末，生物柴油年生产总量约为 200 万吨。

韩国引进德国生产技术，以进口菜子油为原料，于 2002 年建成了一套年产 10 万吨的生物柴油生产装置，韩国将从 2012 年起开始强制要求实施 2% 的生物柴油掺混政策。

泰国生物柴油生产计划已于 2001 年 7 月发布，泰国石油公司承诺每年收购 7 万吨棕榈油和 2 万吨椰子油，实施免税政策，泰国的第一家生物柴油生产装置已开始运行。

日本对废食用油的再生利用一直十分重视。据报道，日本每年的食用油脂消耗约为 200 万吨，而废弃的食用油达 40 万吨，约占 20%。从 1993 年起日本开始了对生物柴油的研究试验，并在 1999 年建立了用煎炸废弃油为原料生产生物柴油的工业化实验装置，生产能力为 259L/d。目前，日本生物柴油的年产量可达 40 万吨，且对利用废食用油作为原料生产的生物柴油免税。

巴西在 2003 年重启生物柴油计划，在 2007 年开始石化柴油中掺混生物柴油计划，2008 年已实现 B3 计划（生物柴油在石化柴油中的掺混比率为 3%），2010 年已经实现 B5 计划，正在努力实行 B7 计划。巴西生物柴油生产基本不受天气变化影响，2011 年各家开工生产企业的运行情况均不错。

阿根廷的生物柴油生产厂家主要分为三大类：第一类是原料、资本、运输都非常有优势，约占 50%；第二类是资本、运输相对有优势，约占 30%；第三类就是一些产能较小的厂家，约占 20%。2010 年阿根廷的生物柴油总产量为 210 万吨，实施 B7 计划，2012 年实施 B10 计划。

1.3.2 我国生物柴油生产现状

我国政府也已制定了一些政策和措施来促进我国代用燃料的研究与应用发展进程。2004 年，科技部高新技术和产业化司启动了“十五”国家科技攻关计划“生物燃料油技术开发”项目，包括生物柴油的研究，预计生物柴油在 2020 年的产量为 1200 万吨/年。2005 年 2 月 28 日通过了《中华人民共和国可再生能源法》，并于 2006 年 1 月 1 日起实施，自此生物柴油的法律地位得到确认，取得了和乙醇燃料相当的法律地位。2007 年 9 月 4 日，国家发改委发布了《可再生能源中长期发展规划》。为规范生物柴油市场，我国第一个有关生物柴油的质量标准《柴油机燃料调和用生物柴油（B100）国家标准》已于 2007 年 5 月 1 日起实施，具体见表 1-7。

表 1-7 我国生物柴油（B100）国家标准

项 目	质量指标		试验方法
	S500	S50	
密度(20℃)/kg·m^{-3}	820~890		GB/T 2540
运动黏度(40℃)/mm^2·s^{-1}	1.9~6.0		GB/T 265
闭口闪点/℃	≥130		GB/T 261
冷滤点/℃	采用报告方式		SH/T 0248
硫含量(质量分数)/%	≤0.05	≤0.005	SH/T 0689
10%蒸余物残炭(质量分数)/%	≤0.3		GB/T 17144
硫酸盐灰分(质量分数)/%	≤0.020		GB/T 2433
水含量(质量分数)/%	≤0.05		SH/T 0246
机械杂质	无		GB/T 511
铜片腐蚀（50℃，3h）	≤1		GB/T 5096
十六烷值	≥49		GB/T 386
110℃氧化安定性/h	≥6.0		EN 14112
酸值/mg KOH·g^{-1}	≤0.80		GB/T 264
游离甘油含量(质量分数)/%	≤0.020		ASTM D6584
总甘油含量(质量分数)/%	≤0.240		ASTM D6584
90%回收温度/℃	≤360		GB/T 6536

在我国，以廉价油料为原料制备生物柴油具有较大的发展潜力。据中国食用油信息网介绍，我国每年消耗植物油1200万吨，直接产生了皂脚酸化油250万吨；另外，大中城市餐饮业产生的泔水油也达500万吨。这些废弃油脂如不进行处理，将会对环境产生很大的危害。如能利用这些废弃油脂作为生物柴油的生产原料，不仅能够变废为宝，创造大量的物质财富，还能有效地减少了对环境的污染。另外，我国是一个农业大国，土地广阔、资源丰富，具有丰富的植物油脂资源。各地都具有种植油类植物的能力和条件。如结合我国当前国情，通过结构调整将退耕还林和发展适合各地种植的木本油料植物结合起来，开发种植特色高产工业油料作物，使农产品向工业品转化，这无疑是一条强农富农的可行途径，如广泛生长在四川、广东、广西、云南和海南等地的乌桕树、麻风树、黄连木树、光皮树等都可以产生丰富的油脂资源。因此，发展生物柴油产业在我国具有巨大的潜力，将对保障能源供应、保护生态环境、促进农业和制造业发展、保护生态环境和促进经济的可持续发展作出巨大的贡献。

采用廉价原料，提高生物柴油生产过程的转化率，是降低生物柴油成本的主要方面，也是决定生物柴油能否实用化的关键。首先，选择较廉价生物柴油生产原料：（1）食品和餐饮企业的生产废油以及地沟油、泔水油为原料；（2）动植物油厂的油脚和皂脚为原料；（3）更多采用非食用油脂作为原料，如小桐子、油桐子、文冠果、乌桕子等林木油料。其次，在生产技术方面，对不同原料采用不同的工艺技术，减少生产费用。最后，国家政策支持。国家给予适度财政补贴和税收优惠，使生物柴油生产更具竞争力；同时制定生物柴油发展规划，大力培育生物柴油的消费市场。

中国海南正和生物能源公司、四川古杉油脂化工公司和福建卓越新能源发展公司都已经开发出拥有自主知识产权的技术，以餐饮废油、榨油废渣和林木油果为原料，相继建成了规模超过年产万吨的生产厂，年总产量可达4万~5万吨。国内已建成的生物柴油工业化装置见表1-8。

表1-8 国内已建成的生物柴油工业化装置

公 司	地 点	年产能/万吨	投产时间	备 注
正和生物能源	河北邯郸	1.0	2001年9月	废弃油脂
古杉油脂化学	四川	2.0	2002年8月	植物油下脚料
卓越新能源	福建龙岩	2.0	2002年9月	地沟油
金桐福生物柴油	贵州	1.0	2006年12月	麻风树子油
海纳百川	湖南益阳	2.0	2006年12月	生物酶法
山东百奥	山东德州	1.0	2007年5月	酸化油
华鹜集团	山东东营	10.0	2007年7月	棉油脚
Biolux 国际公司	江苏南通	25.0	2006年3月	菜子油

1.4 基于油脂组分和物理性质选择生物柴油生产原料

由于多种动植物油脂均可作为原料来生产生物柴油，从而导致了选择一种适合的原料来生产生物柴油的复杂性。在一些国家，已经颁布了生物柴油的相应产品标准，如美国（ASTM D6751）、德国（DIN 51606）、欧盟（EN 14214），可以结合这些标准来选择生产生物柴油的原料油脂。虽然各国的标准不尽相同，但所选取的一些特定指标大致相同，其中尤为重要的是脂肪酸组成、十六烷值（CN）和碘值（IV）。采用任意一种工艺和过程，均不会改变产品生物柴油的以上三种指标，而只决定于原料油脂本身的特性。

为了生产一种具有理想燃烧性能的生物柴油，原料油脂中如存在一些特殊的脂肪酸组分 Cm∶n（m 为组分中的碳数，n 为双键数），将具有非常重要的影响作用：（1）如组分C16∶0（棕榈酸）和C18∶0（硬脂酸）将有助于提高生物柴油的低温流动性。（2）如组分C18∶1（油酸）将有助于提高生物柴油的稳定性和低温流动性。(3) 如组分 C18:3(亚麻酸)将有助于提高生物柴油的氧化稳定性。一些原料油脂可较好地满足以上要求，如高油酸组分含量的菜子油和葵花子油，可作为性能优良的生物柴油生产原料。

生物柴油的十六烷值与原料的脂肪酸组分情况也存在着重要的联系，其可先通过原料的脂肪酸组分情况，由式(1-1)和式(1-2)分别计算出产品生物柴油的皂化值（SN）和碘值，再通过皂化值和碘值来计算十六烷值。皂化值和碘值的计算公式如下：

$$SN = \Sigma(560 \times A_i)/MW_i \tag{1-1}$$

$$IV = \Sigma(254 \times D \times A_i)/MW_i \tag{1-2}$$

十六烷值的计算公式如下：

$$CN = 46.3 + 5458/SN - 0.225 \times IV \tag{1-3}$$

式中 A_i——脂肪酸组分 i 的质量分数；

D——双键的个数；

MW_i——脂肪酸组分 i 的相对分子质量。

部分油脂的皂化值和碘值见表 1-9。

表 1-9 部分油脂的皂化值和碘值

油脂名称	皂化值	碘 值	油脂名称	皂化值	碘 值
椰子油	250～260	8～10	棉子油	191～196	103～115
牛 油	190～200	31～47	豆 油	189～194	124～136
蓖麻油	176～187	81～90	亚麻油	189～196	170～204
花生油	185～195	83～93	桐 油	189～195	160～170

动植物油脂中的不饱和脂肪酸碳链上有不饱和键，可以吸收卤素（Cl_2、Br_2 或 I_2）。碘值越大，油脂的不饱和程度越大；反之，油脂的不饱和程度越小。由脂肪酸组分的质量分数、相对分子质量以及双键个数计算出来的生物柴油的碘值要比滴定实验测出来的值稍高，大致高 5%～10%。低碘值的生物柴油具有更低的 NO_x 排放物产生。然而，在对宽范围的碘值进行氧化稳定性测定实验时，没有发现明显的差异。因此，在美国和澳大利亚的生物柴油国家标准中，没有把碘值包括进来。

生物柴油的其他物理性质，如黏度、表面张力等，对其的燃烧性能也有着重要的影响作用。如能从原料组成入手来预测其产品可能具有的黏度和表面张力值，进而了解该产品可能具有的燃烧特性，对选择一种优良的原料来合成生物柴油，具有重大的研究意义。基于以上考虑，作者发展了一种通过综合考虑不同油脂原料制备而成的生物柴油中各种脂肪酸组分的含量与其各自的分子结构来预测其黏度和表面张力的方法。以上预测均基于以下考虑而进行：物质的黏度、表面张力等物理性质都与其分子结构有着密切的联系。生物柴油各组分甲酯的脂肪链长度和不饱和键的数目对其黏度影响很大，甲酯的脂肪链越长，黏度值越高；不饱和键的数目越多，黏度值越低。同样，甲酯的脂肪链长度和不饱和键的数目对其表面张力影响也很大，甲酯的脂肪链越长，表面张力越高；不饱和键的数目越多，表面张力越高。因而，可定量描述分子结构特征的分子结构拓扑指数，也可有效地反映黏度和表面张力。

拓扑指数是从化合物的结构图衍生出来的一种数学不变量，以键合原子和键的连接方式为研究对象，绝大多数是通过分子结构图的距离矩阵（distant matrix）或邻接矩阵（adjacent matrix）而衍生出来的。因其抓住了分子主要的结构信息，反映了分子的大小、形状和分枝等特征，因此不仅可区分不同结构的分子，而且能对分子的性能进行预测。正是基于这些优点，拓扑指数法已经成为目前应用最广的一种分子结构信息获取方法。

拓扑指数由于能根据分子结构的直观概念对分子结构作定量描述，使分子间的结构差异实现定量化，并且它能有效预测物质的理化性质和生物活性，因此它在多个领域得到广泛的应用，大量成功的实例也进一步验证了分子连接性指数的预测能力和应用价值。其具体实施过程为：首先，将各组分的分子结构式均表示成原子间的连通图，得到各组分的分子结构图；其次，将各组分的分子结构图均图形矩阵化为距离与邻接矩阵；再次，将得到的各组分的距离与邻接矩阵经数值化后转化为一个具体的数值（拓扑指数）；最后，将得到的拓扑指数与生物柴油的黏度、表面张力进行拟合回归分析，得到能表述这二者之间联系的拟合方程。

通过该方法，作者成功预测了不同原料来源的生物柴油的黏度和表面张力。得到的生物柴油的黏度计算式如下：

$$\ln\chi_{m,1} = \sum_{i}^{n} z_i \ln\chi_i \tag{1-4}$$

$$\eta_m = 5.963\ln\chi_{m,1} - 10.09 \tag{1-5}$$

式中　$\chi_{m,1}$——一种原料油脂来源的生物柴油的平均拓扑指数值；

χ_i——组分 i 的拓扑指数值；

z_i——组分 i 的质量分数；

η_m——一种原料油脂来源的生物柴油的黏度值，mPa·s。

6 种生物柴油的平均拓扑指数值 $\chi_{m,1}$ 以及作者预测的黏度值与 Allen 等人报道的实验值比较见表 1-10。

表 1-10　6 种生物柴油的黏度与 Allen 等人报道的实验值比较

原料油脂	$\chi_{m,1}$	黏度（实验值，313K）/mPa·s	黏度（预测值，313K）/mPa·s	相对误差/%
芥花子油	9.910	3.45	3.55	2.9
可可油	7.708	2.15	2.16	0.46
棕榈油	9.500	3.59	3.29	8.3
花生油	9.851	3.51	3.53	0.57
油菜子油	11.652	4.7	4.65	1.1
大豆油	9.839	3.26	3.56	9.2

由表 1-10 可知，由式(1-5)得到的 6 种生物柴油的黏度值和文献报道的实验值有很好的一致性。大豆油脂肪酸甲酯的相对误差最大，为 9.2%；可可油脂肪酸甲酯的相对误差最小，为 0.46%。因此，式(1-5)提供了可以接受的计算结果。大豆油脂肪酸甲酯的相对高的误差是由于大豆油脂肪酸甲酯中 C18：2 和 C18：3 的含量高（总质量分数为 62.4%），而可可油脂肪酸甲酯中 C18：2 和 C18：3 的含量很低（总质量分数为 1.7%）。

作者得到的生物柴油的表面张力计算式如下：

$$\chi_{m,2} = \sum_{i=1}^{n} u_i \chi_i z_i \tag{1-6}$$

$$\sigma_m = 1.153\chi_{m,2} + 17.12 \tag{1-7}$$

式中　$\chi_{m,2}$——一种原料油脂来源的生物柴油的平均拓扑指数值；

χ_i——组分 i 的拓扑指数值；

z_i——组分 i 的质量分数；

u_i——组分 i 的权重因子；

σ_m——一种原料油脂来源的生物柴油的表面张力值。

5 种原料来源的生物柴油中各组分的权重因子见表 1-11；其相应的平均拓扑指数值 $\chi_{m,2}$ 以及作者预测的表面张力值与 Allen 等人报道的实验值比较见表1-12。

表 1-11　5 种原料来源的生物柴油中各组分的权重因子

脂肪酸甲酯	权重因子				
	花生油	芥花子油	椰子油	棕榈油	大豆油
C8：0			1	1	
C10：0			0.999	0.996	
C12：0			0.997	0.992	
C14：0		1	0.996	0.989	1
C16：0	1	0.998	0.995	0.987	0.994

续表 1-11

脂肪酸甲酯	权重因子				
	花生油	芥花子油	椰子油	棕榈油	大豆油
C18∶0	0.997	0.995	0.994	0.984	0.988
C18∶1	0.996	0.995	0.994	0.984	0.987
C18∶2	0.996	0.995	0.994	0.984	0.987
C18∶3	0.993	0.992		0.981	0.981
C22∶1	0.990	0.990			

表 1-12 5 种生物柴油的表面张力值与 Allen 等人报道的实验值比较

原料油脂种类	$\chi_{m,2}$	表面张力		相对误差/%
		σ_m（实验值，313K）$/mN \cdot m^{-1}$	σ_m（预测值，313K）$/mN \cdot m^{-1}$	
花生油	9.821	28.79	28.45	1.18
芥花子油	9.861	27.88	28.49	2.19
椰子油	7.886	26.11	26.23	0.46
棕榈油	9.380	28.50	27.94	1.96
大豆油	9.718	28.20	28.33	0.46

由表 1-12 可知，由式(1-7)得到的 5 种生物柴油的表面张力值和文献报道的实验值有很好的一致性。芥花子油脂肪酸甲酯的相对误差最大，为 2.19%；大豆油脂肪酸甲酯和椰子油脂肪酸甲酯的相对误差最小，为 0.46%。因此，式(1-7)提供了可以接受的计算结果。

作者同时也考虑到黏度、表面张力会影响生物柴油雾化过程中的液滴大小，因此，同时也进行了黏度、表面张力与液滴大小之间联系的研究。该研究通过比较不同原料油脂制备而成的生物柴油的雾滴沙脱平均直径（sauter mean diameter，SMD）来实现。若某一直径雾滴的体积与表面积之比等于取样雾滴的体积之和与表面积之和的比，则此雾滴的直径即为雾滴群的沙脱平均直径，分别得到了平均拓扑指数值 $\chi_{m,1}$（关联生物柴油黏度时使用）、$\chi_{m,2}$（关联生物柴油表面张力时使用）与不同原料油脂来源的生物柴油的 SMD 之间的联系。$\chi_{m,1}$ 和 $\chi_{m,2}$ 与生物柴油的 SMD 之间的联系分别见式(1-8)和式(1-9)。

$$SMD_{353K} = -0.66 + 2.70\chi_{m,1} \tag{1-8}$$

$$SMD_{353K} = -3.81 + 3.04\chi_{m,2} \tag{1-9}$$

5 种生物柴油的 SMD 计算值与 Ejim 等人得到的计算值比较见表 1-13。

表 1-13 5 种生物柴油的 SMD 计算值与 Ejim 等人得到的计算值比较

原料油脂种类	SMD/μm		相对误差/%
	计算值	计算值①	
花生油	25.90	25.94	0.15
芥花子油	26.10	26.10	0
椰子油	20.10	20.15	0.25
棕榈油	25.10	24.99	0.44
大豆油	25.70	25.90	0.78

① Ejim 等人得到的计算值。

作者进而考察了生物柴油组分的碳链长度、不饱和键个数对 SMD 的影响效果，分别进行了以下假设：（1）假设所分析的生物柴油全部由两种只含有饱和键的组分等质量比构成，分别为 C8：0 与 C10：0、C12：0、C14：0、C16：0、C18：0 的组合而成，分析结果如图 1-4 所示。（2）假设所分析的生物柴油全部由两种只含有不饱和键的组分构成，分别为 C18：1 和 C22：1，并考察了长碳链组分的质量分数对一种生物柴油只由不饱和键组分构成的影响情况，C22：1 的质量分数在 0 ~ 100% 之间变化，分析结果如图 1-5 所示。（3）假设所分析的生物柴油由一种含不饱和键的组分和一种不含饱和键的组分构成，分别为 C18：0 和 C18：1，C18：1 的质量分数在 0 ~ 100% 之间变化，分析结果如图 1-6 所示。

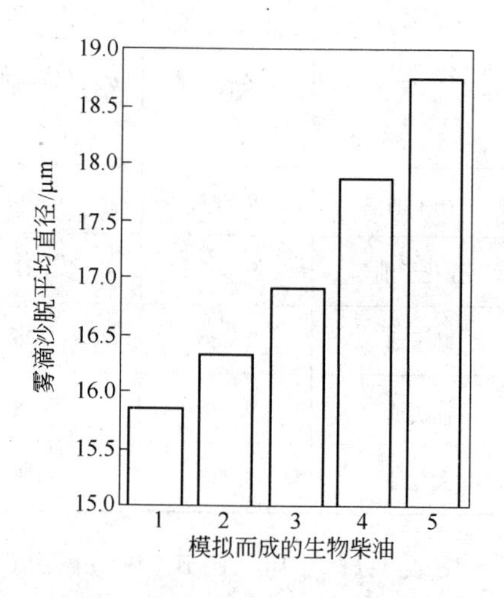

图 1-4 由两种组分（不含不饱和键）等质量比构成的生物柴油的 SMD

1— C8：0 与 C10：0 组合；2—C8：0 与 C12：0 组合；3—C8：0 与 C14：0 组合；4—C8：0 与 C16：0 组合；5—C8：0 与 C18：0 组合

由图 1-4 可知，生物柴油的 SMD 随着组分中碳链长度增加而增加。随着 C8：0 之外的另一种组分由 C10：0 变为 C18：0，相应生物柴油的 SMD 由 15.86μm 增加到 18.76μm。因此，可以推断出，当一种生物柴油均由只含有饱和键的组分构成时，如要降低其的 SMD，可在其中加入短碳链长度的组分。

由图 1-5 可知，当生物柴油全部由只含有不饱和键的组分构成时，其 SMD 值同样会随着组分中碳链长度增加而增加。随着 C18：1 的质量分数由 0 变为 100% 时，相应生物柴油的 SMD 由 30.80μm 减少到 26.21μm。

由图 1-6 可知，当生物柴油由等碳链长度而具有不同不饱和键个数的组分构

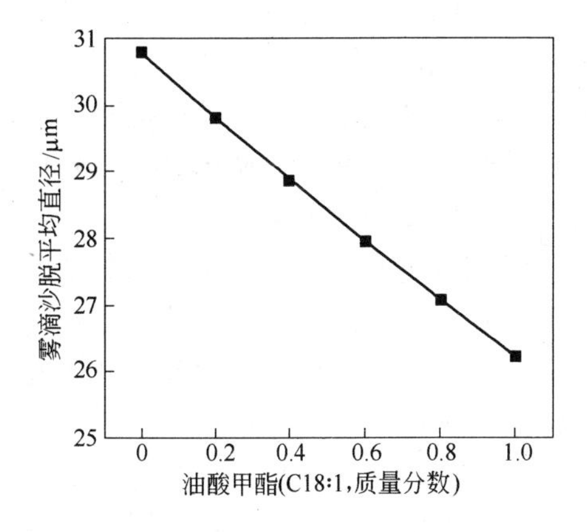

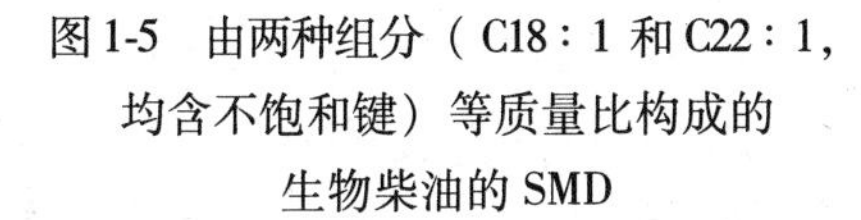
图 1-5 由两种组分（C18：1 和 C22：1，均含不饱和键）等质量比构成的生物柴油的 SMD

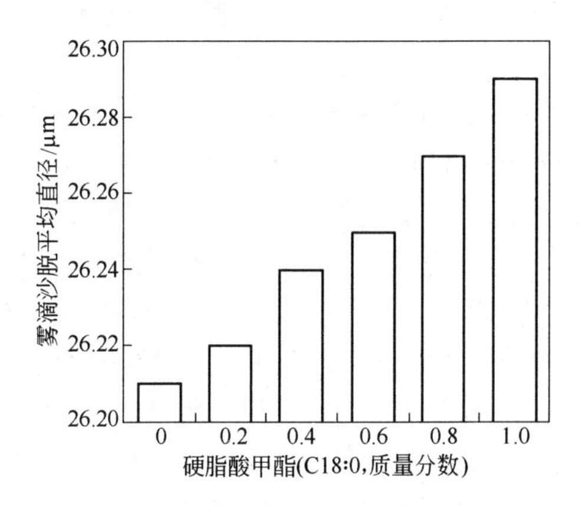

图 1-6 由两种组分（C18：0 和 C18：1，1 含不饱和键，1 不含不饱和键）等质量比构成的生物柴油的 SMD

成时，其 SMD 会随着不饱和键个数减少而减少。随着 C18：1 的质量分数由 0 变为 100%时，相应生物柴油的 SMD 由 26.21μm 减少到 26.29μm。1 号石化柴油和 2 号石化柴油在 353K 时的 SMD 分别为 17.70μm 和 20.40μm。因此，一种适合的生物柴油原料油脂应该包含大量短碳链长度和较多饱和键个数的组分。C8：0 和 C18：3 可作为适宜的组分加入到一种不具有原料组成优势的油脂中来改善其制备得到的产品的燃烧性能。

1.5 中国生物柴油林木油脂原料开发潜力

由于我国气候、土壤的多样性，因此有着非常丰富的可生产燃料油的植物资源。现在已经查明的能源油料植物种类有 151 科 697 属 1554 种，其中野生油料植物所占比例高达 82.1%。含油量 40%以上的植物油 150 余种，含油量 20%以上的约 300 种，含油量 15%以上的约 1000 种。中国适宜种植的能源作物主要有油菜、大豆、棉花、蓖麻等草本能源油料植物和麻风树、黄连木、油棕等木本能源油料植物。由于中国人口众多，人均耕地占有面积少，发展能源油料植物必须避免与粮争地和与人争粮的问题，种植能源油料植物必须利用边际土地资源。另外，生产的油脂应不宜食用。

根据 2005 年国家林业局第六次森林资源清查结果可知，目前我国林木生物质资源总量在 180 亿吨以上。现有森林面积为 $1.75\times10^8hm^2$，林木蓄积量 $125\times10^8m^3$。其中，人工林面积为 $5300\times10^4hm^2$，占世界第一位。能源林面积为 $300\times10^4hm^2$，每年可获得 0.8 亿 ~1.0 亿吨高热值林木资源；全国中幼龄用材林面积已达 $5700\times10^4hm^2$，如正常抚育生长，每年可提供 1 亿吨的林木生物质能源；小桐子、黄连木、油桐等能源油料植物可种植面积已经达到$2000 \times 10^4 hm^2$，可满足年产量约 5000 万吨生物液体燃料的原料供应要求。此外，全国还有$5700 \times 10^4 hm^2$不适宜农耕的宜林荒地，如果利用其中 20% 的土地来种植能源植物，则可产出 2 亿吨生物质能资源。有近$1 \times 10^8 hm^2$的盐碱地、沙地、矿山、油田复垦地等不适宜发展农业的边际性土地，发展林木生物质能源潜力巨大。

随着我国对生物质能源认识的不断深入，我国政府对林木生物质能源林基地建设的重视程度不断加强。2006 年后，相继出台了《国家中长期科学和技术发展规划纲要》和《生物产业发展规划纲要》，在以上纲要中均将生物能源列为发展的重要领域。“十一五”期间，国家支撑计划、高技术发展计划和高技术产业发展计划都加大了对生物能源的研发投入。2007 年 9 月，中国政府专门发布了《可再生能源中长期发展规划》。此外，国家林业局将林业生物质能源资源培育开发列入了“十一五”林业发展规划。以上两个发展规划都制定了到 2020 年我国生物能源的具体发展目标，初步提出了我国能源林建设的发展目标、布局和相应的政策措施。根据国家重视加快生物液体燃料发展的要求，编制了《林业生物柴油原料林基地“十一五”建设方案》，对油料能源林基地建设进行了布局规划。确定“十一五”期间，重点在陕西、河北、河南、安徽等省发展黄连木$25 \times 10^4 hm^2$；在云南、四川、重庆、贵州等省市发展小桐子$40 \times 10^4 hm^2$；在湖南、湖北、江西等省发展光皮树$5 \times 10^4 hm^2$；在辽宁、内蒙古、新疆等省区发展文冠果$13.3 \times 10^4 hm^2$，并推动这些地区合理布局生物柴油产业化项目，最终使林业生物质能源达到从原料培育、加工生产到销售的“林油一体化”格局。

同时，为了大力发展林业生物质能源，国家发改委、财政部、国家林业局已下发了《关于发展生物质能源和生物化工财税扶持政策的实施意见》，对发展生物质能源产业实施风险基金制度与弹性亏损补贴机制，国家对生物质能源原料基地龙头企业和产业化技术示范企业予以适当补助，给确需要扶持的生产企业给予税收优惠政策。财政部已确定，木本生物能源林基地补助 3000 元/hm^2，这都为我国林木生物质能源的开发利用提供了较好的政策发展环境。

2 生物柴油产品组成分析方法

由于生物柴油可由不同原料来源的动植物油脂制备而成，因此其组成（混合物中的甲酯类型、同一种甲酯的含量）存在着很多差异。而生物柴油的组成与其燃烧品质之间有着重要的联系，为了促进生物柴油的商业化发展，对不同原料来源的生物柴油进行相应的分析和检测而确定其组成具有非常重要的研究意义。本章主要对当前研究中所采用的几种用于分析生物柴油组成的方法进行了归纳总结，如气相色谱法（gas chromatography，GC）、薄层色谱法（thin layer chromatography，TLC）、液相色谱法（liquid chromatography，LC）、红外光谱法（fourier transform infrared spectrometry，FTIR）、热重分析法（thermogravimetric，TG）、核磁共振法（nuclear magnetic resonance，NMR）、气质联用法（GC/MS）。

2.1 气相色谱法

对油脂经酯交换反应后得到的产物组成进行分析时，常采用气相色谱（GC）法，这是因为气相色谱操作简便，脂肪酸甲酯在气相色谱中能够形成很好的峰形，各物质间的分离度非常好。美国油品化学协会（AOCS）和美国材料试验协会（ASTM，美国生物柴油标准 ASTM D6751 的制定者）均选用气相色谱作为测定脂肪酸甲酯的标准方法。以气相色谱法测定生物柴油组成时，可选用填充柱气相色谱或毛细管柱气相色谱，常用的检测器主要有离子火焰检测器（flame ionization detector，FID）和热导检测器（thermal conductivity detector，TCD）。载气可以为氦气、氢气或者氮气。相比于填充柱气相色谱，毛细管柱气相色谱可把样品中许多相对分子质量不同的组分分开，具有更好的分离效果和实用性。同时，还可以提高分辨率和减少分析时间。因此，研究者大多采用毛细管柱气相色谱进行生物柴油组成分析。

由于甘油单酯、甘油二酯和甘油三酯的低挥发性和高沸点性质的限制，通过气相色谱分析动植物油脂经酯交换反应后的产品组成时，一般需要通过衍生化方法来实现。如通过羟基的硅烷基化作用，可以显著降低甘油单酯、甘油二酯和甘油三酯的沸点，从而实现油脂经酯交换化后所得到的样品中主要成分的分析。虽然原则上可以利用高温气相色谱柱，或选用涂有非极性固定相的高惰性柱子来分析甘油单酯、甘油二酯和甘油三酯等高沸点物质，而无需衍生化处理，但是，色谱柱的惰性要能够达到形成很好的峰形和令人满意的回收率的要求，这在常规分析中很难做到。常用的硅烷基化试剂有 BSTFA（N,O-双三甲基硅烷基三氟乙酰胺）和MSTFA（N-甲基-N-三甲基硅烷基三氟乙酰胺）。硅烷基化的方法主要有以下几种：

（1）BSTFA作硅烷基化试剂，添加嘧啶或二甲酰胺，70℃条件下加热15min；

（2）BSTFA加1%三甲基氯硅烷作硅烷基化试剂，添加嘧啶，室温下反应15min；

（3）MSTFA作硅烷基化试剂，添加嘧啶，室温反应15min；

（4）MSTFA作硅烷基化试剂，70℃条件下反应15min。

1,2,4丁三醇为内标物，作为分析样品衍生化不完全时的灵敏指示剂。

通过气相色谱法分析混合物中每个组分的具体含量时，可采用面积归一法、外标法和内标法。

（1）面积归一法假设样品各组分有相同物理化学性质。因此，单位峰面积下，各组分的质量含量相同。粗生物柴油中含有脂肪酸甲酯、甘油单酯、甘油二酯和甘油三酯，而普通非高温色谱柱，只有脂肪酸甲酯能够出峰，其他组分不能在色谱图中流出。因此，面积归一法不适用于生物柴油脂肪酸甲酯含量测定。

（2）外标法又称标准曲线法，以待测组分的纯品为对照物质，并比较对照物质和样品中待测组分在同样的色谱条件下得到的响应信号。外标法的优点：简单，适合大量样品分析。缺点：每次色谱条件很难相同，容易出现误差。

（3）内标法：选择适当的物质作为内标物质，定量加入到被测样品中，根据被测组分和内标物质的峰面积或峰高之比，乘以校正因子，即可求出待测组分在样品中的含量。由于采用内标法时，内标物质被加入到了被测样品中，不容易产生操作误差。因此，通过气相色谱法检测生物柴油产品中脂肪酸甲酯含量时，内标法是使用最多的方法。内标物应当是一种能得到纯净样品的已知化合物，这样它能以准确、已知的量加到样品中去，它应当和被分析的样品组分有基本相同或尽可能一致的物理化学性质（如化学结构、极性、挥发度及在溶剂中的溶解度等）、色谱行为和响应特征，最好是被分析物质的一个同系物。内标法的优点：色谱条件对结果影响不大，准确度、精度较高。缺点：选择合适的内标物质比较困难。一般来说，内标法主要用于气相色谱，而外标法主要用于液相色谱。

1986年，Freedman等人第一次通过气相色谱成功定性并且定量分析了大豆油脂交换反应后的产品组分，如甘油三酯、甘油二酯、甘油单酯和甲酯。其分析过程为：一台配有离子火焰检测器的SP7100气相色谱仪，装配有一根1.8m×0.32mm的熔融石英毛细管柱。注射器和检测器的温度均设定在350℃。注射器通过分流比的模式进行操作，分流比为(50～100)∶1。柱箱通过程序升温的方式进行升温，设定升温速率为30℃/min，升温区间为160～350℃，然后在350℃下保持6min。以氦气或氢气为载气时，均获得了同样的结果。载气的流速为2～

4mL/min，背压为5~7kPa。在以上条件下，通过毛细管柱的流速经测定为2~4mL/min。检测器范围为1×10^{-11}A/mV，运行时间为12min，6min冷却。样品容量为1~12μL，可通过手动或气相色谱仪的自动进样器进样。

Wang等人在Freedman等人开发的气相色谱分析基础上，通过气相色谱法测定了麻风树油甲酯化后的产品组成。其测试条件为：一台安捷伦6890气相色谱，装配有离子火焰检测器和自动进样器（Agilent 7683B），分离柱为HP-Innowax（30m×0.32mm×0.5μm）。色谱分析条件：入口温度为250℃，检测器温度为280℃，分流比为20∶1，柱箱温度在190℃下保持3min，通过程序升温的方法，以15℃/min的速率升温到240℃，保持10min。分析样的体积为1μL，载气为N_2，相应流速为1.0mL/min；空气流速为450mL/min，H_2流速为40mL/min。在以上测试条件下得到样品的气相色谱图如图2-1所示。

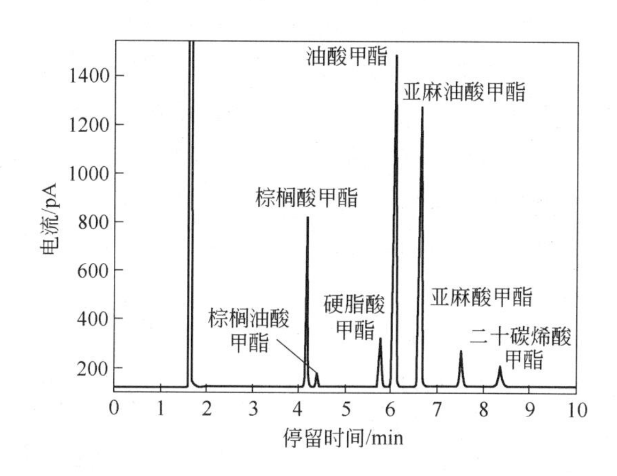

图2-1 麻风树油经甲酯化后的产品组成气相色谱分析

作者也通过气相色谱法对棉子油经酯交换反应后得到的产品进行了分析。测试条件为：一台Agilent GC-6890气相色谱，离子火焰检测器，色谱柱为HP-5ms（30m×0.25mm×0.25μm）毛细管柱。采用程序升温，注射器温度为280℃，检测器温度为280℃。柱箱初始温度60℃，停留2min，然后以10℃/min的速率升至250℃，并停留4min。使用外标法对各组分定量分析。载气为氦气，流速为2.0mL/min。

2.2 薄层色谱法

薄层色谱（TLC），又称薄层层析，属于固-液吸附色谱。它是近年来发展起来的一种微量、快速而简单的色谱法。TLC法兼备了柱色谱和纸色谱的优点，一方面适用于少量样品（小到几微克，甚至0.01μg）的分离；另一方面在制作薄层板时，把吸附层加厚加大，将样品点成一条线，则可分离多达500mg的样品。因此，又可用来精制样品，此法特别适用于挥发性较小或较高温度易发生变化而不能用气相色谱分析的物质。此外，在进行化学反应时，薄层色谱法还可用来跟踪有机反应及进行柱色谱之前的一种“预试”，常利用薄层色谱观察原料斑点的逐步消失来判断反应是否完成。除了固定相的形状和展开剂的移动方向不同以外，薄层色谱和柱色谱在分离原理上基本相同。由于薄层色谱操作简单，试样和展开剂用量少，展开速度快，因此经常被用于探索柱色谱分离条件和监测柱色谱过程。但是，这种分析方法的精密度和准确度都比较低。

Tomasevic 等人通过 TLC 法分析了以废葵花子油为原料制备而成的脂肪酸甲酯的组成，该分析在一涂覆有硅胶的玻片上进行。展开剂为石油醚、乙醚和醋酸按一定比例混合而成的混合物，通过碘蒸气进行显色处理。由 TLC 的分析结果可知：产品中的甘油二酯和甘油单酯的含量很少。Hawash 等人通过 TLC 法分析了麻风树油甲酯化后的产品组成，其操作过程为：在色谱分析玻片上涂覆了一层硅胶混合水后形成的浑浊液（混合比例为15g 固体/100mL 水），在空气中干燥一段时间，然后在110℃下活化1h。麻风树油脂肪酸甲酯、麻风树油以及脂肪酸甲酯标样均通过管口平整的毛细管点样滴加于活化后的色谱分析玻片上，分析样的厚度为3cm。展开剂为正己烷、乙醚和醋酸的混合物，以上三种物质的体积比为80∶20∶1。用于插入玻片的展开槽，在插入玻片前15min准备好，展开槽的三面均使用经相同培养剂润湿后的滤纸来划定起始线，并开始展开样品。直到展开剂前沿离起始线的距离邻近15cm时，才将色谱板取出，干燥后通过碘蒸气进行显色处理。Leung 等人也通过 TLC 法测定了菜子油经酯交换反应在不同反应时间下得到的产品的成分。结果表明，菜子油与废煎炸油的分析图相似，分析结果如图2-2所示。

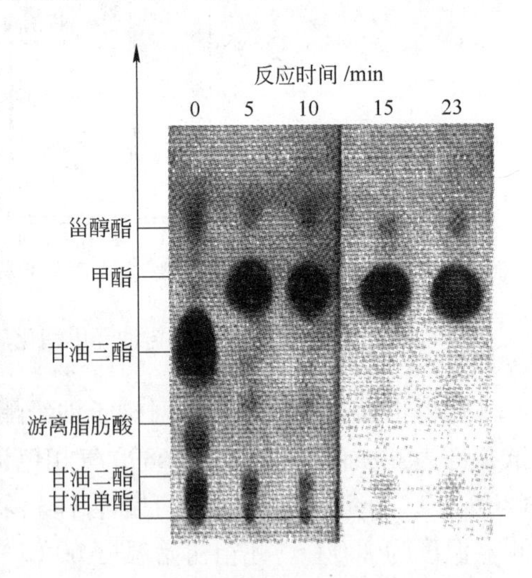

图2-2 菜子油经酯交换反应得到的产品组成薄层色谱分析图

2.3 液相色谱法

由于设备本身的限制，气相色谱通常只能分析油相中甲酯的含量，而无法得到反应物甘油三酯及中间产物（甘油二酯和甘油单酯）的含量。为了准确定量分析油相中各组分的含量，可采用高效液相色谱（HPLC）来实现。液相色谱分析采用的是集总分类的办法，可以较为准确地得到某类物质的总浓度（如不同脂肪酸与甲醇形成的一系列甲酯产品），但得不到该类物质中特定组分（如油酸甲酯）的浓度。HPLC 常用检测器有紫外（UV）、示差折光检测器（RID）和蒸发光散射检测器（ELSD）。与气相色谱法比较，使用高效液相色谱能够非常方便地对生物柴油中甘油三酯、甘油二酯、甘油单酯和甲酯的含量进行定量分析。另外，HPLC 还具有无需对甘油单酯、甘油二酯和甘油三酯等高沸点物质进行衍生化的优势，从而可缩短分析时间和简化分析程序。

Michal 等人通过反相高效液相色谱（RP-HPLC）对生物柴油中的成分进行了分析，并比较了当 RP-HPLC 配备不同检测器时测试的可靠性。配备的检测器分别为紫外（UV）、蒸发光散射（ELSD）和正极离子模式（PIM）下的大气压力化学离子质谱（APCI-MS）。每种检测方法的可靠性和灵敏度都存在差异，随着脂肪酸甲酯中双键数量的增加，ELSD 和 APCI-MS 的灵敏度有所降低；UV 的灵敏度还会因构成甘油三酯的脂肪酸不同而变化；APCI-MS 是一种具有最高灵敏度的检测方法。Noureddini 等人也是利用带 RID 的 HPLC 对产品中的甲酯、甘油单酯、甘油二酯和甘油三酯进行了定量分析，进而来研究该反应过程的动力学行为。

Veljković 等人通过 HPLC 法对含有大量脂肪酸的烟草种子油的成分进行了分析研究。其分析过程为：一台安捷伦 1100 高效液相色谱，装配有脱气装置和双泵、Zorbax Eclipse XDB-C18 毛细管柱（4.6m × 150mm × 5μm）和紫外/可见光检测器。流动相由包含有两种溶剂（A + B）的混合溶剂构成，溶剂 A 为甲醇，溶剂 B 为 2-丙醇/正己烷（体积比为 5∶4），流速为 1mL/min，采用线性梯度模式（在 15min 内，实现流动相的组成从 100% A 改变到 40% A + 60% B）。柱温恒定为 40℃。检测波长设置在 205nm。烟草种子油甲酯的成分，可通过比较液相色谱分析时得到的各成分的停留时间与标准样的停留时间来确定。不同反应时间下得到的样品在进行液相色谱分析时，先溶解于以 5∶4 的体积比混合而成的 2-丙醇/正己烷的混合物中。所有的样品和作为流动相的试剂都通过 0.45μm 的微孔过滤器来过滤。

作者以棉子油和油酸混合而成的油料为原料，通过与甲醇同时酯化与酯交换反应来制备生物柴油，也采用了高效液相色谱进行分析。该反应系统中有 8 种主要组分，分别是甘油三酯（TG）、甘油二酯（DG）、甘油单酯（MG）、甘油（GL）、甲醇（M）、油酸（FFA）、H_2O 和油酸甲酯（ME）。实验中主要分析油相组成中的 TG、DG、MG、FFA、ME。研究过程中使用的色谱为岛津 10A 液相色谱。采用 ODS-2 的 C18 硅烷填充柱，流动相为丙酮和乙腈，采用紫外检测器。由于油脂组成成分复杂，实际实验中不可能也没有必要对每一个组分进行分离并分别定量分析。实际分析中采用的是集总分类的办法，按照 TG、DG、MG、FFA、ME 的类别进行定量分析。液相色谱检测如下：将待测样品溶解在丙酮中配成一定浓度的溶液，然后置于分析瓶中，由液相色谱设定程序自动进样分析。具体的色谱分析条件见表2-1，该分析条件能够很好地分析反应体系中各类组分。

表2-1 液相色谱分析条件

项 目	分析条件	项 目	分析条件
色谱柱	ODS-2，ϕ250mm×4.6mm	流动相（体积比）	丙酮：乙腈(1：1)
柱温/℃	40	进样量/μL	3
紫外分析波长/nm	210		

图2-3为作者得到的一张典型的生物柴油液相色谱分析图，采用外标法和归一法对反应产物进行定量分析，得到各组分的浓度，进而计算得到反应转化率、产物收率。实验中所需标准样品均购自Fluka公司，图2-4～图2-8为油相组成TG、DG、MG、FFA、ME的液相色谱外标法分析标准曲线。

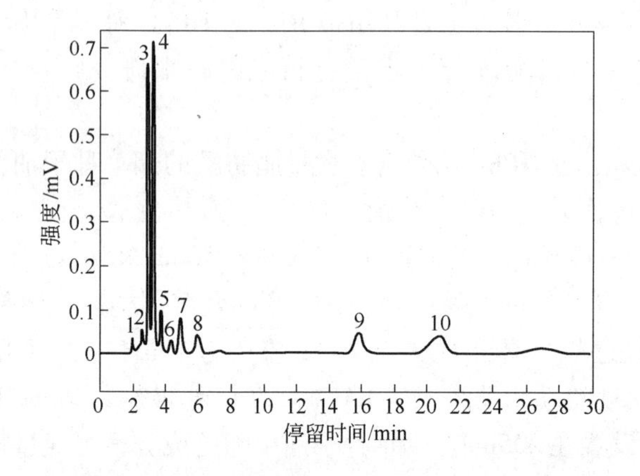

图2-3 油脂酯交换反应产物分析图

1，2—甘油单酯；3—脂肪酸；4，5—甲酯；6，7，8—甘油二酯；9，10—甘油三酯

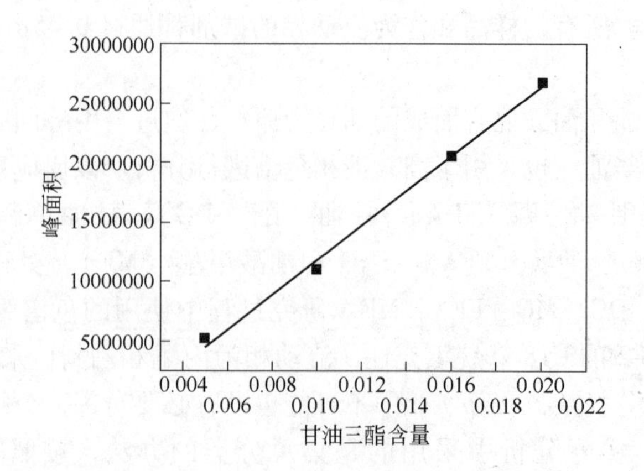

图2-4 甘油三酯外标法分析标准曲线

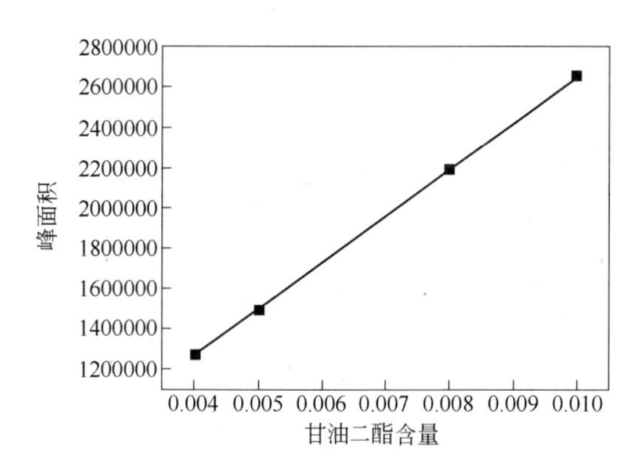

图 2-5 甘油二酯外标法分析标准曲线

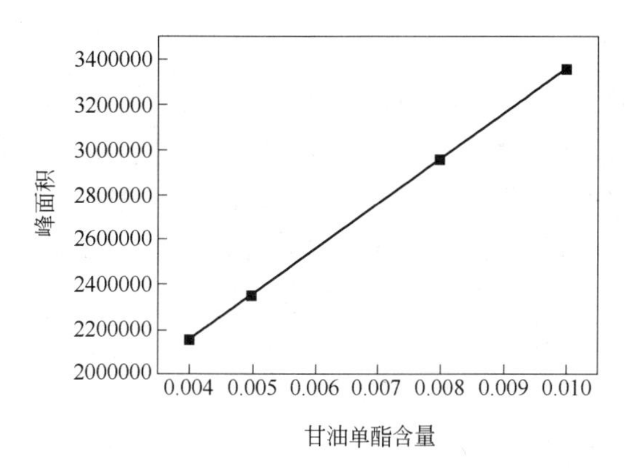

图 2-6 甘油单酯外标法分析标准曲线

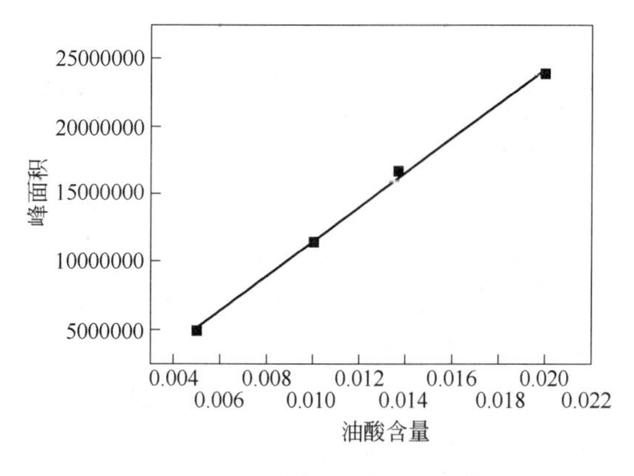

图 2-7 油酸外标法分析标准曲线

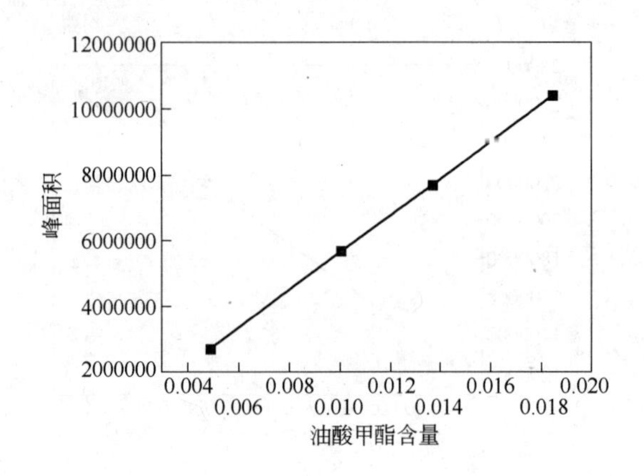

图 2-8 油酸甲酯外标法分析标准曲线

2.4 红外光谱法

通过气相色谱法（GC）分析酯交换后的生物柴油产品组成时，由于甘油三酯（TG）等组分沸点较高，需采用高温色谱柱进行分离。同时，甘油二酯（DG）、甘油单酯（MG）等组分具有一定的极性，一般需要对样品进行硅烷化处理才可以进行分析，增加了操作难度、测定周期和分析成本。相比于 GC 法，高效液相色谱法（HPLC）采用的是集总分类的办法，可以较为准确地得到某类物质的总浓度，但得不到该类物质中特定组分的浓度。因此，在实际工业生产过程中，通过色谱法对生产过程中得到的产品进行分析均存在着较大的限制。相比于色谱柱法，红外光谱法可检测到被测物中含有的丰富的有机官能团信息，且测量方便、快速，易实现在线分析，而在工业分析过程中获得了更多的关注。目前，中红外（MIR）和近红外（NIR）光谱法已在生物柴油生产的各个环节中得到了不同程度的应用，包括原料品质分析、反应过程控制分析、产品性质分析以及销售领域中的生物柴油混兑比例测定等。

原料油脂中 FFA 含量的大小，对采用酸催化剂还是碱催化剂来进行反应制备生物柴油具有非常关键的影响作用。另外，为了判断反应后的产品是否达到 ASTM 标准，即 FFA 的质量分数最高为 0.5%，也需要对产品中的 FFA 含量进行判断。在当前的一些文献中，许多研究者已经报道了他们采用红外光谱法对油脂中的 FFA 含量进行了准确测定。早期的一些通过红外光谱法测定油脂中 FFA 含量的研究，多通过建立羧酸官能团羰基（C═O）在 $1711cm^{-1}$ 处的特征吸收峰的强度和 FFA 含量两者之间的校正标准曲线的方式来实现。但是，不同种类 FFA 的羧酸官能团羰基（C═O）特征吸收峰出现的位置有所差异，且与酯的 C═O 特征吸收峰（$1746cm^{-1}$）存在不同程度的重叠。因此，对于每种 FFA 都必须单独建立相应的定量校正曲线，从而使通过红外光谱法对油脂中的 FFA 含量进行测定受到了一定的限制。

由于直接使用红外光谱法时，对油脂中的 FFA 含量测定存在着一定的限制。为了解决这一问题，一些研究者已经进行了系统的研究工作来建立一种通用的直接使用红外光谱测定油脂中 FFA 含量的分析方法，如加拿大 McGill 大学的红外光谱研究小组。最初，他们将 KOH 与甲醇按照一定的比例混合后，加入到含有未知 FFA 含量的油脂中，通过 KOH 与 FFA 反应而转化成相应的盐，在形成的盐中，羧酸 C ═ O 的吸收峰将从 $1711cm^{-1}$ 位移到 $1570cm^{-1}$ 处。通过这样的处理，可以避免酯的 C ═ O 特征吸收峰带来的重叠干扰。但是，在含有 FFA 的油脂中加入 KOH，除了 FFA 会与 KOH 反应生成相应的盐，油脂同样会和 KOH 发生皂化反应生成盐。这将导致 $1570cm^{-1}$ 处出现的羧酸 C ═ O 吸收峰的强度，不仅受来自于 FFA 与 KOH 反应后生成的盐的影响，也有相当一部分受来自于油脂与 KOH 发生皂化反应后生成的盐的影响，从而导致检测结果高于实际的 FFA 含量值。为了避免油脂与 KOH 发生皂化反应，在随后的实验研究中，McGill 大学红外光谱研究小组采用了弱碱 K-邻苯二甲酰亚胺/正丙醇溶液，通过其可有效地将 FFA 转化成相应的盐，而油脂的皂化反应几乎不进行。并且，通过差谱方式减小了基底效应对测定结果的影响。最近，他们采用弱碱氢钠氰胺（NaHNCN）与甲醇混合后，加入到含有未知 FFA 含量的油脂中，不仅可将 FFA 转化成相应的盐，又避免了油脂的皂化反应；同时，也可将生成的盐从油脂中萃取出来。通过该方法，不仅消除了基底效应，还提高了分析精度，检测限可达 0.001%。

通过红外光谱法，可对生物柴油实际生产过程中得到的产品进行连续在线检测分析。其具体实施过程为：少量的产品连续流过红外池（或通过另外一种适合的样品检测装置），相应不同反应时间得到的产品的红外吸收峰被连续记录下来。由于生物柴油的红外光谱图中通常包含有大量重叠的红外吸收峰，需要通过可信的定量分析来进行处理，如偏最小二乘法（partial least-squares，PLS）。PLS 法使用一套已知的标准，来建立样本特征和样品基质的变化。定量分析得到结果后，与酯交换反应中的实验变量或一种可以在线测量的生物柴油物理性能（如黏度、折光指数、闪点等）进行相关拟合。一旦建立这种关系，一种或更多的生物柴油物理性质可以通过红外光谱而进行快速预测。近年来，中红外光谱（mid-infrared spectroscopic，MIR）和近红外光谱（near-infrared spectroscopic，NIR）正逐渐被用于生物柴油生产过程的产品检测分析。MIR 和 NIR 技术都适用于生物柴油的定性与定量检测。尤其是 NIR 技术，可以满足所有的生物柴油在线监测技术要求，与光纤探头（带有一个微型流通池）结合起来使用，可使检测工作更容易。当前，在估算生物柴油的参数、性能、规范中所使用的一些过程/方法，存在着价格昂贵和耗时长的不足，可使用近红外光谱技术来代替。NIR 还可用于反应监测

(实时分析反应)和反应结束点确定(分批处理过程完成)。从原料到甲酯的转化率，不需要分析所有物质就可以进行判断。

在对生物柴油进行定量和定性分析时，采用 NIR 在许多方面均优于 MIR 分析。例如，在 MIR 光谱范围之内，甘油三酯和其相应的脂肪酸甲酯的吸收带接近。但是，在 NIR 光谱范围之内，甘油三酯和其相应的脂肪酸甲酯的吸收带可明显分隔开（在 $4000cm^{-1}$ 范围以上)。甘油三酯的红外吸收带只在 4425 ~ $4430cm^{-1}$范围内出现一个肩峰，而甲酯无论在 4425 ~ $4430cm^{-1}$范围内，还是 $6005cm^{-1}$处，均出现了相应的特征吸收峰。通过偏最小二乘法，基于 $6005cm^{-1}$和 $4425cm^{-1}$处甲酯特征吸收峰的吸收强度，可分别建立校正模型来对生物柴油产品中的甲酯进行定量分析。最早的报道是 Knothe 应用 NIR 光纤探头的方式监测脱胶大豆油与乙醇之间的酯交换反应，通过 PLS 方法，对 $6005cm^{-1}$ 和 $4425cm^{-1}$处的特征吸收峰的吸收强度分别建立了校正模型，并把得到的相关红外光谱数据与^{1}H NMR（核磁共振氢谱）的数据进行了拟合分析，对 TG 转化为 FAME 进行定量分析。结果表明，$6005cm^{-1}$处得到的结果优于 $4425cm^{-1}$处的结果。

生物柴油产品中的脂肪酸甲酯在 $1750cm^{-1}$附近有特殊的 C ═ O 伸缩振动，在 1200 ~ $1170cm^{-1}$区域内有 C—O 的弯曲振动，这是区别于其他组分的一个显著特征。对于原料油脂来说，它的 C—O 特征吸收峰出现在 $1160cm^{-1}$附近。石化柴油的红外光谱图中，没有 C ═ O 和 C—O 的特征吸收峰。因此，可通过红外光谱（与 PLS 方法相结合）来判别生物柴油产品中的脂肪酸甲酯含量以及生物柴油和石化柴油混合产品中的脂肪酸甲酯含量。因此，生物柴油中的每一种甲酯的类型，可通过一套量化的生产校核标准，进行辨别和定量分析。同样，也可以对生物柴油和石化柴油混合产品中的生物柴油含量进行定量分析。目前，国际标准方法 ASTM D7371 和 EN 14078 都采用 MIR 结合多元校正的方法。由于不同类型的 FAME 其特征吸收存在一定差异，不同石化柴油的组成也相差较大，因此，需要选取多种类型的生物柴油和石化柴油（按比例混兑后）作为校正样本，并选择特征光谱区间，利用多元校正方法如 PLS 建立校正模型才可得到满意的结果。通过以上方法，可以很容易地判断生物柴油中油脂的含量，精确度可以达到 0.1%。除了采用多元校正方法外，Aliske 等人还分别建立了羰基吸收峰的强度（峰面积）与生物柴油混合比例之间的指数关系式，对于单种类型原料的生物柴油，该方法可以得到较为准确的预测结果。

Chien 等人通过红外光谱法，分析了纯生物柴油、石化柴油、等比例混合生物柴油和石化柴油后形成的柴油（B50）的结构官能团情况。具体分析为：所用的红外光谱仪型号为 Nicolet Nexus 870，由热电公司生产。大约 15mg 的样品 B50（生物柴油和石化柴油等比例混合而成的柴油）溶解于二氯甲烷溶液中，30min

超声作用。然后，将得到的溶液浓缩成1mL，取3滴该溶液，置于KBr玻片上，进行红外光谱分析。同样，生物柴油和石化柴油也被置于KBr玻片上，进行红外光谱分析。对于所有的红外光谱分析，所选择的分辨率均为$4cm^{-1}$，扫描次数为64次。B50、石化柴油和纯生物柴油的红外光谱如图2-9所示。

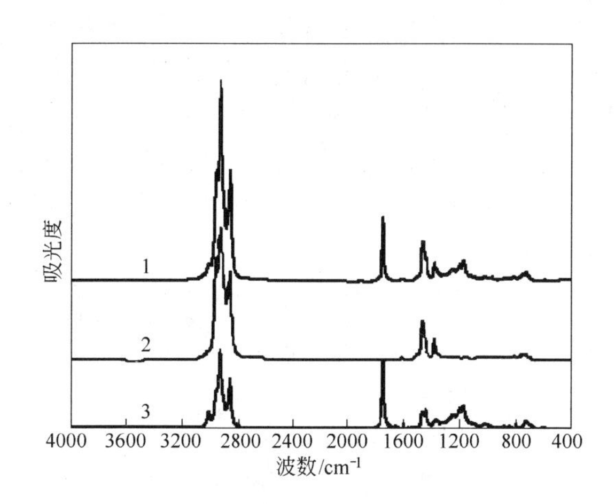

图2-9　红外光谱图

1—B50；2—石化柴油；3—纯生物柴油

石化柴油的主要成分是脂肪族烃类，在长碳链化学结构方面，这些脂肪族烃和生物柴油的成分非常相似。图2-9中，在$2928cm^{-1}$和$2856cm^{-1}$处出现的红外特征峰，对应着脂肪族羟基；在$727cm^{-1}$处出现的红外特征峰，对应着CH_2的平面外弯曲。另外，由于生物柴油的主要成分是甲酯，高密度的C═O伸缩特征峰出现在了$1743cm^{-1}$处。在图2-9的1和3中，与C—O相对应的红外特征峰，出现在$1252cm^{-1}$、$1200cm^{-1}$和$1175cm^{-1}$处；在$3010cm^{-1}$处出现的吸收峰，对应着HC═CH；在$1376cm^{-1}$出现的吸收峰，对应着$—CH_3$。

2.5　热重分析法

热重分析是一种有效分析物质随温度变化而发生的质量变化的方法，常用于分析聚合物。当前，国内外都有研究者通过热重法对生物柴油进行了分析。通过热分析仪，可对生物柴油进行同步热分析：热重分析（thermogravimetry，TG）和差示扫描量热分析（differential scanning calorimetry，DSC）。生物柴油的产品组成分析，常采用气相色谱（GC）和薄层色谱（TLC）法。采用GC分析时，限于甘油单酯、甘油二酯和甘油三酯的低挥发性和高沸点，需要对分析物质进行衍生化处理。即使可以对分析物质不进行衍生化处理，也需要使用特殊的色谱柱。TLC法实施简单，但是所得到的只是定性的结果，而不能对具体的物质组成进行定量分析。另外，TLC 法也无法区分高相对分子质量的组分，如甘油单酯和甘油二酯。找到一种适合的展开剂，有时候也非常困难。

Çayh 等人发展了一种 GC 和 TLC 法之外的分析方法，在他们的研究中，通过热重分析与$(NH_4)_2Ce(NO_3)_6$测试相结合的方法，找到了一种简便并且可信度高的定量分析酯交换产品组成的方法。通过该方法，反应的收率可以很容易地进行判定。热重分析在 Q50 热分析仪上进行，升温速率为 10℃/min，一直升温到 500℃。油酸甲酯和精炼大豆油的热重分析如图 2-10 所示。由图可见，以上两种物质的失重温度曲线存在着明显的区别，这使得反应收率的判定成为可能。通过失重温度曲线图，可以很精确地判断物质发生质量损失时的具体温度值。

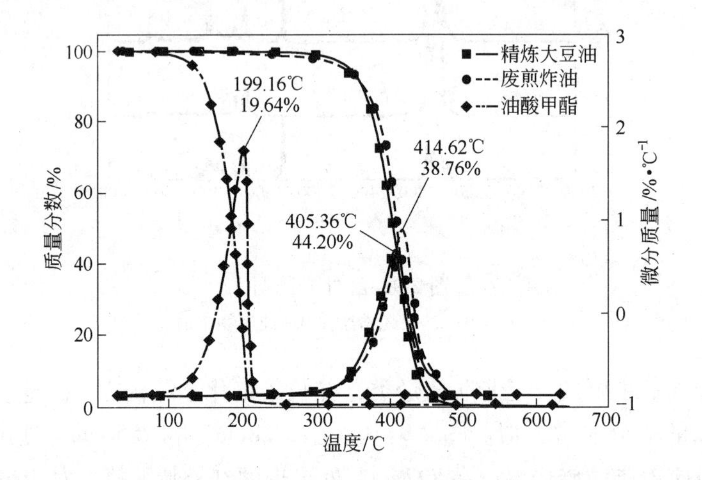

图 2-10　油酸甲酯、大豆油和废煎炸油的热重分析图

在氮气气氛下进行热重分析时，大豆油甲酯发生的热裂解反应，是一个挥发和分解相混合进行的过程。大豆油甲酯在 119 ~ 125℃时开始分解，在 212 ~ 237℃时结束挥发和分解，无残余物剩下。所分析物质在一定温度下失重的可能成分见表 2-2。同时，通过$(NH_4)_2Ce(NO_3)_6$测试，表明所分析的混合物中含有醇类，这和 GC 的分析结果相同。

表 2-2　大豆油甲酯经热重分析在不同加热温度下失重的可能成分

组　分	加热温度/℃	组　分	加热温度/℃
甘　油	195	甘油单酯	230 ~ 240
C_{18}脂肪酸甲酯	198 ~ 205	甘油二酯	360 ~ 380
C_{18}脂肪酸	210 ~ 220	甘油三酯	405 ~ 415

另外，通过热重分析，也可以对所制备生物柴油的十六烷值进行测定，其通过测量所分析物的质量发生 50% 失重时的温度来实现。Chien 等人考虑到升温速

率也会对所分析物质的热重曲线带来较大的影响。因此，他们考察了大豆油甲酯在不同升温速率下的热重曲线，相关的热重分析在美国 TA 仪器公司生产的 2950 热重分析仪上进行，该仪器可同时确定重量损失和温度差异。测试过程为：大约 4～6mg 的大豆油甲酯样品被置于热分析仪中，从室温加热到 400℃，升温速率分别为 3℃/min、5℃/min、8℃/min 和 10℃/min，在高纯氮气气氛下加热，其流量为 100mL/min。当实验测试完成后，切断热分析仪电源，继续充入高纯氮气，直到热分析仪冷却到室温为止。在所有的测试中，以氧化铝为参照物。不同升温速率下得到的热分析结果如图 2-11 所示。

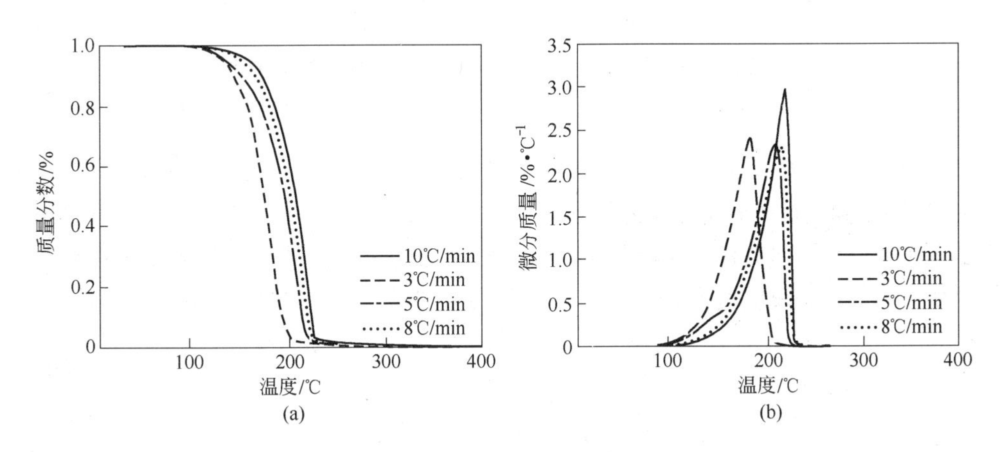

图 2-11 大豆油甲酯在不同升温速率下的热重分析图

由图 2-11 可知，随着升温速率增加，大豆油甲酯开始分解所需要的温度更高。这也导致在不同升温速率下，得到相同的大豆油甲酯失重量时，需要到达的温度点不同。更高的升温速率，意味着要比更低的升温速率在达到相同的失重量时所需要的温度更高。DTG 峰显示了一个过渡温度区间，该值位于 183～219℃处。同样，该过渡峰的出现温度值区间，也随着升温速率增加而升高。

张蓉仙等人考虑到不同的气氛也会对生物柴油的热重分析带来重要的影响。因此，其分别在氮气和空气气氛下，进行了棕榈油生物柴油的热重分析。热重分析在德国 Netzsch 公司生产的 STA-449C 型热分析仪上进行。无论在氮气还是空气气氛中，升温速率均为 10℃/min。得到的分析结果如图 2-12 所示。

由图 2-12 可见，棕榈油生物柴油在氮气气氛下的热分解过程分成两个阶段：挥发和分解。同样，棕榈油生物柴油在空气气氛下的热解过程也分成两个阶段：挥发和燃烧。棕榈油生物柴油在氮气气氛下挥发和分解吸收的热量分别为 80.2J/g 和 444.8J/g，峰值温度分别为 248.8℃ 和 347.5℃。棕榈油生物柴油在空气气氛下挥发时吸收的热量和燃烧时放出的热量分别为 343.0J/g 和 1389.0J/g，峰值温度分别为 233.6℃ 和 309.8℃。

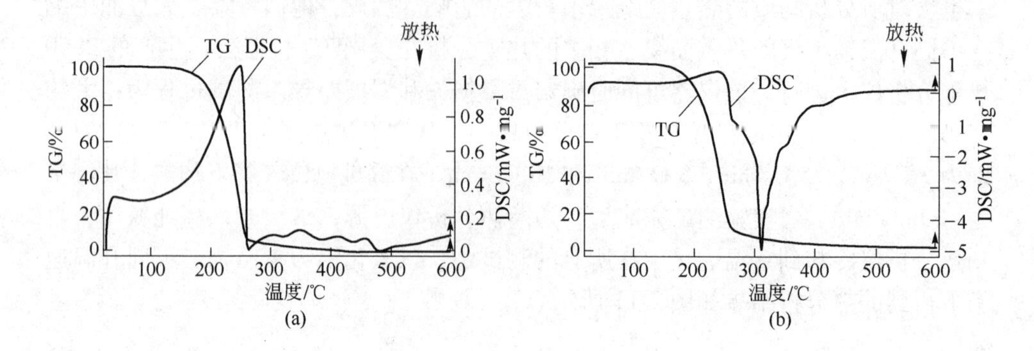

图 2-12 棕榈油生物柴油在不同气氛下的热重分析图

（a）气氛为 N_2（升温速率：10℃/min）；（b）气氛为空气（升温速率：10℃/min）

Chien 等人在不同加热速率（分别为 3℃/min、5℃/min、8℃/min 和 10℃/min）下得到的热重分析数据的基础上，进行了大豆油生物柴油热裂解动力学参数的求解研究。该研究建立在经典动力学法则基础上，并通过阿仑尼乌斯方程的形式，对所有的热分解反应速率方程进行了表达，分别见式(2-1)、式(2-2)和式(2-3)：

$$\frac{dX}{dt} = A\exp\left(-\frac{E_a}{RT}\right)(1-X)^n \tag{2-1}$$

$$X = \frac{w_0 - w}{w_0 - w_f} \tag{2-2}$$

$$k = A\exp\left(-\frac{E_a}{RT}\right) \tag{2-3}$$

式中 X——转化率；

t——热裂解进行的时间，min；

A——指前因子，min^{-1}；

E_a——活化能，kcal/mol；

R——气体常数；

T——反应温度，K；

n——生物柴油热裂解的反应级数；

w——生物柴油热裂解 t min 后的质量；

w_0——生物柴油热裂解开始前的质量；

w_f——生物柴油热裂解结束后的质量；

k——速率常数，min^{-1}。

最后求解得到的指前因子为 $2.6\times10^7 min^{-1}$，活化能为 16.2kcal/mol(68.75kJ/mol)。Conceicão等人也进行了以脂肪酸甲酯和乙酯为研究对象的氧化反应过程热力学分析，他们得到的结果为：脂肪酸甲酯热裂解的活化能为 71.51～88.66kJ/mol，乙酯热裂解的活化能为 80.71～92.84kJ/mol。相比于 Conceicão 等人的研究结果，Chien 等人研究得到的活化能要低很多，更低的活化能有助于获得更好的燃烧性能。另外，Chien 等人还研究出大豆油生物柴油热裂解的反应级数为 0.52。通过以上求解得到的动力学参数，可以得到大豆油生物柴油热裂解的反应速率方程，见式(2-4)：

$$\frac{dX}{dt} = 2.6 \times 10^{7}\exp\left(-\frac{16.2}{8.314 \times 10^{-3}T}\right)(1-X)^{0.52} \tag{2-4}$$

2.6 热重质谱联用法

将热重（TG）分析仪器与其他先进的检测系统联用，结合各自的特点和功能实现联用在线分析，扩大分析内容，是现代热重分析的一个发展趋势。其中热重质谱（TG/MS）联用系统由于具有方便快捷、在线性好的特点而受到广泛的关注。

Chien 等人通过 TG/MS 技术研究了生物柴油的热分解行为。TG/MS 实验使用热重分析仪（STA 409 CD，耐驰仪器公司）和一个四极质谱仪（QMA400，查斯仪器公司）来完成。通过耐驰仪器公司生产的 Skimmer 耦合系统来连接热重分析仪和质谱仪。首先，大约 2～8mg 生物柴油样品在 100mL/min 的高纯氮气环境中，以 5℃/min 的加热速率被加热到 400℃ 来进行热裂解分析；然后，经热裂解后产生的气体，被导入了质谱仪中来获得演化曲线；最后，对质谱仪获得的不同质荷比信号（29，31，44，74，87，105，143，263，294，296 和 298）进行了分析，以便更好地理解生物柴油的热分解机理。图 2-13 是生物柴油的 TG/MS 分析图。

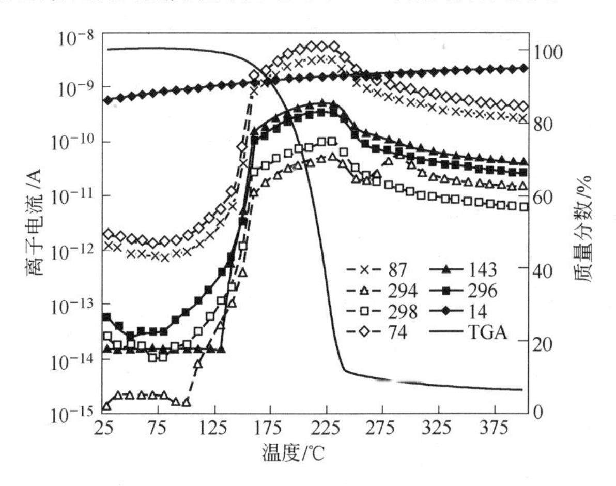

图 2-13 生物柴油的 TG/MS 分析图

质荷比（m/z）为 294、296 和 298 处的碎片离子相对应的是生物柴油中的 C18：0、C18：1 和 C18：2 组分，在质谱分析光谱中，这些碎片离子的强度较低，这与其他观测结果相一致。以上分析结果表明生物柴油在 120℃ 左右已发生分解。当加热温度为140～250℃时，在 m/z 为74处具有最高的离子电流，紧跟着是 m/z 为87。其他的峰遵循同样的趋势：低温下增强，在150℃和240℃显示有一个峰，高温下略微降低。图2-13中没有画出下列质荷比所对应的官能团：如 m/z 为57（$C_4H_9^+$），可能是烷烃碎片；m/z 为41（$C_3H_5^+$）和 m/z 为55（$C_4H_7^+$），可能是烯烃碎片；m/z 为67（$C_5H_7^+$），m/z 为95（$C_7H_{11}^+$）和 m/z 为109（$C_8H_{13}^+$），可能是二烯烃碎片。这些碎片均来自于甲酯长碳链上的C—C键裂，与C＝C双键在原所对应甲酯中的数量和位置密切相关。m/z 为87（$C_2H_4COOCH_3^+$）和 m/z 为143（$C_6H_{12}COOCH_3^+$）处的峰是更短的甲酯链，这也来自于甲酯碳链的C—C键断裂，以上这些化合物可能来自于生物柴油分解时产生的副产品。著名的McLafferty重排反应在生物柴油进行质谱分析时也可能会发生，这是由于生成了一个六元环结构的中间体，这将形成 m/z 为74.24处的碎片。在 m/z 为31（CH_3O^+）和 m/z 为263（$C_{17}H_{31}CO^+$）处的峰可能是C18∶2甲酯的C—O键裂解碎片。含氧化合物的高温分解可以导致甲醛和类似碎片，m/z 为29碎片对应着甲醛离子，m/z 为105碎片对应着乙醛离子。这也表明乙醛可以在生物柴油分解过程中形成，这与发动机测试中的检测结果一致。

2.7 核磁共振法

^{1}H-NMR和^{13}C-NMR能提供分子中有关氢原子及碳原子的类型、数目、互相连接方式、周围化学环境以及构型、构象等结构信息。由于甘油三酯经酯交换反应生成甲酯后，存在着亚甲基质子向甲氧基质子转换的过程。因此，可通过核磁共振法，对植物油经酯交换反应转化为甲酯的过程进行定性和定量分析。与红外光谱、质谱比较，核磁共振的灵敏度相对较低，但它所能提供的原子水平上的结构信息优于其他方法。另外，设备与维护费用相对较高。

G. Gelbard等人首先报道了利用核磁共振技术来判断酯交换反应的转化率。其测定的原理为：反应前甘油三酯中的亚甲基质子（$—CH_2—$）的化学位移 δ 为 2.3×10^{-6}，在甘油三酯、中间产物及脂肪酸甲酯中都存在羰基亚甲基氢，有两个氢原子为三峰。反应后甲酯中的甲氧基（$—OCH_3—$）质子化学位移 δ 为 2.7×10^{-6}，有3个氢原子为单峰。G. Gelbard通过亚甲基质子和甲氧基质子的峰面积，计算得到了甲酯化反应的转化率，计算式见式(2-5)：

$$C = 100\times(2A_{Me}/3A_{CH_2}) \tag{2-5}$$

式中　C——甲酯化的转化率；

A_{Me}——甲酯中亚甲基质子的含量；

A_{CH_2}——总亚甲基质子的含量。

Muhammad等人使用配备5mm偏硼酸钡探头的Avan CE 300MHz光谱仪，磁场强度为7.05T，进行了芝麻油生物柴油的分析，分别以四甲基硅烷（TMS）和氘化氯仿（$CDCl_3$）为溶剂和内标物。^1H(300MHz)光谱分析进行如下：脉冲宽度为30°，循环延迟时间1.0s和8次扫描；^{13}C(75MHz)光谱分析进行如下：脉冲宽度为30°，循环延迟时间1.89s和160次扫描。所得到的^1H(300MHz)光谱分析结果如图2-14所示，^{13}C(75MHz)光谱分析结果如图2-15所示。

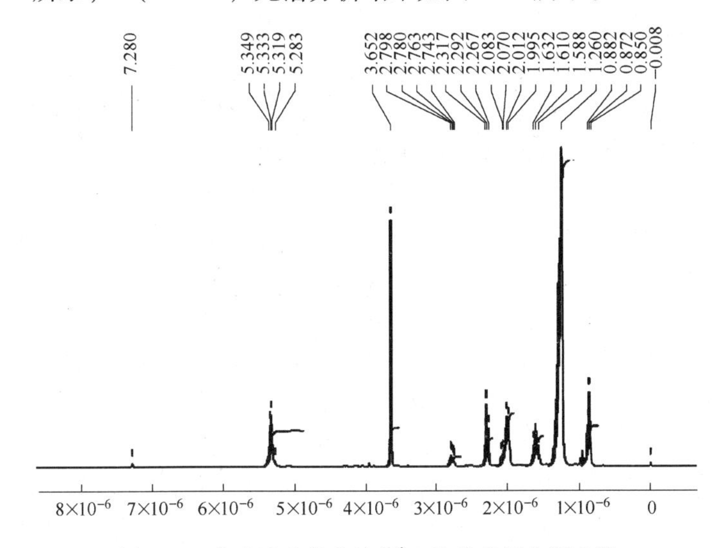

图2-14 芝麻油生物柴油的^1H核磁共振分析光谱

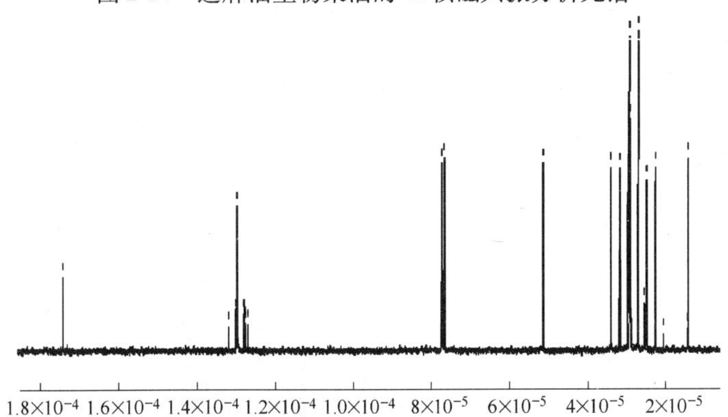

图2-15 芝麻油生物柴油的^{13}C核磁共振分析光谱

由图2-14可发现其含有两个最明显的特征峰，一个是单线态甲氧基质子的对应特征峰，出峰位置为3.65×10^{-6}，另外一个是三线态的α-亚甲基质子，出峰位置为2.26×10^{-6}。这两个峰值最能证实甲酯在生物柴油中的存在。其他观察到的峰值，有末端甲基质子的特征峰，为0.85×10^{-6}处；与碳链亚甲基质子相对应的强特征峰，出现在1.26×10^{-6}处；β-羰基亚甲基质子的特征峰，出现在1.58×10^{-6}处；与烯烃双键相邻的质子相对应的特征峰，出现在5.28×10^{-6}处。同样可利用式(2-5)，对酯交换反应过程中芝麻油向甲酯转化的量进行确定。

对图 2-15 所示的^{13}C光谱进行分析后可知，酯羰基（—COO—）和 C—O 相对应的特征峰分别出现在 131.88×10^{-6}和 127.08×10^{-6}处。位于 131.88×10^{-6}和 127.08×10^{-6}处的特征峰，表明甲酯中含有不饱和键。14×10^{-6}的峰值对应的是甲基的终端碳原子，$22\times10^{-6}\sim34\times10^{-6}$的峰值对应的是长碳链甲酯的亚甲基中的碳原子。

2.8 气质联用法

气相色谱法可有效分离并分析混合物的组成，但难以得到组分的结构信息，而质谱法能够提供丰富、准确的结构信息。如果将气相色谱与质谱结合起来形成气质联用（GC/MS）分析法，就成为分离和鉴定未知混合物最理想、最有效的方法之一。已经有一些研究者采用 GC/MS 法，对生物柴油中的未知脂肪酸甲酯做了很好的定性与定量分析，该法具有准确、清晰、快捷等优点。

Muhammad 等人通过一台气相色谱仪（GC-6890N）与一台质谱（MS-5973）联用的方法，测定了芝麻油生物柴油中的脂肪酸甲酯含量。在毛细管柱 DB-5MS（30m× 0.32mm，0.25μm 的薄膜厚度）上进行分离。载气为氦气，流速为 1.5mL/min。程序升温，升温速率为 10℃/min，使柱温从 120℃ 上升到 300℃。注射器和检测器的温度均设定为 250℃。将芝麻油生物柴油样品溶解在氯仿中，取0.1μL，通过分流比的模式进行操作，分流比为1∶10。设置质谱仪的扫描范围在质荷比为 50～550 之间，电子轰击离子化模式。

总离子色谱图（见图 2-16）显示了 11 个主要的特征峰。每个峰都对应着芝麻油生物柴油中的一种脂肪酸甲酯，通过实验室图库软件（NIST 02）进行了确

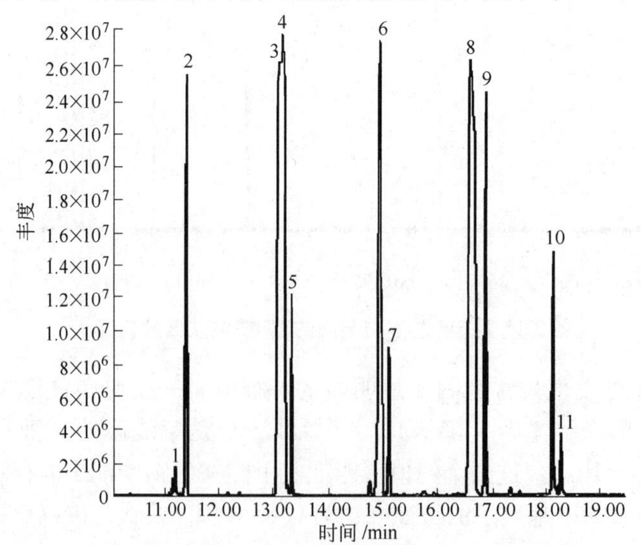

图 2-16 芝麻油生物柴油的总离子色谱图

1—C16∶1；2—C16∶0；3—C18∶2；4—C18∶1；5—C18∶0；6—C20∶1；7—C20∶0；8—C22∶1；9—C22∶0；10—C24∶1；11—C24∶0

认。在相同的色谱分析条件下，对标样进行分析，比较所分析样品和标样的特征峰出现的停留时间，而实现对这 11 个主要特征峰所对应的具体物质的判定，分析结果见表 2-3。

表 2-3 芝麻油生物柴油的脂肪酸甲酯成分

特征峰编号	停留时间 /min	确认的组分和相对应的分子式	相关的脂肪酸类型
1	11.19	棕榈油酸甲酯 $CH_3OCO(CH_2)_7CH=CH(CH_2)_5CH_3$	C16 : 1
2	11.40	棕榈酸甲酯 $CH_3OCO(CH_2)_{12}CH(CH_3)_2$	C16 : 0
3	13.10	亚麻酸甲酯 $CH_3OCO(CH_2)_7CH=CHCH_2CH=CH(CH_2)_4CH_3$	C18 : 2
4	13.15	油酸甲酯 $CH_3OCO(CH_2)_7CH=CH(CH_2)_7CH_3$	C18 : 1
5	13.33	硬脂酸甲酯 $CH_3OCO(CH_2)_{16}CH_3$	C18 : 0
6	14.93	二十碳烯酸甲酯 $CH_3OCO(CH_2)_9CH=CH(CH_2)_7CH_3$	C20 : 1
7	15.10	花生酸甲酯 $CH_3OCO(CH_2)_{18}CH_3$	C20 : 0
8	16.60	芥酸甲酯 $CH_3OCO(CH_2)_{11}CH=CH(CH_2)_7CH_3$	C22 : 1
9	16.77	山嵛酸甲酯 $CH_3OCO(CH_2)_{20}CH_3$	C22 : 0
10	18.12	二十四碳烯酸甲酯 $CH_3OCO(CH_2)_{13}CH=CH(CH_2)_7CH_3$	C24 : 1
11	18.27	木焦油酸甲酯 $CH_3OCO(CH_2)_{22}CH_3$	C24 : 0

GC/MS 分析证实了芝麻油生物柴油中含有 5 种饱和脂肪酸甲酯和 6 种不饱和脂肪酸甲酯。*m/z* 为 43 的特征碎片离子，可作为所有饱和脂肪酸甲酯的质谱基峰，其由著名的麦氏重排过程而形成。两个其他的特征峰，一个为 $[M-31]^+$，其由不饱和脂肪酸甲酯分子中的羰基发生 α-裂解（失去甲氧基）而产生，在所有不饱和脂肪酸甲酯的质谱特征峰谱图上均可发现，可作为所有不饱和脂肪酸甲酯的质谱基峰；另外一个为 $[M-43]^+$，其由脂肪酸甲酯分子链上的 C—C 键断裂失去一个丙基自由基而产生，在所有饱和脂肪酸甲酯的质谱特征峰谱图中均可以发现。另外一个明显的特征碎片离子，出现在 *m/z* 为 87 处，其对应着一系列的由于 β-裂解而生成的甲酯基离子$[CH_3OOC(CH_2)_n]^+$，其中 n 可为 2，3，4，5，…。*m/z* 为 87，101，115，129，…，对应着碳氢系列的烷基离子系列，在低质谱区域大量出现。因此，β-裂解和烷基系列支持着饱和脂肪酸甲酯的存在。C22 : 0 甲酯的质谱特征碎片离子如图 2-17 所示。

5 种分了结构中含有单不饱和键脂肪酸甲酯的特征碎片离子，均包含有 个质谱基峰 *m/z* 为 55。$[M-32]^+$是由于失去了一个甲醇分子而生成，$[M-74]^+$是由于失去了一个麦氏离子而生成。以上三个特征峰可有助于确认含有单不饱和键的脂肪酸甲酯。其他特征离子，包括碳氢离子$[C_nH_{2n-1}]^+$、$[C_nH_{2n}]^+$和$[M-88]^+$、$[M-102]^+$、$[M-116]^+$等，来自于碳链中 3、4 位碳，4、5 位碳和 5、6 位碳之间发生的裂解和氢原子间的重排而导致的带有羰基官能团的碎片分子的脱离。一个含有双不饱和键的脂肪酸甲酯（C18 : 2）的特征碎片离子，在 *m/z* 为 67 处出现了其

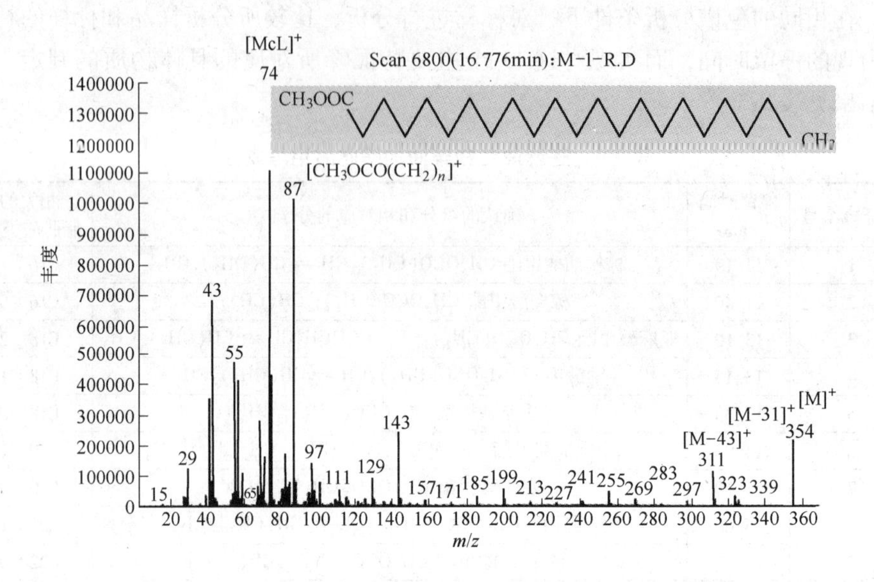

图 2-17　C22：0 甲酯的质谱特征碎片离子质谱图

的基峰，对应为$[C_nH_{2n-3}]^+$。一个显著的离子峰出现在 m/z 为 263 处，为$[M\text{-}31]^+$，其来自于甲氧基的脱离。一个离子的特征峰位于 m/z 为 220（$[M\text{-}74]^+$），其来自于麦氏离子的脱离。其他的$[C_nH_{2n-3}]^+$系列碳氢离子特征峰，在相对较低的质谱范围内出现，如 m/z 为 67，81，95，109，123 等。

2.9　原料动植物油脂的物性分析

2.9.1　酸值测定

酸值（AV）表示原料油中游离脂肪酸含量的多少，反映了甘油三酯的水解程度。对于反应物以及产物中的脂肪酸，可采用酸值滴定（GB/T 5530）的方法来测定。过程如下：准确称取 1g 生物柴油样品注入锥形瓶中，加入 10mL 乙醚-乙醇混合液（体积比为 1：1）中，用 0.1mol/L KOH 标准溶液滴定，以酚酞为指示剂。另做一空白试验，除不加生物柴油外，其余操作同上，记录空白试验中 KOH 的用量。

酸值计算公式见式(2-6)。通过测量油脂反应前后酸值的变化，可求得脂肪酸的转化率。

$$AV = \frac{56.1(V_2 - V_1)c}{m} \tag{2-6}$$

式中　V_1——空白试样消耗 KOH 标准溶液的体积，mL；

V_2——试样消耗 KOH 标准溶液的体积，mL；

c——氢氧化钾浓度，mol/L；

m——试样质量，g。

2.9.2 皂化值测定

皂化值（SV）表示在规定条件下，中和并皂化1g物质所消耗的KOH毫克数。皂化值的高低表示油脂中脂肪酸相对分子质量的大小，皂化值越高，说明脂肪酸相对分子质量越小，亲水性较强，失去油脂的特性；皂化值越低，则脂肪酸相对分子质量越大或含有较多的不皂化物。

皂化值测定实验过程如下：称取1g油脂，置于250mL烧瓶中，再加入50mL 0.1mol/L KOH-乙醇溶液。将烧瓶置于沸水浴内，冷凝回流30～60min，至烧瓶内液体澄清并无油珠出现为止，可认为油脂已经完全皂化。待反应液冷至室温后，加入1%酚酞指示剂2滴，以0.1mol/L HCl溶液滴定剩余的碱。为了更准确定量分析，另做一空白试验，除不加油脂外，其余操作同上，记录空白试验中盐酸的用量。皂化值计算公式与酸值计算公式(2-6)相同。

2.9.3 碘值测定

碘值（IV，100g油脂在一定条件下吸收碘的克数），是油脂的重要参数，常用哈纳斯（Hanus）法和魏吉斯（Wijs）法测定。Hanus法在多相体系中进行，溴化碘与脂肪的加成反应速度较慢，一般完成测定需要30min以上。Wijs法采用的是碘量法，是常用的油脂碘值测定方法。经典的Wijs法中采用的油脂溶剂是三氯甲烷。

测定方法如下：用分析天平准确称取油样0.1～0.5g（精确至0.0001g）至干燥的碘量瓶中，加入溶剂（三氯甲烷或环已烷）20mL，轻轻摇动，使试样全部溶解，用移液管准确加入Wijs液25mL，立即塞好瓶塞。在瓶塞与瓶口之间加数滴15% KI溶液（封闭缝隙，以防止碘挥发而造成测定误差），在20～30℃暗处放置一定时间（对碘值低于130的样品应放置30min，高于130需放置1h），小心打开瓶塞，使瓶塞旁KI溶液流入瓶内，并用20mL 15% KI溶液和50mL蒸馏水把瓶塞和瓶颈上的液体冲入瓶内，摇匀后立即用0.1mol/L硫代硫酸钠标准溶液迅速滴定至浅黄色，加入1%淀粉溶液1mL，继续滴定，接近终点时用力振荡，再滴定至蓝色消失为止，记录所消耗的硫代硫酸钠标准溶液的毫升数。在相同条件下，不加试样做空白试验。按式(2-7)计算碘值：

$$\mathrm{IV} = \frac{(V_1 - V_2) \times c \times 0.1269 \times 100}{W} \tag{2-7}$$

式中 V_1——空白试验测定所用硫代硫酸钠标准溶液的体积，mL；

V_2——油样试验测定所用硫代硫酸钠标准溶液的体积，mL；

c——硫代硫酸钠溶液的标定浓度，mol/L；
W——试样的质量，g。

2.9.4 原料油平均相对分子质量测定

原料油的平均相对分子质量（M）可由皂化值和酸值计算得到，计算式见式(2-8)：

$$M = \frac{56.1 \times 1000 \times 3}{SV - AV} \tag{2-8}$$

式中 M——原料油的平均相对分子质量；
SV——原料油的皂化值；
AV——原料油的酸值。

2.10 副产品甘油的分析方法

2.10.1 高碘酸钠法

2.10.1.1 原理

首先，在强酸性介质中，高碘酸钠可将包含有3个相连羟基的甘油氧化分解成甲酸和甲醛；然后，使用NaOH中和生成的甲酸，用pH值计指示终点；最后，从NaOH标准溶液的消耗量来得到甲酸的量，进而得到甘油的含量。反应过程见式(2-9)和式(2-10)：

$$\begin{array}{l} HOCH_2 \\ \quad | \\ HOCH + 2NaIO_4 \longrightarrow 2HCHO + HCOOH + 2NaIO_3 + H_2O \\ \quad | \\ HOCH_2 \end{array} \tag{2-9}$$

$$NaOH + HCOOH \longrightarrow HCOONa + H_2O \tag{2-10}$$

2.10.1.2 测定步骤

测定步骤如下：

(1) 称取甘油含量不大于0.5g的样品（精确至0.0001g）。如果不知甘油的大致含量，应称取0.5g样品进行预测（如果甘油含量大于75%，最好称取0.5g+0.1g样品，精确至0.0001g），置于500mL容量瓶中，用水稀释至刻度，摇匀后取50mL溶液用于测定。

(2) 如对碱性样品或样品酸化时出现了焦油沉淀，可将试验份放入配有回流冷凝器的烧瓶中，需要时稀释到50mL，加2滴酚酞指示剂，用硫酸溶液中和至溶液刚好褪色。再加入5mL硫酸溶液，煮沸5min，冷却，必要时过滤，并用水洗涤过滤器。滤液转入600mL烧杯中。无上述情况时，则可将样品直接放入烧杯进行测定。

（3）用水稀释试样至体积约250mL，在不断搅拌下，加入NaOH溶液，调节pH值至7.9±0.1。加入50mL过碘酸钠溶液，混合搅匀，盖上表面皿，在温度不超过35℃的暗处放置30min。然后加入10mL乙二醇稀释溶液，混合，在相同条件下放置20min。加5.0mL甲酸钠溶液，用NaOH标准溶液滴定至pH值为7.9±0.2。

（4）空白试验：在相同条件下，用相同量的试剂和稀释水，用50mL水代替样品，做空白试验。但加入高碘酸钠溶液之前，空白溶液应调节pH值至6.5，加入高碘酸钠溶液之后，滴定终点至pH值也是6.5。

（5）计算：

$$甘油质量分数 = \frac{(V_1 - V_2) \times c \times 0.0921 \times 100}{m} \tag{2-11}$$

式中 V_1——测定样品耗用NaOH标准溶液的体积，mL；

V_2——空白实验耗用NaOH标准溶液的体积，mL；

c——NaOH标准溶液的浓度，mol/L；

m——试验份的质量，g；

0.0921——甘油的毫摩尔质量，g/mmol。

高碘酸钠法（GB/T 13216.6—91）步骤较多且繁复，并且当体系中存在一些在其分子结构中的相邻碳原子上有多于两个羟基的有机化合物时，测得的甘油含量会偏高，但目前仍是实际中使用比较广泛的甘油测定方法。

2.10.2 重铬酸钾法

2.10.2.1 原理

甘油在酸性溶液中能被重铬酸钾氧化成二氧化碳和水，过量的重铬酸钾可将碘化钾氧化成碘，用硫代硫酸钠滴定析出的碘，从而可计算出甘油含量。

$$\begin{matrix} HOCH_2 \\ | \\ HOCH \\ | \\ HOCH_2 \end{matrix} + 7K_2Cr_2O_7 + 28H_2SO_4 \longrightarrow 7K_2SO_4 + 9CO_2 + 7Cr_2(SO_4)_3 + 40H_2O \tag{2-12}$$

$$K_2Cr_2O_7 + 6KI + 7H_2SO_4 \longrightarrow Cr_2(SO_4)_3 + 4K_2SO_4 + 3I_2 + 7H_2O \tag{2-13}$$

$$3I_2 + 6S_2O_3^{2-} \longrightarrow 6I^- + 3S_4O_6^{2-} \tag{2-14}$$

2.10.2.2 测定步骤

称取样品1g左右（精确至0.0002g），移入250mL容量瓶中，用水稀释至刻度，摇匀。取出10mL于锥形瓶中，加入25mL重铬酸钾溶液及30mL硫酸（1∶1，体积比），瓶口放置一玻璃漏斗，于水浴上加热2h，冷却后移入250mL容量瓶中，用水稀释到刻度，摇匀。取25mL于500mL具塞锥形瓶中，加入15mL 20%的碘化钾溶液，盖上瓶塞，于暗处放置10min，加水300mL，然后用0.1mol/L的硫代硫酸钠标准溶液滴定，近终点时加入淀粉指示剂数滴，继续滴定至溶液由蓝色变成亮绿色。同时做空白试验。

计算：

$$甘油质量分数 = \frac{(V_1 - V_2) \times c \times 0.006578 \times 250^2 \times 25}{m \times 10} \times 100\% \quad (2\text{-}15)$$

式中 V_1——滴定样品时耗用硫代硫酸钠标准溶液的体积，mL；

V_2——空白实验时耗用硫代硫酸钠标准溶液的体积，mL；

c——硫代硫酸钠标准溶液的浓度，mol/L；

m——试验份的质量，g；

0.006578——1mmol硫代硫酸钠相当于甘油的质量，g。

2.10.3 分光光度法

在碱性条件下（pH值为11～12），甘油与$Cu(OH)_2$反应生成铜配合物（绛蓝色溶液），可进行比色测定。在10mL甘油中，加入3.5mL 5g/100mL的NaOH溶液，再加入1mL 5g/100mL的硫酸铜溶液，充分混合后并离心分离，取上层溶液在波长为630nm处测定吸光值。

另外，也有把甘油用重铬酸钾氧化分解进行定量的方法。在甘油（0.25g以下）中，加入25mL 0.0092%的重铬酸钾溶液和30mL浓硫酸，在水浴中煮沸20min，使甘油分解，在波长为587nm处测定重铬酸钾的消耗量。作为重铬酸钾法的变更方法，再加入二苯胺脲，在波长为540nm处进行测定。

3　生物柴油制备方法

目前，生物柴油的制备方法有六种：直接混合法、微乳化法、高温热裂解法、生物酶催化法及超临界甲醇法、化学酸碱催化法。其中，生物酶催化法、超临界甲醇法和化学酸碱催化法均是通过油脂与醇类的酯交换反应来制备脂肪酸甲酯。酯交换法是生产生物柴油的主要方法，也是当前研究的主要方向。酯交换反应是一个连续可逆反应过程，甘油三酯分步转化为甘油二酯、甘油单酯、甘油。除了酯交换以外，生物柴油也可以通过脂肪酸与甲醇的酯化反应来合成。当在反应体系中加入催化剂时，甘油三酯和脂肪酸分别与甲醇之间发生的酯交换、酯化反应过程如图 3-1 所示。

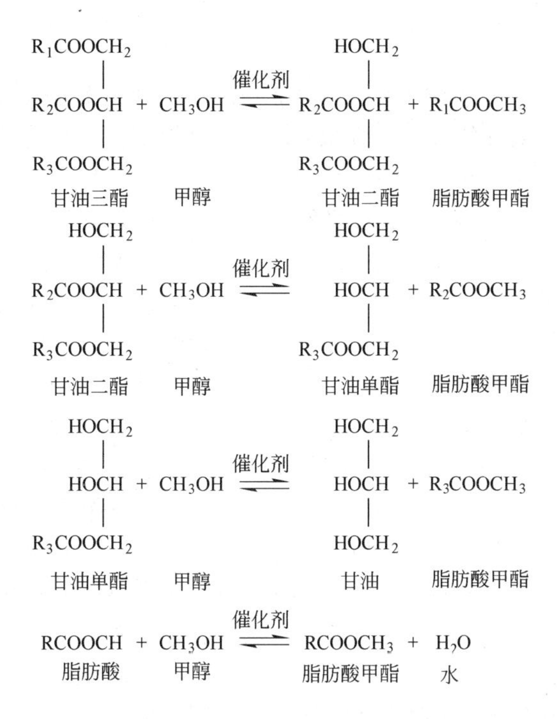

图 3-1　甘油三酯或脂肪酸与甲醇经催化酯交换或酯化反应过程制备生物柴油

3.1　直接混合法

在生物柴油研究初期，研究人员曾经设想将天然油脂与柴油、溶剂或醇类混合以降低油脂的黏度并提高其挥发度，而直接作为燃料使用。1983 年，Adams 等人将脱胶的大豆油与2号柴油混合，在直接喷射涡轮发动机上进行了600h的试验。当两种油品以1∶1混合时，会出现凝胶和变浑浊现象；而以1∶2混合时，不会出现该现象，并且降低了燃料的黏度，可作为农用机械的替代燃料。Ziejewski等人分别采用葵花子油或红花子油与柴油混合进行了试验，当把混合后得到的柴油用于农用机械时，通过了美国发动机制造商协会的200h测试。Schlick等人将葵花子油与2号柴油按1∶4的比例混合后，在柴油发动机上进行了燃烧试验，在200h的测试试验中，未观察到异常现象。目前，各国通常采用5%～20%的掺混比。但是，必须指出的是，通过直接混合法制备而成的生物柴油，在进行更长时间的燃烧试验时，往往由于过量碳沉积而无法顺利进行。

由直接混合法制备生物柴油简单易行。但是，生成的产品存在着以下缺点：十六烷值不高，易变质，油的黏度高和不易挥发。以上缺点会导致发动机喷嘴不同程度的结焦、活塞环卡死和积炭等问题，因而，不能够长时间使用，这就促使人们寻找其他方法来解决上述问题。

3.2 微乳化法

微乳化法是利用乳化剂将植物油分散到黏度较低的溶剂（如甲醇、乙醇、1-丁醇等）中，形成微乳状液滴。乳状液滴是一种透明并且热力学稳定的胶体分散系。通过该方法可以降低植物油的黏度，而使得到的产品符合在柴油机上燃烧时的要求。微乳液可以使油相具有优良的雾化效果，这是因为在燃烧室胶束中的低沸点组分将会随着温度的升高而生成大量的气体，它们可以冲破包围它的油相，使油相分散成许多小油滴，而形成了二次雾化，最终改善了高黏度植物油的雾化效果。另外，尽管微乳液中含有一些能量密度较低的醇类物质，但是醇有较大的汽化潜能，能够降低燃烧室的温度，从而减少喷嘴结焦现象的发生。这一方法主要解决了动植物油黏度高的问题。

Schwab和Pryde的研究表明，2-辛醇是一种能够促进大豆油分散到甲醇中的乳化剂。Georing等人用乙醇水溶液与大豆油制成了一种微乳液，这种微乳状液除了十六烷值较低之外，其他性质均与2号柴油相似。Ziejewski等人将53.3%的葵花子油、33.4%的1-丁醇和13.3%的甲醇混合后制成了一种乳状液，并对该乳状液进行了20h的实验室耐久性燃烧性能测试，结果发现虽然没有严重的不良现象发生，但仍出现了积炭和润滑油黏度增加等问题。从不同研究者报道的实验结果来看，微乳液虽然显著地降低了植物油的黏度，但是其十六烷值及热值与2号柴油相比仍然偏低。而且在更长时间的燃烧测试中，同样出现了发动机喷嘴阻塞和积炭等问题。总的来说，微乳化法并不是一种具有优势的生物柴油制备方法。

3.3 高温热裂解法

高温热裂解法是指在高温（借助催化剂或无催化剂作用）的条件下，在空气或氮气流中，通过加热使油脂在高温情况下裂解成短链碳氢化合物的过程。热裂解的产物中，包括烷烃、烯烃、二烯烃、芳香烃和羧酸。Schwab 等人对大豆油的热裂解产物进行了分析，发现烷烃和烯烃的含量很高，占总质量的60%。并且，裂解产物的黏度是普通大豆油黏度的1/3，但是，该黏度值还是远高于普通柴油的黏度值。在十六烷值和热值等方面，大豆油裂解产物与普通柴油相近。Pioch 对植物油催化裂解生产生物柴油进行了研究，以 SiO_2/Al_2O_3 为催化剂，分别进行了椰子油或棕榈油在450℃下裂解的研究。裂解得到的产物分为气液固三相，其中液相的成分为生物汽油和生物柴油。分析表明，该生物柴油与普通柴油的性质非常相近。

高温裂解法过程简单，没有任何污染物产生，缺点是在高温下进行，需要催化剂，裂解设备昂贵，反应过程所需能耗高，反应程度很难控制，并且当裂解混合物中的硫、水、沉淀物处于规定范围内时，其灰分、炭渣和浊点往往会处于规定值以外。另外，热裂解过程中除去了植物油中所含的氧，而使其不再具有含氧燃料一些环保方面的优点。

3.4 生物酶催化法

生物酶催化制备生物柴油法，也是当前探索比较多的方法之一。生物酶法合成生物柴油，具有反应条件温和、醇用量小、产物易于分离、无污染物排放等优点。尤其是对原料油脂品质要求低，可使用餐饮业或工业废油脂等为原料，可有效降低生物柴油的生产成本。生物酶催化反应温度一般为30～50℃，其转化率可达到90%以上。但是，不同种类脂肪酶的反应时间差别很大，且反应体系中水的含量、酶的固定与否以及醇油比都影响生物柴油的产率和酶的寿命。生物酶催化剂可以分为脂肪酶（胞外脂肪酶）和微生物细胞（产胞内脂肪酶）两大类。

目前，国内外用于催化制备生物柴油的脂肪酶主要有根霉脂肪酶、酵母脂肪酶、假单胞菌脂肪酶、猪胰脂肪酶等。脂肪酶是一类特殊的酯键水解酶，主要可以水解由碳链上包含12 碳原子以上的不溶性长链脂肪酸和甘油通过酯化反应形成的甘油三酯。脂肪酶在自然界分布很广，有65 种属的微生物均可生产脂肪酶。游离脂肪酶在反应体系中分散不均且容易聚集结块，不利于回收和重复利用。低碳醇（如甲醇），对酶有一定的毒性，而使酶的使用寿命缩短。为了克服酶抑制效应，人们开始寻找新的解决方法，如采用甲醇之外的其他受体作为反应试剂、甲醇流加方式的改进、全细胞催化剂的采用、酶固定化技术、有机溶剂等技术手段，改善酶的催化活力和稳定性。

里伟等人以疏水性居中的叔丁醇作为反应介质，既不会对脂肪酶的活性产生影响，又能充分促进甲醇在体系中的溶解，大大降低了甲醇对酶活性的负面影响。采用分步加入甲醇的方法可以在一定程度上缓解甲醇对脂肪酶的活性和稳定性的影响，但反应副产物甘油易吸附在微生物细胞的表面，阻碍底物向胞内酶的传质，从而对酶催化活性及稳定性产生严重的负面影响，需要及时从反应液中除去。脂肪酶法工业化生产生物柴油的主要障碍是酶的成本太高，利用产胞内脂肪酶的微生物细胞催化合成生物柴油是解决脂肪酶生产成本的一个新的研究思路，该法既无需酶的分离纯化，又避免了酶在纯化过程中的活性损失，更节省了大量的设备投资和运行费用，是目前酶法制备生物柴油的一个研究热点。利用微生物细胞作为催化剂，有望大幅度降低酶法制备生物柴油过程中脂肪酶催化剂的使用成本。

利用固定化脂肪酶催化制备生物柴油具有游离酶不可比拟的优势：它可防止冻干的酶粉发生聚集，从而增大酶与底物的接触面积；产物更容易纯化；有利于酶的回收和连续化生产；酶的热稳定性及对甲醇等短链醇的耐受性显著提高。因此，脂肪酶固定化技术在生物柴油工业规模生产中极具吸引力。固定化脂肪酶在许多方面优于游离酶，但是工业化的实例不多，其原因之一就是廉价、易于活化和制备的固定化酶的载体很难得到。此外，低碳醇可对酶产生毒性，而且在反应过程中必须及时除去生成的甘油，否则甘油很容易堵塞颗粒状固定化酶的孔径，缩短固定化酶的寿命。因此，开发新型脂肪酶固定化方法，寻求新的固定化载体备受关注。根据脂肪酶独特的理化特性，将脂肪酶固定在大孔聚合物等疏水性载体上，不仅可以提高酶在反应体系中的扩散效果和热力学稳定性，调节和控制酶的活性与选择性，并且有利于酶的回收和产品的连续化生产。Modi 等人采用大孔丙烯酸树脂为催化剂载体，负载 Candida Antarctica 脂肪酶后作为催化剂，当反应温度为40℃，甲醇与麻风树油摩尔比为 11：1，催化剂与麻风树油质量比为10%，反应时间 12h，脂肪酸甲酯的收率可达到 91%。

一些研究者在无溶剂的环境下，进行了脂肪酶催化制备生物柴油的实验研究。然而，在这样的反应体系中，甲醇在油脂中的溶解性很差，大多以液滴状形式存在的甲醇，会对酶的催化活性带来不利的影响。有机溶剂极性影响脂肪酶催化活性，极性大小通过溶剂极性参数 lg$P$ 值（P 表示该有机溶剂在正辛烷和水组成的双向体系中的分配系数）来描述。从维持酶的活性和稳定性考虑，溶剂应有较高的疏水性，lg$P>2.0$，使酶分子表面能吸附一层必需的水分子层。有研究表明，溶剂 lg$P$ 值越高，脂肪酶催化能力越强，普遍认为，酶在 lg$P<2.0$ 的溶剂中活性较低，而在 lg$P>4.0$ 的溶剂中活性较高。但当溶剂 lg$P$ 很大时，溶剂对水的溶解度很低，微量水就能使溶剂饱和，反应生成的水如超过溶剂溶解能力就会游离出来，而聚集在酶的周围，使酶催化剂传质性能下降，反应速率降低。Mohamed 等人的研究表明，亲水性强的有机介质（如丙酮），多种脂肪酶的活性均很低，反应 48h 后的油脂转化率均未超过 25%；在疏水性的有机介质中，如正己烷，酶能保持较高的活性，但是甲醇和甘油不能在疏水性溶剂中充分溶解，对酶催化反应的负面影响仍旧存在。Royon 等人采用 Candida Antarctica 脂肪酶为催化剂，反应温度为 50℃，甲醇与棉子油摩尔比为 4∶1，脂肪酶与大豆油质量比为 1.6%，叔丁醇为溶剂，反应时间 24h，大豆油的转化率为 95%。Xu 等人采用丙烯酸树脂为催化剂载体，负载 Candida Antarctica 脂肪酶后作为催化剂，当反应温度为 40℃，甲醇与大豆油摩尔比为 12∶1，催化剂与大豆油质量比为 30%，乙酸甲酯为溶剂，反应时间 10h，脂肪酸甲酯的收率为 92%。因此，在反应体系中加入共溶剂后，可以非常有效地提高脂肪酶的催化效率。不同酶催化剂制备生物柴油的比较见表 3-1。

表 3-1　不同酶催化剂制备生物柴油的比较

原料油脂	酶 类 型	酰基受体	溶　剂	收率/%
葵花子油	Novozym 435	甲醇	无	3
葵花子油	Novozym 435	甲醇	石油醚	79
葵花子油	Novozym 435	乙醇	无	82
大豆油	Novozym 435	甲醇	无	97
大豆油	固定 Lipase PS	甲醇	无	67
菜子油	Lipozyme TL IM	甲醇	叔丁醇	95
麻风树油	Novozym 435	2-丙醇	己烷	93.4
麻风树油	Novozym 435	乙酸乙酯	无	91.3
微　藻	固定化假丝酵母脂肪酶	甲醇	己烷	98
棉子油	Novozym 435	甲醇	叔丁醇	97
废食用油（含 2.5% 游离脂肪酸）	Novozym 435	甲醇	无	>90
酸化油（含 77.9% 游离脂肪酸）	Novozym 435	甲醇	无	>90
大豆油脱臭馏出物（含 28% 游离脂肪酸）	Novozym 435	甲醇	叔丁醇	

3.5　超临界甲醇法

超临界甲醇法（简称超临界法）制备生物柴油是最近几年发展起来的一种新方法。超临界反应工艺是利用超临界流体的溶解特性，提高反应体系中油脂与甲醇之间的溶解度，甚至能使油脂与甲醇溶为一相，从而有效地进行酯交换反应。相比于化学酸碱催化法（见 3.6 节），超临界法可有效避免化学催化法带来的一些问题，如无皂化物生成（碱性催化剂与脂肪酸发生酯化反应生成的物质）和催化剂失活（固体催化剂活性组分脱落失活，或碱性催化剂与反应物中的成分发生反应失活）等现象发生。该方法的优点：(1) 对原料要求低，无需对原料进行预处理。(2) 无需添加催化剂。均相催化剂在反应结束后，通常需要通过酸碱中和过程而从反应体系中分离出去。该中和操作过程，一方面使催化剂无法再生循环利用而增加了生产成本。另一方面，大量含盐废水的产生，也不利于环保和经济效益。(3) 总生产过程简单，不需要涉及一些与催化剂制备、分离和产物精制相关的过程。(4) 反应时间短，原料转化率高。尽管超临界法的能耗较高，但由于其具有以上优势，已经有了较多关于该法的科学研究和工业化应用的报道。该方法的缺点是：反应需在高温高压下进行，对反应设备有很高的要求，实现工业化还需进一步研究。

利用超临界流体技术制备生物柴油可分为以下两种情况：以超临界二氧化碳或超临界甲醇为媒介进行酯交换反应。超临界二氧化碳具有优异的溶解与扩散能力，利用这些性能将它作为一种反应介质可实现促进反应进行的目的，是目前生物反应工程新的扩展方向。Giridhar Madras 研究了超临界二氧化碳中油脂的甲酯化与乙酯化反应过程。在 45℃，脂肪酶用量为 30%，醇油摩尔比为 5∶1 时，反应 6h 后，甲酯和乙酯的转化率可分别达到 22% 和 27%；在超临界二氧化碳中，同样以脂肪酶为催化剂，菜子油甲酯化的产率可以达到 92% 以上。与超临界二氧化碳相比，超临界甲醇不仅具有优异的溶解和传递性能，还具有优异的反应性能。同时，由于反应过程不引入其他非反应的物质，这将极大地简化整个生产工艺过程的分离步骤。Warabi 等人采用超临界流体技术，在反应温度为 300℃、压力为 20MPa、甲醇与菜子油摩尔比为 42∶1 的条件下，反应 15min，脂肪酸甲酯的收率接近 100%。He 等人在反应温度为 310℃、压力为 35MPa、甲醇与大豆油摩尔比为 40∶1 的条件下，在 75mL 管式反应器中反应 25min，脂肪酸甲酯的收率可达到 96%。Kunchana 等人在反应温度为 350℃、压力为 19MPa、甲醇与可可油的摩尔比为 42∶1 的条件下，在管式流反应器中反应 400s，脂肪酸甲酯的收率为 95%。

超临界法制备生物柴油最重要的操作参数为压力、温度和醇油摩尔比。为了获得最高的油脂转化率和收率，在早期的研究报告中，所用的压力为 19～45MPa，温度为 320～350℃，醇油摩尔比为 40∶1 ～ 42∶1。高温高压的反应条件，意味着反应器的高制造成本和生产过程的高能耗。因此，当前的研究主要集中在降低超临界法制备生物柴油过程中所需要的高压、高温和高醇油摩尔比，可通过采用一些技术，如加入共溶剂、催化剂和修改其反应过程来实现。不同研究者采用超临界法制备生物柴油所采用的工艺参数和结果比较见表 3-2。

表 3-2 不同超临界法制备生物柴油所采用的工艺参数和结果比较

原料油脂	温度/℃	压强/MPa	醇油摩尔比	反应转化时间/min	转化率（质量分数）/%
大豆油	280	12.8	24∶1	10	98
大豆油	280	14.3	24∶1	10	98
大豆油	400	20.0	6∶1	1.6	98
菜子油	250	6	24∶1	10	97
大豆油	160	10	24∶1	10	98
大豆油	310	13	40∶1	12	96
葵花子油	252		41∶1	6	98
大豆油	250	24	36∶1	10	96
菜子油	280	20	24∶1	30	95

3.6 化学酸碱催化法

目前，欧美发达国家大多以菜子油或大豆油为原料，采用均相碱催化酯交换反应来生产生物柴油。催化剂和反应物同处于一相而进行的反应，称为均相催化作用。均相催化法是发展比较早的一种方法，它主要包括液体酸、碱催化剂，可溶性过渡金属化合物（盐类和配合物）等，具有高活性和高选择性。常用的无机碱催化剂有甲醇盐（如 CH_3ONa）和氢氧化物（如 NaOH，KOH），此外还有 Na_2CO_3 和 K_2CO_3 等。非均相碱催化剂主要包括金属氧化物和负载型固体碱催化剂。用于催化油脂与甲醇酯交换反应的均相酸催化剂通常有硫酸、盐酸和苯磺酸。非均相酸可分为负载卤素型、SO_4^{2-}/M_xO_y 型、负载金属氧化物型、杂多酸、沸石、无机盐复配型及树脂型七大类。

3.6.1 均相碱催化法

液体碱是常用于催化动植物油脂制备生物柴油的催化剂。常用的无机碱催化剂有甲醇钠、氢氧化钠、氢氧化钾等；常用的有机碱催化剂有有机胺类、胍类化合物等。与液体酸催化剂相比，液体碱法具有反应条件温和、活性高、反应速率快、不腐蚀设备等优点，但缺点是对油脂原料的要求高，只能适用于脂肪酸和水含量低的油脂原料，否则会发生严重的皂化反应，既消耗原料中的脂肪酸和催化剂，同时产物与皂化物又难以分离，特别是以游离脂肪酸含量高的废油脂为原料时，产品的收率非常低。当反应温度为 333K 左右，甲醇与油的摩尔比为 6∶1，碱催化剂用量（占原料油的质量分数）为 1.0% 的条件下，脂肪酸甲酯的收率可超过 90%。

以 CH_3ONa 代替氢氧化物为催化剂时，具有以下优势：一方面，由于反应体

系中 CH_3O^- 的浓度大大增加，酯交换反应速度有所加快；另一方面，由于氢氧化物和甲醇混合会发生反应而生成少量的水，由于水的存在，会导致油脂部分水解成脂肪酸，而脂肪酸会与碱性催化剂发生皂化反应。因此，以 CH_3ONa 为催化剂时，具有更好的催化效果，并且可以提高甲酯的收率。Gemma 等人选择了四种不同的碱性催化剂（NaOH，KOH，CH_3ONa，CH_3OK）进行了葵花子油的酯交换反应研究，脂肪酸甲酯的转化率均接近 100%。并且，当使用 CH_3ONa 或 CH_3OK 为催化剂时，脂肪酸甲酯的转化率最高，分别为 99.33% 和 98.46%。碱催化酯交换反应过程如图 3-2 所示。

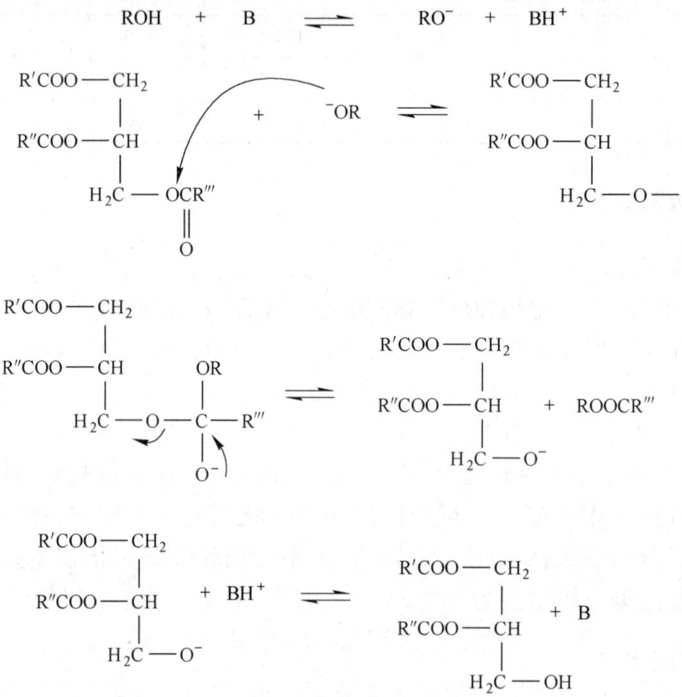

$$ROH + B \rightleftharpoons RO^- + BH^+$$

R′COO—CH_2
R″COO—CH
H_2C—OCR‴(=O) + ^-OR ⇌ R′COO—CH_2
R″COO—CH
H_2C—O—C(OR)(O$^-$)—R‴

R′COO—CH_2
R″COO—CH
H_2C—O—C(OR)(O$^-$)—R‴ ⇌ R′COO—CH_2
R″COO—CH
H_2C—O^- + ROOCR‴

R′COO—CH_2
R″COO—CH
H_2C—O^- + BH^+ ⇌ R′COO—CH_2
R″COO—CH
H_2C—OH + B

图 3-2 碱催化酯交换反应过程
ROH—碱催化剂；B—醇类；R′，R″，R‴—酯基

碱催化酯交换反应具有反应温度低、催化活性高、反应速率快和设备腐蚀性小等优点。其中，NaOH 因其价格便宜而成为了酯交换反应首选的催化剂，在大规模工业生产中具有广阔的应用前景。但是碱催化酯交换反应时，对原料油中的脂肪酸和水含量都有严格的要求。一般要求原料油中脂肪酸的质量分数不能大于 0.5%，否则脂肪酸将与碱性催化剂发生皂化反应（见式(3-1)），造成甲酯收率降低，同时使后续产物分离困难。碱催化对水的要求也极为苛刻，一般来说，水的质量分数不能超过 0.3%。不然，甲酯将与反应体系中存在的水发生逆反应生

成脂肪酸（见式(3-2)），脂肪酸进一步与碱反应生成皂。

$$RCOOH + NaOH \longrightarrow RCOONa + H_2O \tag{3-1}$$

$$RCOOCH_3 + H_2O \longrightarrow RCOOH + CH_3OH \tag{3-2}$$

然而，我国植物油匮乏的国情决定了我国不能以精炼植物油作为原料来生产生物柴油，只能采用废弃油脂作为原料，而废弃油脂中往往含有较多脂肪酸和水分，因此，均相碱催化法不适合我国使用。

Naik 等人的研究已经发现，当原料中游离脂肪酸（FFA）的质量分数从 0.3% 增加至 5.3% 时，由于脂肪酸与碱催化剂发生了皂化反应，导致碱催化剂因发生皂化反应而失去活性，生物柴油的产率（质量分数）由 97% 下降至 6%。另外，反应体系中存在的水分会导致油脂水解而生成 FFA，同样会导致碱性催化剂失活。因此，以碱为催化剂的酯交换反应，反应前需对原料油脂进行脱水和除去游离脂肪酸的预处理。虽然，可先用酸催化剂对原料进行预酯化（脂肪酸和甲醇反应），然后再进行碱催化酯交换反应，但该类工艺方法的流程长，操作复杂。因为以上不利因素，而限制了液体碱催化法在以低品质油料为原料制备生物柴油中的应用。液体碱催化酯交换反应制备生物柴油的当前研究进展情况见表 3-3。

表 3-3 液体碱催化酯交换反应制备生物柴油的当前研究进展情况

原料油脂	催化剂类型	酰基受体	反应温度/℃	反应时间/h	催化剂添加量(质量分数)/%	醇油摩尔比	收率(质量分数)/%
葵花子油	NaOH	甲醇	60	2	1	6∶1	97.1
花生油	NaOH	甲醇	60	2	0.5	6∶1	89.0
玉米油	KOH	甲醇	80	1	2	9∶1	96.0
菜子油	KOH	甲醇	60	1	1	9∶1	95.0
棉子油	NaOH	甲醇	65	1.5	0.75	6∶1	96.9
南瓜子油	NaOH	甲醇	65	1	1	6∶1	97.5
麻风树油	NaOH	甲醇	60	2	1	6∶1	98.0
废餐饮油	NaOH	甲醇	60	1/3	1.1	7∶1	94.6

3.6.2 均相酸催化法

与碱催化反应相比，酸催化反应的速率慢，需要较高的反应温度，能耗较大，收率较低，设备腐蚀严重。但是，与碱催化相比，酸催化酯交换反应的优势在于对原料的适应性强，适用于脂肪酸和水含量较高的油脂。而且，均相酸催化剂可以同时催化酯化和酯交换反应。因此，酸催化的最大优势在于可以直接由廉价废弃油脂生产生物柴油。

用于催化油脂与甲醇酯交换反应的均相酸催化剂通常有硫酸、盐酸和苯磺酸。液体酸催化酯交换反应法适用于催化脂肪酸含量和水含量高的原料油脂。酸催化法的产率很高，但该法存在以下不足之处：反应速率太慢，要消耗一天的时间才可以达到较高的油脂转化率；强酸性带来的强腐蚀性，对设备的金属部件损害较大；产物分离困难，产品要中和水洗，后续处理过程十分复杂，会造成严重的环境污染；酸催化法制备而成的生物柴油中会有一些酸残留，这些残留酸会对柴油机的金属部件带来一定的腐蚀作用。液体酸催化酯交换反应制备生物柴油的当前研究进展情况见表3-4。

表3-4 液体酸催化酯交换反应制备生物柴油的当前研究进展情况

原料油脂	催化剂类型	酰基受体	反应温度/℃	反应时间/h	催化剂添加量（质量分数）/%	醇油摩尔比	收率（质量分数）/%
废餐饮油	H_2SO_4	甲醇	95	10	4	20∶1	>90
大豆油	H_2SO_4	叔丁醇	120	1	3	6∶1	>95
大豆油	H_2SO_4	甲醇	65	50	1	30∶1	>99
大豆油	H_2SO_4	乙醇	78	18	1	30∶1	>99
大豆油	H_2SO_4	丁醇	117	3	1	30∶1	>99
大豆油	H_2SO_4	甲醇	100	8	0.5	9∶1	99
大豆油	H_2SO_4	甲醇	117	3	1	30∶1	99

由表3-4可知，以液体酸为催化剂时，为达到较高的油脂转化率，需要较高的反应温度、醇油摩尔比以及较长的反应时间。因此，找到一种催化效率高，并且清洁环保的绿色酸性催化剂来催化制备生物柴油是现阶段的一项重要任务。采用强酸催化剂制备生物柴油，对原料的适应性广，适用于脂肪酸和水含量高的油脂。酸催化酯交换反应时，液体酸催化剂通常为Brönsted酸（能给出质子的物质）。Brönsted酸催化酯交换反应过程如图3-3所示。

以酸性物质为催化剂时，高温和过量醇有利于脂肪酸甲酯的生成。Wahlen等人在反应温度为120℃、叔丁醇与大豆油摩尔比为6∶1，催化剂（硫酸）与大豆油质量比为3%的条件下，在管式流反应器中反应60min，脂肪酸甲酯的转化率可达到95%。Freedman等人研究丁醇与大豆油的酯交换反应时发现，在反应温度为117℃，丁醇与大豆油的摩尔比为30∶1，加入质量分数为1%的硫酸，反应3h，脂肪酸丁酯的收率达99%；当反应温度为65℃时，要得到相同的收率，反应时间需要50h。Crabbe等人的研究结果表明，在甲醇与棕榈油的摩尔比为40∶1，加入质量分数为5%的硫酸，反应温度为95℃时，反应9h，脂肪酸甲酯的收率可达97%；当反应温度为80℃时，要得到相同的收率，反应时间需要24h。

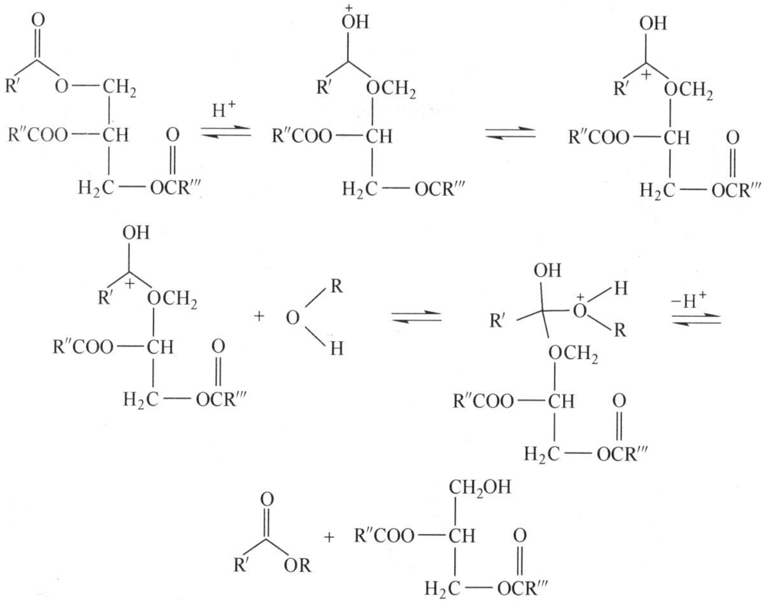

图 3-3 Brönsted 酸催化酯交换反应过程

R′，R″，R‴—碳链脂肪酸；R—烷基

除了 Brönsted 酸以外，Lewis 酸（电子对的受体）也是能有效地同时催化酯化与酯交换反应的催化剂。图 3-4 为 Lewis 酸同时催化酯化与酯交换反应机理。图 3-4 中，酯化反应为发生在催化剂表面酸性位点（L^+）上的脂肪酸（RCOOH）与甲醇（CH_3OH）的反应，而酯交换反应则为发生在催化剂表面酸性位点（L^+）上的甘油单酯（RCOOR′，作为甘油酯的代表）与甲醇的反应，该机理同样可以推广到甘油双酯和甘油三酯与甲醇的酯交换反应。游离脂肪酸或者甘油单酯的羰基氧与催化剂的表面酸性位点作用生成碳正离子，甲醇亲核进攻碳正离子生成正四面体中间体。酯化反应通过消除正四面体中间体的水分子得到 1mol 甲酯（$RCOOCH_3$），酯交换反应则通过消除正四面体中间体的甘油分子得到 1mol 甲酯。同时催化酯化与酯交换反应过程的速率控制步骤由 Lewis 酸催化剂的酸位强度决定。该反应的最后一个步骤为生成的甲酯从 Lewis 酸位上脱附下来，如果 Lewis 酸催化剂的酸位强度太高，将不利于产品的脱附。同样，也就意味着反应速率慢。因此，一个适合的酸位强度，对于 Lewis 酸催化酯交换反应过程非常关键。

3.6.3 非均相碱催化法

以传统的均相酸、均相碱为催化剂，在酯交换反应完成后，催化剂与产物分

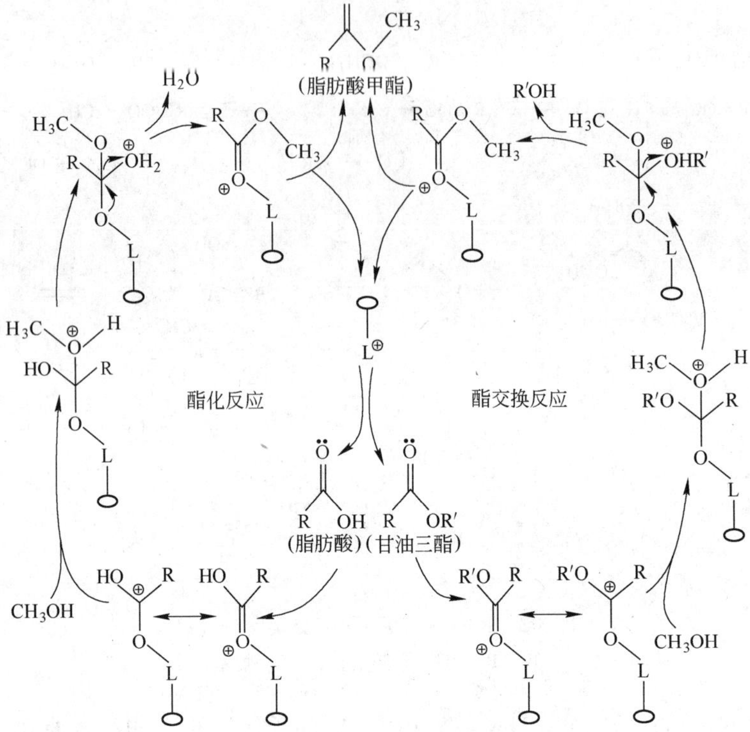

图 3-4 Lewis 酸同时催化酯化与酯交换反应机理

离困难，需要中和、水洗等后处理过程，这不仅产生了大量废水，而且增加了生产过程的生产费用。而采用非均相催化剂来代替均相催化剂，催化剂很容易与液体物料分离。因此，相对于均相催化剂来说，非均相催化剂是一种环境友好型催化剂。当前，一些研究者已经在非均相催化剂的制备及应用其催化酯交换反应制备生物柴油方面进行了大量的研究工作。其中，又以固体碱催化剂为重点研究方向。

目前，研究较多的固体碱催化剂主要包括金属氧化物和负载型固体碱催化剂。常用的金属氧化物催化剂有 CaO、ZnO、ZrO_2、ZnO-Al_2O_3 的混合物，其中金属氧化物又以 CaO、MgO 及镁铝复合氧化物为主；负载型催化剂是通过以 γ-Al_2O_3 或分子筛为载体，经负载金属 Na、K 及其化合物（如 NaOH、KF 和 KNO_3 等）后，再经过高温焙烧制得。负载型催化剂有 K_2CO_3/Al_2O_3、KF/Al_2O_3、Na/NaOH/γ-Al_2O_3、KF/ZnO、WO_3/ZrO_2(WZA)、SO_4^{2-}/SnO_2、SO_4^{2-}/ZrO_2 等。

最初，一些传统的固体碱（如 CaO、MgO）被应用于酯交换反应研究。但实验结果表明，当以未经过降低脂肪酸含量处理的粗菜子油为原料时，即使在200℃的反应温度下，固体碱的活性仍然偏低，甲酯的收率低于10%（质量分数）。Gryglewicz 等人考察了碱土金属氧化物催化酯交换反应的催化活性，以精炼菜子油为原料，在65℃，醇油摩尔比4∶1，催化剂用量1%（质量分数），并加入共溶剂的条件下反应2.5h，菜子油转化率可达到90%（质量分数）。Basu 等人采用 $Ca(AC)_2$ 与 $Ba(AC)_2$ 的混合物为催化剂，以含脂肪酸9.4%的黄油为原料，在220℃，醇油比9∶1，催化剂用量0.5%的条件下反应3h，甲酯收率达90%以上。虽然这一催化剂可以用于酸值较高的原料，然而 $Ba(AC)_2$ 的毒性却限制了它的使用。Leclercq 等人以铯交换过的 NaX 八面沸石和商用水滑石 KW2200 为催化剂，以菜子油为原料，在高醇油比下反应22h，铯交换过的 NaX 八面沸石催化下的油脂转化率为70%，水滑石为34%。王广欣等人将 $Ca(AC)_2$ 负载于 MgO 上，经高温煅烧得到 CaO/MgO 催化剂。以精制菜子油为原料，在65℃，醇油比12∶1，催化剂用量2%的条件下反应2h，甲酯收率达到80%。吴玉秀等人以高温煅烧水滑石得到的高活性 $MgO\text{-}Al_2O_3$ 为催化剂，发现脂肪酸甲酯的收率可达到86.5%。这是由于 $MgO\text{-}Al_2O_3$ 催化剂比 MgO 催化剂具有更大的比表面积和更强的碱强度造成的。Ebiura 等人采用质量分数为99%的甘油三酯为原料，在共溶剂的辅助下，以 Al_2O_3 附载 K_2CO_3 为催化剂，脂肪酸甲酯收率可达到94%。

与液体碱催化剂相比，固体碱催化剂具有如下优点：(1) 容易从反应混合物中分离；(2) 催化剂再生简单，可循环使用；(3) 可使反应工艺过程连续化，提高设备的生产能力；(4) 可在高温甚至气相反应中应用。然而，固体碱催化剂也存在很多问题：(1) 易失活；(2) 当在较低的温度下使用时，通常需使用共溶剂来提高反应速率，而共溶剂的使用不仅增加成本，而且造成产物分离困难；(3) 固体碱催化的反应速率慢、时间长，且催化剂的成本较高等；(4) 虽然该催化剂活性已经接近均相催化剂，但此催化剂只适用于酸值不高于2mg KOH/g、水质量分数小于2%的原料油。

固体碱主要是指可向反应物给出电子的固体，即具有极强供电子或接受电子能力的催化活性中心。固体碱催化剂主要包括非负载型固体碱和负载型固体碱。其中非负载型固体碱主要包括金属及其氧化物、阴离子交换树脂、水滑石及类水滑石；而负载型固体碱催化剂分别以氧化物或分子筛为载体，经负载碱性活性中心后制备而成。固体碱作为生物柴油合成催化剂具有以下优势：反应活性较高、选择性好、易于产物分离、可循环使用、对反应设备腐蚀性小。但是，固体碱易吸收 H_2O 和 CO_2 等酸性分子而失活，且由于是多相反应体系，因此与传统液体碱催化油脂酯交换相比，反应速度要慢一些。固体碱主要包括非负载型固体碱和负载型固体碱，而非负载型主要包括金属及其氧化物、阴离子交换树脂、水滑石及类水滑石固体碱。

3.6.3.1 非负载型固体碱催化剂

A 金属氧化物

非负载型固体碱催化剂，现阶段研究比较多并且实现工业化的主要是金属氧化物催化剂，主要包括氧化钙、氧化镁和氧化锶等物质。通常来说，这类化合物的催化活性与其碱性的强弱有很大关系，催化活性随碱性增强而提高。Bancquart进行了硬脂酸甲酯与甘油的酯交换反应研究（反应温度为220℃），其分别以固体碱 MgO、ZnO、CeO_2 和 La_2O_3 为催化剂。研究发现，固体碱的区域碱性（单位面积碱性）越强，则催化活性越高。尤其是在 CaO 方面探究比较多，这是因为 CaO 是这几种氧化物中最容易得到且价格低廉的材料，并且在反应中催化活性较高，且对环境影响比较小，是所有碱土金属氧化物中备受关注的固体碱催化剂。刘学军等人对 CaO 固体碱催化剂用于甲醇和大豆油的酯交换反应制备生物柴油（脂肪酸甲酯）进行了研究。结果表明，当醇油摩尔比为 12∶1，反应温度为65℃，催化剂用量为8%，反应 1.5h 后，生物柴油产率可达到95%以上，重复使用20次后，催化效果也无明显下降。相对于 CaO 来说，MgO 催化活性较弱，一般很少直接用它来催化酯交换反应制备生物柴油，目前比较多的是采用纳米 MgO 来催化制备生物柴油。Wang 等人用纳米 MgO 在超临界状态下催化大豆油制备生物柴油，试验结果表明，这种纳米 MgO 必须在高温高压条件下才具有较高的催化活性。

B 离子交换树脂

用酯交换法来制备柴油时，使用阴离子交换树脂作为催化剂的研究也很多。有研究者曾采用经 NaOH 溶液预处理过的 717 型阴离子交换树脂作为催化剂进行了油脂酯交换的研究，结果取得了良好的转化率。另外，Naomi 等人用多孔型阴离子交换树脂 PK208、PA308、PA306、PA306s 和 HPA25 等进行酯交换反应时，经过大量的实验研究表明，阴离子交换树脂的催化活性好于阳离子交换树脂，并且阴离子交换树脂的联结密度和颗粒度越小，催化油脂酯交换反应的活性越高，阴离子交换树脂也可以反复回收利用，再生后的催化效果与第一次加入时基本相同，有很好的重复利用价值。

C 水滑石及类水滑石

水滑石材料属于阴离子型层状化合物，是具有一定的层状结构，层间离子具有可交换性的一类化合物，利用层状化合物主体在强极性分子作用下所具有的可插层性和层间离子的可交换性，将一些功能性客体物质引入层间空隙并将层板距离撑开从而形成层柱化合物。此类型的材料经过活化处理可作为催化剂，也可充当载体，是一种很有发展潜力的酯交换催化剂。水滑石经煅烧后得到 Mg-Al 复合氧化物(Mg(Al)O)，是一种中孔材料，具有强碱性、大比表面积、高稳定性及结构和碱性可调性等优点。

目前，水滑石的合成方法有共沉淀法、水热合成法、焙烧复原法、离子交换法、微波晶化法等。李为民等人曾用共沉淀法制备水滑石，经过高温焙烧得到的Mg/Al复合氧化物是一种多孔材料，其碱性强、表面积大、稳定性高及可调的结构和碱性，然后把这种材料用来制备生物柴油，结果生物柴油的转化率达95.7%，得到的生物柴油在低温时流动性好，闪点高，氧化安定性好，其各项指标均符合0号柴油标准。齐涛等人用Zn/Al水滑石前驱体经煅烧得到Zn/Al复合氧化物，通过对前驱体及催化剂的表征表明，煅烧所得的Zn/Al复合氧化物中，Al完全以无定形的形式存在于催化剂中，ZnO分散度好，碱强度较高。

3.6.3.2 负载型固体碱催化剂

在常用的固体碱催化剂中，负载型固体碱催化剂占有绝对的优势，因为它具有碱性强、比表面积大、催化活性高等优点，可显著提高反应效率，缩短整个合成时间。负载型固体碱催化剂，主要是以三氧化铝、氧化镁、氧化钙、二氧化钛、分子筛以及活性炭等为载体。负载的前驱体物种主要为碱金属、碱金属氢氧化物、碳酸盐、氟化物、硝酸盐等。

A 以氧化物为载体

近年来，负载型纳米催化剂的制备获得了巨大的关注，如KF/CaO/陶土，这种催化剂既保证了较大的表面积及极高的催化活性，同时也解决了反应物不易分离的问题。另外，李泳等人曾采用浸渍法和固相法制备了以贝壳粉为载体的负载型固体碱催化剂，这种催化剂的优点是比表面积大、抗酸、抗水性能好，循环使用次数较多并且所制的生物柴油产率较高，用此方法所生产的生物柴油符合现有0号柴油的指标。张家仁等人用等体积浸渍法制备了KF/Al_2O_3催化剂，并将其用于菜子油与甲醇酯交换合成生物柴油的研究。结果表明，制得的KF/Al_2O_3催化剂在适宜的条件下合成生物柴油的产率达96.17%。孟鑫等人采用等体积浸渍法制备KF/CaO催化剂，并应用于催化大豆油酯交换反应研究。研究发现，等体积浸渍并在600℃煅烧4h，可以制得KF添加量为14.3%的KF/CaO催化剂。当醇油摩尔比为12:1，催化剂用量（催化剂与油质量比）为3%，反应在60~70℃的条件下反应1h，生物柴油收率可达到90%，与CaO催化反应结果相比，KF/CaO催化剂催化活性明显提高。李琳等人将制得的具有较高催化活性的$K_2CO_3/\gamma\text{-}Al_2O_3$用于催化菜子油酯交换反应，生物柴油的收率可达到93.6%。一些国外研究者，通过KNO_3/Al_2O_3催化麻风树子油制备生物柴油，也得到了较高产率的生物柴油。Ebiura等人研究以Al_2O_3作为载体，负载不同金属盐作为催化剂进行酯交换反应，结果表明，在不同负载物中氟化钾和碳酸钾具有较高酯交换活性。

B 以分子筛为载体

分子筛是具有网状结构的天然或人工合成的化学物质，比如交联葡聚糖、沸石等，在冶金、化工、电子、石油化工、天然气等工业中广泛使用。目前，常用的分子筛型号有A型：钾A(3A)，钠A(4A)，钙A(5A)；X型：钙X(10X)，钠X(13X)；Y型：钠Y，钙Y。同时，分子筛也是一种常用的固体碱催化剂载体。

沸石分子筛因其高比表面积和独特的择形性，而被广泛用作负载型固体碱的载体。Jitputti 等人对 KNO_3/KL 分子筛和 KNO_3/ZrO_2 固体碱催化棕榈油、椰子油酯交换反应进行了研究，研究发现，棕榈油和椰子油转化率均达70%以上。Galen 等人制备了一系列负载钾和铯的 NaX 八面沸石和 ETS-10 沸石，并将 NaO 和重氮化钠负载在 NaX 八面沸石上的固体碱。离子交换后的 ETS-10 沸石催化活性高于X型沸石催化剂，将这些催化剂用于大豆油和甲醇的酯交换反应，在125℃以下，大豆油的转化率超过90%。ETS-10 沸石催化剂可重复使用而其活性没有降低。

3.6.4 非均相酸催化法

非均相酸是具有给出质子和接受电子对的固体，即具有 Brönsted 酸活性中心和 Lewis 酸活性中心。固体酸可分为负载卤素型、SO_4^{2-}/M_xO_y 型、负载金属氧化物型、杂多酸、沸石、无机盐复配型及树脂型七大类。与非均相碱催化剂类似，非均相酸催化剂同样具有易与产物分离，工艺流程简单且环境友好的优势。另外，非均相酸催化剂可以克服非均相碱催化剂对原料的苛刻要求，可作为高酸值低成本废油原料的催化剂。不同类型固体酸应用于催化反应的比较见表3-5。

表3-5 不同类型固体酸应用于催化反应的比较

固体酸	优 点	缺 点
负载卤素型（SbF_5-TaF_5）	活性高	稳定性差，怕水，不能在高温下使用；制备该类催化剂的原料价格较高；使用过程中对设备有一定腐蚀性；在合成及废催化剂处理过程中都产生了“三废”
SO_4^{2-}/M_xO_y型	不腐蚀设备，污染小，耐高温，对水稳定性很好，可重复使用	制备条件不易控制，而且在液固反应体系中，其表面上 SO_4^{2-} 会缓慢溶出而使活性下降，在煅烧温度以上使用会迅速失活等
负载金属氧化物型	活性组分不易流失，水稳定性和热稳定性都很高，可用于高温及液相反应	酸强度相对较弱
杂多酸	酸性极强，可使一些难以进行的酸催化反应在温和的条件下进行；具有很高的反应活性和选择性	加工和废催化剂处理过程中存在着“三废”污染

续表 3-5

固体酸	优　点	缺　点
沸　石	酸强度和催化活性高；比表面积大，孔分布均匀，孔径可调变，对反应原料和产物有良好的形状选择性；结构稳定，机械强度高，可高温活化再生后重复使用；对设备无腐蚀；生产过程中不产生“三废”，废催化剂处理简单，不污染环境	热稳定性差，尤其是水热稳定性较差
无机盐复配型	催化效率高，无污染，易分离，可重复使用	
树脂型	反应条件温和，副产物少，产物后处理简单，催化剂易与产品分离，可循环使用，便于连续化生产，对设备不腐蚀。多孔结构能为尺寸较大的有机物分子的渗透扩散提供方便孔道，能为化学反应提供较大的活性表面及在有机相中的体积变化较小	使用所允许的反应温度较低（120℃以下），价格较高

与传统液体酸催化剂相比，固体酸催化剂近年来已经成为催化法制备生物柴油的新发展趋势。固体酸作为生物柴油合成的催化剂，具有以下优势：不易失活，对油脂品质要求不高，能催化转化酸值和含水量较高的油脂，尤其适合以废餐饮油为原料生产生物柴油。但是，其反应时间往往较长，反应温度较高，需要添加共溶剂等才能达到较高的产率。固体酸催化酯交换反应制备生物柴油的当前研究进展情况见表 3-6。

表 3-6　固体酸催化酯交换反应制备生物柴油的当前研究进展情况

原料油脂	催化剂类型	酰基受体	反应温度 /℃	反应时间 /h	催化剂添加量（质量分数）/%	醇油摩尔比	收率 /%
大豆油	$Zr(SO_4)_2 \cdot 4H_2O$	甲醇	65	6	3	6：1	96.6
棉子油	TiO_2-SO_4^{2-} 或 ZrO_2-SO_4^{2-}	甲醇	230	8	2	12：1	> 90
鱼　油	SO_4^{2-}/ZrO_2-TiO_2	甲醇	65	5	2	4.5：1	71.6
棕榈油和粗椰子油	SO_4^{2-}/ZrO_2	甲醇	200	4	3	6：1	86.3
甘油三乙酸酯	Amberlyst-15	甲醇	60	8	2	6：1	79

续表3-6

原料油脂	催化剂类型	酰基受体	反应温度/℃	反应时间/h	催化剂添加量（质量分数）/%	醇油摩尔比	收率/%
甘油三乙酸酯	高氟化离子交换树脂 NR50	甲醇	60	8	2	6∶1	33
芝麻油	$Cs_{2.5}H_{0.5}PW_{12}O_{40}$	甲醇	60	0.75	0.1	5.3∶1	>95
黄皮油	Hβ-分子筛	甲醇	120	24		10∶1	59
大豆油	WO_3/ZrO_2-Al_2O_3	甲醇	300	20	4	40∶1	>90

虽然水对固体强酸催化剂的活性影响相对较小，但是存在固体酸在水中易流失钝化问题。因此，催化剂的循环使用率低，且溶解催化剂对产物存在污染。因此，应研究开发结构稳定不易流失钝化的固体酸催化剂。Mittelbach 比较了一系列硅酸铝盐催化菜子油与甲醇酯交换反应的活性，反应条件为：醇油比30∶1，催化剂用量5%。在所有的催化剂中，硫酸浸渍活化的催化剂活性最好，如活化的高岭土（KSF），在220℃、5.2MPa 的条件下反应4h，转化率达100%。然而，这种催化剂中，硫元素容易流失，使得固体催化剂的可重复利用优势不复存在。Kaita 等制备了一系列磷酸铝盐催化剂，并评价了其催化酯交换反应的活性，其中铝与磷酸摩尔比在1∶3 ~ 1∶0.01 之间。根据该作者所述，得到了反应活性、选择性以及稳定性好的催化剂，但该催化剂需要较高的反应温度（200℃）以及高醇油摩尔比（60∶1）。Amberlyst-15 也被用来催化酯交换反应。但是由于离子交换树脂的热稳定性差，酯交换反应只能在相对较低温度（60℃）下进行，在常压及醇油摩尔比为6∶1 的条件下，葵花子油与甲醇的酯交换反应转化率仅为0.7%。

上述固体酸催化剂，大多是通过其 Brönsted 酸位起催化作用。但是，当该酸位有水存在时，易发生水合作用而降低催化活性。当以高酸值廉价油脂为反应原料时，由于该原料中含有大量 FFA 和水，该类催化剂容易失活，不适合作为催化剂。强酸性离子交换树脂，如 Amberlyst 和 Nafion 具有高浓度的—SO_3H 酸性官能团，但是价格昂贵。因此，寻找其他价格低廉且活性较高，并可使用废弃油脂为原料合成生物柴油的固体酸催化剂，具有重要的研究价值。

3.6.5 碳基固体酸催化剂

当前，碳基固体酸的制备研究得到了广泛的关注。碳基固体酸是指以炭材料为主体，在其表面修饰上酸性基团。其通常通过在一种炭材料上进行酸（主要为浓硫酸）处理后制备而成。该类催化剂制备过程简单易行，可将那些稳定的可溶性酸（如硫酸、对甲苯磺酸或萘磺酸）通过与碳基的作用后变成不溶性的固体酸。虽然该类催化剂也是通过其上的 Brönsted 酸位（—SO_3H）起催化作用，但是由于—SO_3H 与 C 键形成了共价键，属于疏水性材料。其可有效吸收长链有机分子而不吸收水。当有水存在时，其避免了 Brönsted 酸位易发生水合作用而降低催化活性的问题，并且有助于反应物与酸位的接触而促进反应进行。因此，碳基催化剂可同时催化酯交换反应和酯化反应，有望成为廉价废弃油脂原料制备生物柴油的催化剂。

同时，碳基固体酸催化剂可在高温反应条件下保持稳定和催化活性，可在较高反应温度和较低醇油摩尔比和较短的反应时间内得到较高的废油脂转化率。该类催化剂可简化后续产品分离步骤，降低设备腐蚀和环境污染，并可循环利用。且炭材料种类繁多，来源广泛，价格低廉，结构容易调变和控制，从而提供了高性能固体酸催化剂开发的可能性。下面就高性能碳基固体酸催化剂的制备，结构和性能的关系进行逐步介绍，并对碳基固体酸催化剂在生物柴油制备上的发展进行探讨。

一些炭材料（如碳纳米管和活性炭）可作为碳基，经过酸化（如硫酸）处理后，使碳层上的 C 键与—SO_3H 形成共价键，同时也产生一定量的—OH 和—COOH。彭峰等人分别以单壁碳纳米管（single-walled carbon nanotubes，SWC-NTs）和多壁碳纳米管（multi-walled carbon nanotubes，MWCNTs）进行了硫酸改性处理，制备了碳基固体酸催化剂。通过酸密度测量可知，SWCNTs 为碳基时得到的催化剂的酸密度是 0.67mmol/g；MWCNTs 为碳基时得到的催化剂的酸密度是 1.90mmol/g。刘睿等人使用介孔分子筛炭材料作为被酸化处理对象，获得了具有大比表面（1400 ~ 2000m^2/g）、六角形规则的孔道结构的碳基固体酸催化剂，酸密度测量可知该催化剂的酸密度为 1.95mmol/g。Okamura 等人则以活性炭为碳基，通过浸渍法，与硫酸作用后形成一种碳基固体酸催化剂（AC—SO_3H），酸密度测量可知该催化剂的酸密度是 0.06mmol/g。Kulkarni 等人以活性炭为碳基，通过浸渍法，与杂多酸 $H_3PW_{12}O_{40}$作用后形成一种碳基负载杂多酸形式的固体酸催化剂。

可以看出，多种炭材料都可以进行酸化，获得碳基固体酸催化剂。根据报道，该酸化作用主要发生在无定型碳层上，并且—SO_3H 与无定型碳层上的 C 键形成了共价键，非常稳定。其可直接用来催化酯化反应、酯交换反应或同时催化酯化与酯交换反应。酸化炭材料法简单易行。从上述报道来看，不同碳基固体酸具有不同酸密度。这是由于初始炭材料的结构不同，其炭材料上的无定型碳层所占的比例不同，当其经过相同的酸处理过程，其各自结合—SO_3H 的量存在差别。

由于一些常规炭材料初始结构不同，这将对形成的碳基固体酸催化剂的结构和尺寸造成限制。为获得结构可控、尺寸可调的催化剂，可通过对有机大分子同时进行酸化与碳化，获得酸密度更高的碳基固体酸催化剂。据报道，可通过选择一种易生成大孔的物质进行碳化，或将某种物质附载在一种多孔载体上，就容易获得具有大孔结构的碳基固体酸催化剂。

例如，Hara 等人提出了以萘为碳化前驱体，经同时进行碳化和磺化反应处理后一步法合成了碳基固体酸。这是一种软炭材料，由紧密排列的石墨化和无定型碳层构成，$—SO_3H$ 与碳层上的 C 键形成了共价键。Toda 等人以葡萄糖、纤维素或淀粉为碳化前驱体，先进行碳化处理后形成一层碳层后，再磺化处理，两步法合成了一种碳基固体酸。经该法制备而成的催化剂，其是一种硬炭材料，可通过 sp^3 杂化轨道形式形成$—SO_3H$ 与 C 键的共价键，非常稳定。它可解决当软炭结构作为碳基固体酸催化制备生物柴油时，由于反应温度高以及脂肪酸和产品生物柴油均可作为表面活性剂而带来的酸位容易脱落而降低催化催化活性的问题。Mo 等人将葡萄糖水溶液、一种多孔材料（离子交换树脂 XAD1180）和少量浓硫酸混合以后，通过将该混合物先进行碳化处理再进行磺化处理的方式，两步法合成了一种碳基固体酸。Tian 等人通过先形成吡咯聚合物，再分别进行碳化处理或不经碳化处理，最后通过磺化处理，得到了两种催化剂。碳化和磺化有机物后形成的炭材料催化剂的结构如图 3-5 所示。

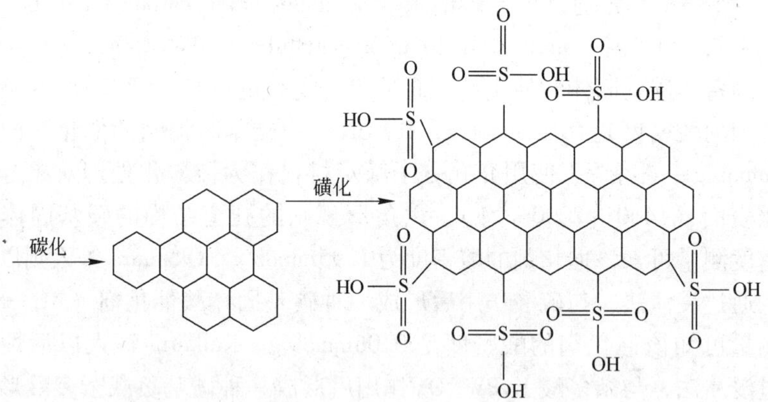

图 3-5　碳化和磺化有机物后形成的炭材料催化剂的结构

碳基固体酸的碳结构对活性有显著的影响。根据石墨化程度的容易，分为软炭（易石墨化，石墨微晶尺寸大）和硬炭（难石墨化，石墨微晶尺寸小）。不同炭前驱物经过碳化获得的炭的微观结构不同。以葡萄糖为碳化前驱体，经碳化和磺化两步法合成的碳基固体酸，得到的碳基为硬炭材料，C 键易结合$—SO_3H$。其比强酸性离子交换树脂 Nafion 和铌酸具有更高浓度的$—SO_3H$ 酸性官能团，从而具有更高的催化活性。在硬炭固体酸催化剂中，$—SO_3H$ 与 C 以 sp^3 杂化轨道形式形成了共价键，可在反应过程中保持稳定。碳化温度也会显著影响炭材料中的石墨化程度，这一点进而影响到相应碳基固体酸催化剂上的酸密度，最后影响到制备而成的催化剂的活性。经高温碳化时得到的炭材料，石墨化程度提高，不利于—SO_3H 与 C 键形成共价键，从而使得活性降低。

宗敏华等人发现，以葡萄糖为碳化前驱体得到的碳基固体酸为催化剂，废油脂的转化率可达到94%。Kulkarni 等人将 Keggin 型结构的杂多酸 $H_3PW_{12}O_{40}$分别固载在 ZrO_2、SiO_2、Al_2O_3 和活性炭上，发现 ZrO_2 固载 $H_3PW_{12}O_{40}$的催化活性最高；活性炭固载 $H_3PW_{12}O_{40}$的催化活性最差。这是由于 ZrO_2 固载 $H_3PW_{12}O_{40}$后，形成了强 Lewis 酸位；而活性炭主要包括石墨化碳层结构，不易结合—SO_3H 形成酸性位，且孔径小（1.4nm），因此催化活性差。

作者也分别以植物油沥青和石油沥青为碳源，经高温碳化后得到的炭材料为碳基，经硫酸处理后得到了基于植物油沥青和石油沥青的碳基固体酸。同时，作者也以多壁碳纳米管为碳基，经硫酸处理后得到了基于多壁碳纳米管的碳基固体酸。

3.6.5.1 碳基固体酸催化剂制备

A 硫酸改性植物油沥青固体酸催化剂制备

当以皂脚酸化油为原料制备生物柴油时，产品经减压蒸馏分离后，将有大量的固体残余物剩下，这种固体残余物是一种废生物质，俗称为植物油沥青。如何处理这些废生物质，对环境保护具有一定的重要意义。石油沥青的传统处理方式是用来作为铺路的材料，而植物油沥青相对于石油沥青来说，由于黏稠度相对要低，用于铺路的效果相对要差。另外，如果能够找到一种更有效的处理这些废生物质的方法，那么将可以进一步增加以皂脚酸化油为反应原料制备生物柴油的经济效益。基于以上考虑，作者尝试了另外一种处理植物油沥青的方式。植物油沥青是长链脂肪酯的聚合物，在高温碳化作用下，同样会发生脱水作用而聚合成一种具有网状结构的炭材料。该结构有望形成—SO_3H 与 C 键的共价键，并具有高稳定性。基于以上分析，以植物油沥青为碳源，经过碳化与磺化作用后，尝试将其制备成一种碳基固体酸催化剂，再将得到的碳基固体酸催化剂用于催化高酸值廉价油脂制备生物柴油。通过这种处理方式，将更有助于以皂脚酸化油为原料进行工业化生产生物柴油：一方面，减少了废生物质对环境的污染；另一方面，增加了皂脚酸化油的利用程度，从而降低了生物柴油的生产费用。

在进行植物油沥青的碳化与磺化作用前，由于考虑到可一步进行碳化与磺化作用或分两步分别进行来制备碳基固体酸，为了找到一种更适合同时酯化与酯交换反应要求的催化剂，可通过对文献进行一些比较分析来得到植物油沥青碳化和磺化的适合处理条件。比较分析如下：Hara 等人以萘为碳化前驱体，在 200 ~ 250℃温度范围内，经一步法同时进行碳化和磺化作用处理后，得到了一种碳基固体酸。它是一种软炭材料，由紧密排列的已石墨化和非石墨化碳层构成，—SO_3H与碳层上的C键形成了共价键。当反应温度超过100℃，并且当液相环境中存在一些具有表面活性剂作用的物质时（如FFA），当其作为催化剂使用时，—SO_3H很容易从催化剂上脱离下来，因而导致该催化剂迅速失活。由于以酸性催化剂催化甘油酯的酯交换反应时，甘油酯需要通过其羰基进行质子加和作用来进行反应，该质子加和作用需要在高温下才能有效进行，通常需要的温度范围为150～300℃。当制备的碳基固体酸是一种软炭材料时，将不适合在高温下催化甘油酯的酯交换反应。Mo等人以D-葡萄糖为碳化前驱体，在N_2保护下，选择碳化温度范围为150～300℃，经1～15h碳化处理形成一种炭载体后，再将该炭载体进行磺化处理，经两步法合成了一种碳基固体酸。经该法制备而成的催化剂是一种硬炭材料，可通过sp^3杂化轨道形式形成—SO_3H与C键的共价键，非常稳定。其他研究结果也表明石墨、炭黑和活性炭经硫酸处理后得到的固体酸催化剂，其酸密度低，结合差，孔道小，催化活性相对很差。这是因为无定型碳结构更易和—SO_3H结合，并且在反应过程中保持稳定。而石墨、炭黑和活性炭这类炭材料中的非石墨化碳层含量低造成的。

基于以上分析，在制备植物油沥青固体酸催化剂时，为了使得到的固体酸是一种硬炭材料，并且具有较高程度的非石墨化碳层，作者采用了先碳化、后磺化的两步法工艺。在进行植物油沥青（临沂清大新能源有限公司提供）的碳化处理前，考虑到植物油沥青的黏度比较低，其中还含有大量的水和未反应的油脂，为了提高植物油沥青经高温碳化处理后得到的载体的收率，首先必须对该植物油沥青进行除水和油脂的预处理。该预处理过程为：残留的油脂经过酯化和酯交换处理后转化为甲酯，在减压蒸馏的情况下，将得到的甲酯和水从植物油沥青中分离出去。分离得到的高黏度植物油沥青可进行碳化处理，该碳化作用在流化床管式炉反应器中完成。为了提高载体的收率，先将高黏度植物油沥青在空气流中（300mL/min）预氧化作用1h，加热温度为280℃。然后，在Ar流中（100mL/min）进行碳化，加热温度为600℃，升温速率为2℃/min。对碳化前后的植物油沥青的质量进行比较时发现，植物油沥青制备成炭载体的收率接近20%。

硫酸改性过程为：以碳化过程中得到的固体炭物质为载体，将1g载体置于50mL浓硫酸（96%）中，在加热、回流和搅拌的情况下反应10h，加热温度范围为120～210℃。反应停止后，冷却到室温后，用去离子水反复洗涤得到的悬浮物，并使用pH试纸对洗涤液进行酸性测定，直到洗涤液近似为中性时，停止洗涤。为了保证—SO_3H与碳基以共价键的形式结合，而不是物理吸附在碳基上，使用6mol/L $Ba(NO_3)_2$溶液对洗涤液进行分析，如无沉淀生成，可停止洗涤。将分离得到的固体物质置于真空干燥箱中干燥（115℃）2h，最后得到了植物油沥青固体酸催化剂。

植物油沥青经碳化与磺化作用后生成了固体酸催化剂，其具有很多优势：(1) 减少了废生物质对环境的污染；(2) 易从产品中分离，有助于得到高纯度的产品；(3) 可以循环利用；(4) 增加了皂脚酸化油的利用程度，从而降低了生物柴油的生产费用，有助于高酸值油脂的工业化生产生物柴油。

B 硫酸改性石油沥青固体酸催化剂制备

在当前的研究中，主要是以D-葡萄糖为碳化前驱体来制备碳基固体酸催化剂，D-葡萄糖是一种环状聚合物，而植物油沥青是由直链脂肪类碳氢化合物形成的聚合物。由于D-葡萄糖和植物油沥青中包含的主要成分的分子结构不同，当它们在进行碳化作用处理时，可能有不同的路径方式去形成碳基（固体酸催化剂的前驱体）。为了更好地了解碳源物质的分子结构差异对形成碳基的结构影响，同样，以石油沥青为碳源，进行了制备碳基固体酸的研究。石油沥青也是一种废生物质，是一种由碳氢与其他微量非金属元素（主要是O，S和N）形成的高分子稠环状聚合物。同时，考虑到不同的碳化温度，也可能会使得到的碳基上具有不同程度的石墨化，最终导致形成的碳基在磺化作用时，具有不同的酸位密度和稳定性，因此，在不同的碳化温度下，进行了石油沥青碳基的制备研究。

石油沥青由于黏稠度高，不需要经过其他预处理，就可以直接在流化床管式炉反应器中进行碳化。在碳化过程中，和植物油沥青一样，同样为了提高得到的碳基的收率，先将石油沥青在空气流中（300mL/min）预氧化作用1h，加热温度为280℃。然后，在氩气流中（100mL/min）进行碳化，加热温度范围为750～950℃，升温速率为2℃/min。对碳化前后的石油沥青的质量进行比较时发现，石油沥青制备成炭载体的收率接近70%。

酸化处理过程与硫酸改性植物油沥青制备固体酸催化剂过程相同。

C 硫酸改性多壁碳纳米管固体酸催化剂制备

碳纳米管从结构上是石墨层卷曲沿一定的螺旋矢量方向卷曲而形成的闭合的管子。如果仅有一层石墨层的管子，就称为单壁碳纳米管（SWCNTs）。石墨层经多层卷曲而成的同轴管，就称为多壁碳纳米管（MWCNTs）。碳纳米管作为一维材料，其表面可以进一步加以修饰，形成具有一定功能的催化剂。同样，碳纳米管也可作为碳基，经过硫酸磺化处理后，使碳层上的C键与—SO_3H形成共价键，同时也产生一定量的—OH和—COOH。彭峰等人以单壁碳纳米管（SWC-NTs）进行了硫酸改性处理，制备了碳基固体酸催化剂。由于MWCNT是一种多层石墨层卷曲而成的同轴管结构，这种结构也许更加适合H_2SO_4进行插层作用，最终使制备的催化剂具有更高的酸位密度。基于该考虑，作者进行了以MWCNTs为碳基制备碳基固体酸的研究。由于不同的磺化温度，也可能会使得到的碳基上具有不同的酸位密度，因此，在不同的磺化温度下，进行了MWCNTs经硫酸改性制备碳基固体酸的研究。

在流化床管式炉反应器中，制成了多壁碳纳米管（MWCNT）。该反应器的内径为0.25m，高度为1m。采用气相沉积法，以 $Fe/Mo/Al_2O_3$ 为催化剂，丙烯为碳源。在反应开始前，催化剂先放置在反应器内，丙烯由反应器的底部进入，然后通过气体分配器进入流化床，最终进入大气。丙烯（常温和常压状态下）的流速为5～10m^3/h，并使用流速为1～3.5m^3/h 的氮气与氢气的混合气进行稀释。反应温度为500～700℃，反应时间为30～60min。

酸化处理过程与硫酸改性植物油沥青制备固体酸催化剂过程相同。

3.6.5.2 碳基固体酸催化剂表征

A 硫酸改性植物油沥青固体酸催化剂表征

植物油沥青经碳化作用后，通过扫描电镜对其表面形貌进行了分析，结果如图3-6(a)所示；碳化作用后的物质，再经硫酸改性作用后，得到了固体酸催化剂 V-C-600-S-210（V-C-M-S-N 中，V 代表植物油沥青，C 代表碳化作用，M 代表碳化温度，S 代表硫化作用，N 代表硫化温度）。V-C-600-S-210 的表面形貌分析如图3-6(b)所示。

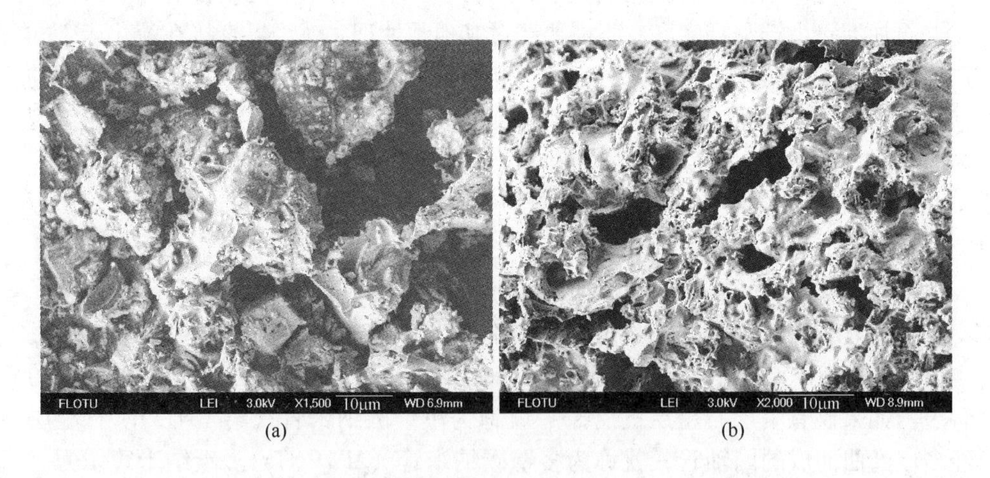

图3-6 硫酸改性前后植物油沥青表面形貌的扫描电镜（SEM）分析
（a）植物油沥青碳化作用后（600℃碳化）；
（b）植物油沥青碳化与磺化作用后（600℃碳化与210℃磺化）

植物油沥青在碳化炉中，经600℃碳化后，通过扫描电镜分析时，可发现其表面是一种松散的无规则网络结构，并且有一些小孔分布在其表面上。碳化后的物质，在210℃下经硫酸磺化作用后，可明显发现，孔的尺寸变得更大。Takagaki 等人以 D-葡萄糖经碳化作用后得到的固体，作为碳基固体酸的磺化前驱体。该物质经硫酸磺化作用后，得到的固体酸催化剂在进行扫描电镜分析时，可发现其表面是一种紧密的无规则结构，没有明显的孔出现在该催化剂的表面上。由此，可以推断出，以不同的物质进行碳化和磺化作用后，可能会使得到的碳基固体酸催化剂具有不同的空间结构。分别以植物油沥青和D-葡萄糖为碳基前驱体，最终导致得到的碳基固体酸具有不同结构的可能原因：在植物油沥青和D-葡萄糖这两种碳源中，它们各自的主要成分不同，植物油沥青是直链脂肪酯的高聚物，D-葡萄糖是环状聚合物，直链脂肪酯的高聚物也许在碳化作用过程中比环状聚合物更容易形成孔。孔的数量多，并且孔的尺寸大，这将增加硫酸与炭载体的接触机会，最终可以使更多的C键与—SO_3H形成共价键。由于大量亲水性的—SO_3H连接在了碳层上，这将对提高碳层的亲水性带来一定的影响。并且，当形成的固体酸催化剂有孔的时候，亲水性的反应物甲醇可以更容易进入炭载体的内部，在内部的活性位上与疏水性的反应物（如脂肪酸和甘油酯）发生反应。

对固体酸催化剂V-C-600-S-210也进行了EDS分析，分析结果如图3-7所示。由分析结果可知，在V-C-600-S-210中，硫元素和氧元素的质量分数分别为7.07%和9.85%。基于硫元素的质量分数，可以计算出该催化剂的酸密度为2.21mmol/g，该酸位属于Brönsted酸位。为了进一步确定固体酸催化剂V-C-600-S-210的酸密度值，同时也进行了酸碱滴定实验，由滴定实验结果，可计算出其酸密度值是2.04mmol/g。将基于EDS分析与滴定实验得到的催化剂酸密度值进行比较，可以推断出EDS分析得到的结果具有较高的可靠性。

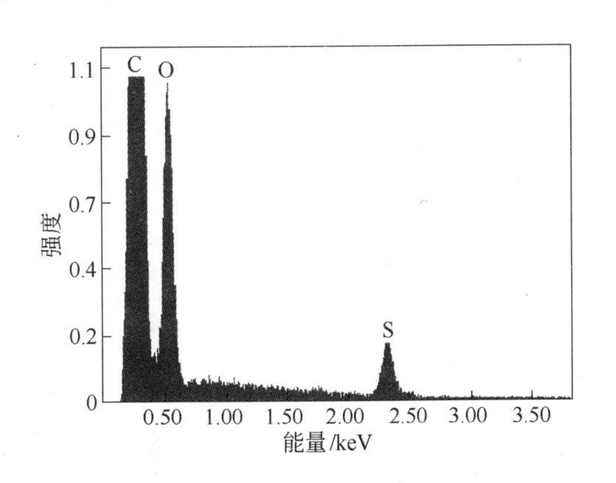

图3-7 固体酸催化剂V-C-600-S-210的EDS分析

由扫描电镜分析图，可发现催化剂V-C-600-S-210表面有较多明显可见的孔，为了解这些孔的具体情况，对固体酸催化剂V-C-600-S-210的孔径分布情况进行了测量。由于不同的BET比表面积，将导致催化剂的外表面与内表面具有不同数量的酸位，也将对催化剂的活性产生影响。通过多点N_2吸附与脱附法（液氮，-196℃），测量了植物油沥青碳化物经硫酸改性前后的物质BET比表面积与平均孔径，见表3-7。

表 3-7 植物油沥青碳化物磺化作用前后的 BET 比表面积与平均孔径

物 质	BET 比表面积/$m^2 \cdot g^{-1}$	平均孔径/nm
V-C-600	24. 1	12. 5
V-C-600-S-210	7. 48	43. 9

当一种固体酸催化剂被用于催化制备生物柴油时，由于生物柴油制备过程中涉及大分子（甘油酯和脂肪酸）的反应，催化剂的孔径将是一个非常重要的影响催化活性的因素。Lopez 等人在他们的研究工作中，报道了 β 分子筛的微孔性限制了其在生物柴油制备过程中的催化活性。他们的实验研究条件为：甲醇与醋酸甘油三酯的摩尔比是6，反应温度为60℃，反应时间是8h。然而，醋酸甘油三酯的转化率低于10%。对 β 分子筛的低催化活性的原因，他们解释如下：尽管在 β 分子筛中具有较高的酸位密度，然而，β 分子筛的微孔性（0. 55nm × 0. 55nm）限制了大反应分子在其内部的扩散能力。由于微孔的限制，使反应只能在催化剂的外表面和接近外表面的酸性位上进行，从而降低了其催化活性。制备而成的植物油沥青催化剂，是一种多孔并且孔径较大的固体催化剂。因此，其有望比 β 分子筛具有更好的催化活性。

由于固体酸催化剂 V-C-600-S-210 具有低 BET 比表面积（7. 48m^2/g），高—SO_3H酸位密度（2. 21mmol/g）的特点，这也说明了大部分—SO_3H 酸位位于催化剂的内部，或者每单位面积上的硫原子数量太多。如果催化剂的孔径太小，大的有机反应物，如甘油三酯，将难以进入催化剂的内部进行反应。由于固体酸催化剂 V-C-600-S-210 的平均孔径是 43. 90nm，这将有助于大的反应物能够扩散进入催化剂的内部开始反应。由于增加了催化剂与反应物之间的接触空间，从而使该催化剂具有更好的催化活性。

通过红外光谱（FTIR）分析了固体酸催化剂 V-C-600-S-210 的结构官能团情况。该分析在 Nicolet Magna 550 Ⅱ FTIR 型红外光谱上进行，分析结果如图 3-8 所示。

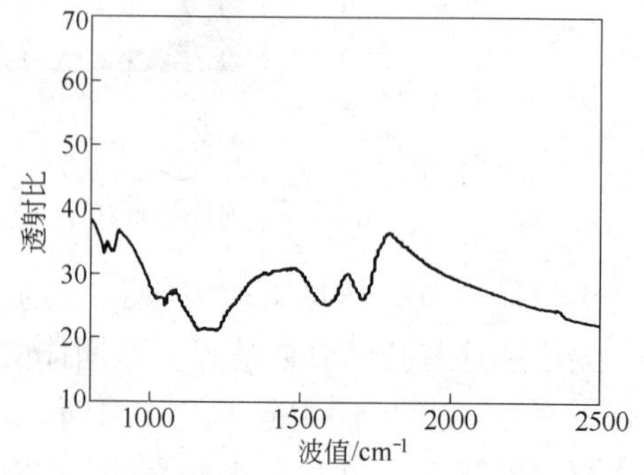

图 3-8 固体酸催化剂 V-C-600-S-210 的 FTIR 分析

由 FTIR 分析图，可观察到 1743cm^{-1}处有一较强吸收峰，这个峰对应的是—SO_3H 官能团中 O ═ S ═ O 的伸缩振动。Peng 等人在他们的研究论文中，对磺化后的碳纳米管进行 FTIR分析时，也观察到了一个相同的分析结果。这也说明了植物油沥青经碳化和磺化作用后，制备而成的固体酸催化剂 V-C-600-S-210 中，已经形成了大量—SO_3H 与 C 键的共价键，并且该共价键具有较强的稳定性。这也表明制备而成的固体酸催化剂 V-C-600-S-210 具有较好的催化活性。

在 Netzsch STA409 PC/PG 综合热分析仪上，采用程序升温法对固体酸催化剂 V-C-600-S-210 进行了热重分析，对该催化剂的温度-质量变化关系进行了判定，分析结果如图 3-9 所示。当加热范围为 40～270℃，V-C-600-S-210 的质量损失非常小，大约为 3%。随着加热温度提高到 560℃，V-C-600-S-210 呈现出一个质量快速减少的趋势，这是其上的石墨化碳与非石墨化碳在高温下氧化而造成的。进一步提高加热温度，质量几乎保持恒定。Mo 等人在他们的研究中，对磺化后的 D-葡萄糖进行热重分析时，也观察到了一个类似的分析结果。通过热重分析结果，可以推断出当反应温度即使到达 270℃，—SO_3H 与 C 键的共价键仍具有较强的稳定性。

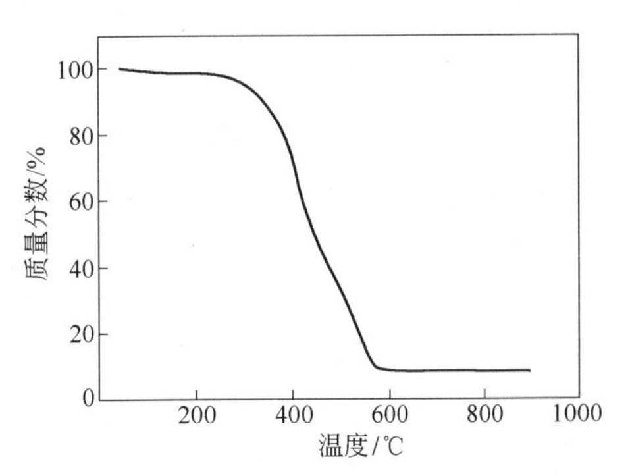

图 3-9　固体酸催化剂 V-C-600-S-210 的热重分析

固体酸催化剂 V-C-600-S-210 具有优良热稳定性的可能原因为：与磺酸性树脂不同，固体酸催化剂 V-C-600-S-210 是一种带—SO_3H 的具有灵活结构的聚环芳香碳氢物。该聚环芳香碳氢结构可以对键合的—SO_3H 施加吸电子作用，这可以提高—SO_3H 的稳定性。因此，除了制备成本低廉这个优势外，固体酸催化剂 V-C-600-S-210 还具有结构稳定的优势。

由于物质经碳化作用后，其形成的碳层中，具有不同的石墨化与非石墨化程度。为了判断固体酸催化剂 V-C-600-S-210 中的石墨化碳与非石墨化碳的程度，进行了 XRD 表征分析，分析结果如图 3-10 所示。由该图可以发现，在 2θ 角为

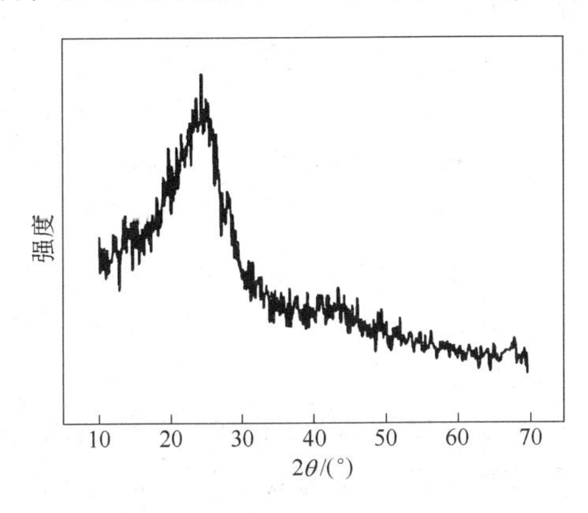

图 3-10　固体酸催化剂 V-C-600-S-210 的 XRD 分析

10°~30°范围内，有1个明显衍射峰出现，该衍射峰对应的是非石墨化碳。这表明V-C-600-S-210中，以非石墨化碳为主。Nakajima等人以D-葡萄糖制备而成的固体酸催化剂，经XRD分析后也发现固体催化剂中，以非石墨化碳为主。这也表明，无论是直链脂肪酯类聚合物，还是环状聚合物，经碳化作用后，其形成的碳层中，主要以非石墨化碳为主。

通过EDS分析和酸碱滴定实验，对固体酸催化剂V-C-600-S-210的酸密度情况进行了测定。但是，以上的分析对具体的酸位情况（弱酸位或强酸位）无法进行判断。为了判断V-C-600-S-210催化剂中，以弱酸位还是强酸位为主，对该催化剂进行了NH_3-TPD分析。操作过程如下：将100mg样品装入石英反应器，升温至800℃，高纯N_2以30mL/min速率吹扫1h后降至室温；然后，5%（体积分数）的NH_3（He稀释）以30mL/min速率流过样品，30min后切换成He并且升温至110℃吹扫1h，除掉表面物理吸附的NH_3；最后，以15℃/min速率升温至800℃，GC-TCD在线检测脱附NH_3。NH_3-TPD的分析结果如图3-11所示。

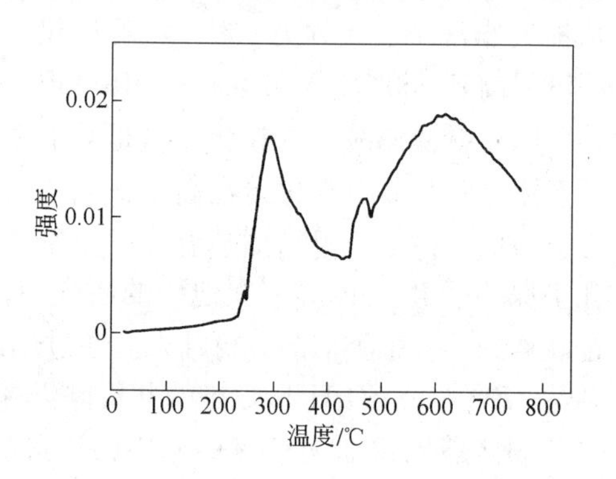

图3-11 固体酸催化剂V-C-600-S-210的NH_3-TPD分析

在图3-11中，两个明显的脱附峰分别出现在250~300℃和500~700℃处，这两个脱附峰分别对应着弱酸位和强酸位。在高温处出现的脱附峰对应的是强酸位，在低温处出现的脱附峰对应的是弱酸位。这两个脱附峰，均属于B酸位。弱酸位和强酸位的出现，与孔径和酸位所处的位置有关。弱酸位，主要是由于氨分子在孔中的相互作用；强酸位，主要是由于氨分子与催化剂孔壁的相互作用。由图3-11可知，固体酸催化剂V-C-600-S-210中含有较多数量的强酸位。在前面的酸碱滴定实验中，已经测得V-C-600-S-210的酸位密度为2.04mmol/g。在V-C-600-S-210中具有高密度强酸位的可能原因为：V-C-600-S-210中具有较多的大孔，这将有助于增加硫酸与炭载体的接触，相比于石墨化程度较高的材料，非石墨化程度较高的材料碳层上的C键更容易与—SO_3H形成共价键，并且具有更高的稳定性。由于V-C-600-S-210催化剂具有高密度和高稳定性的强酸位，因此，有望在催化高酸酯油脂制备生物柴油过程中，具有更高的催化活性。

固体酸催化剂V-C-600-S-210上碳层的化学键合方式，也具有非常重要的研究意义。由于Raman光谱对键类型和团簇尺寸都具有良好的分辨能力。因此，通过Raman光谱对V-C-600-S-210上碳层的化学键合方式进行了考察，分析结果如图 3-12 所示。

在图 3-12 中，可发现两个明显的衍射峰，分别出现在波值为 1350cm^{-1}（D 峰）和 1580cm^{-1}（G 峰）处。通常，G 峰指的是单层石墨晶粒中 sp^2 对激光的 Raman 散射引起的；D 峰是晶粒边界的无序 C 键 Raman 散射产生的。V-C-600-S-210 的 Raman 光谱的 D 峰很明显，这说明该试样内部的碳原子确实具备更多的 sp^2 杂化键畴结构。较明显的 D 峰的出现，一般对应着形成的炭材料中结构带有一定的缺陷。该结构缺陷是由于碳层中含有大量结晶程度不高的非石墨化碳造成的，Raman 光谱也验证了 V-C-600-S-210 经 XRD 分析发现具有较高程度非石墨化碳的结果。D 峰和 G 峰的相对强度之比，是一种有效的、对表征材料的结构有序程度进行衡量的方法。V-C-600-S-210 上的 D 峰和 G 峰的相对强度之比为 0. 94。Suganuma 等人以纤维素为材料制备了一种碳基固体酸，在该催化剂上，D 峰和 G 峰的相对强度之比是 0. 81。由该比较可知，V-C-600-S-210 催化剂与纤维素固体酸催化剂相比有更多的表面结构缺陷，这可能是由于碳层上的 C—C 键断裂和形成羰基与羟基造成的。碳层上的 C—C 键断裂也有助于非石墨化碳与—SO_3H 形成高稳定性的共价键，从而保证该催化剂在高反应温度下保持好的稳定性。在前面的热重分析中，也证明了该催化剂具有好的热稳定性，这与 Raman 光谱的分析一致。

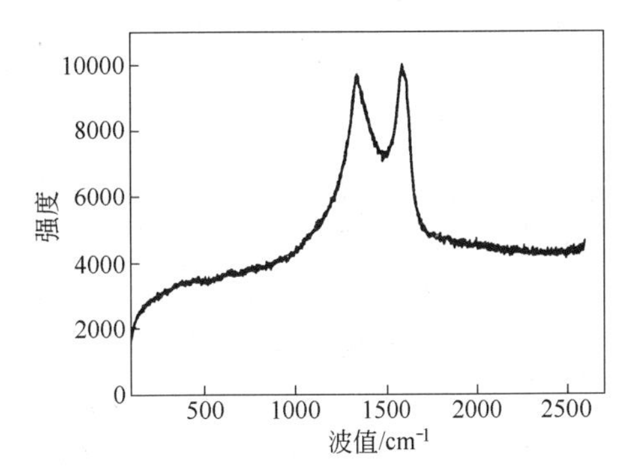

图 3-12　固体酸催化剂 V-C-600-S-210 的 Raman 光谱分析

X 射线光电子能谱（XPS）也是一种有效的化学键分析方法，XPS 谱峰的峰位（电子结合能）可以给出组成物体的原子点阵中原子的化学态信息。将 XPS 的分析结果与 Raman 光谱的分析结果进行比较，可以更好地了解固体酸催化剂 V-C-600-S-210 上碳层的化学键类型。XPS 分析在 PHI-5300 ESCA 能谱仪上进行，采用 Mg 阳极靶，功率为 250 W。为了提高能量分辨率，分析器的通能设置为 17. 5eV，并采用位置灵敏检测器进行检测，分析结果如图 3-13 所示。

C_{1s}峰是 XPS 研究碳元素化学状态的主要谱峰。V-C-600-S-210 的 C_{1s}峰图上，在 284. 5eV 和 286. 7eV 处均出现了 1 个峰，主峰位于 284. 5eV 处，高纯石墨的 C_{1s}的电子结合能，位于 284. 15eV 处，试样的电子结合能接近于石墨的电子结合能，该峰对应的是 sp^{2}杂化键。286. 7eV 处的峰对应的是 C 键与—SO_3H 官能团中的 S 形成的 C—S 键。在前面的 Raman 光谱分析中，通过观察到明显的 D 峰，也论证了该试样内部的碳原子确实具备更多的 sp^2 杂化键畴结构，这与 XPS 的分析结果一致。在力学性质方面，按 sp^2 杂化方式成键的 C—C（σ 键）是目前已知

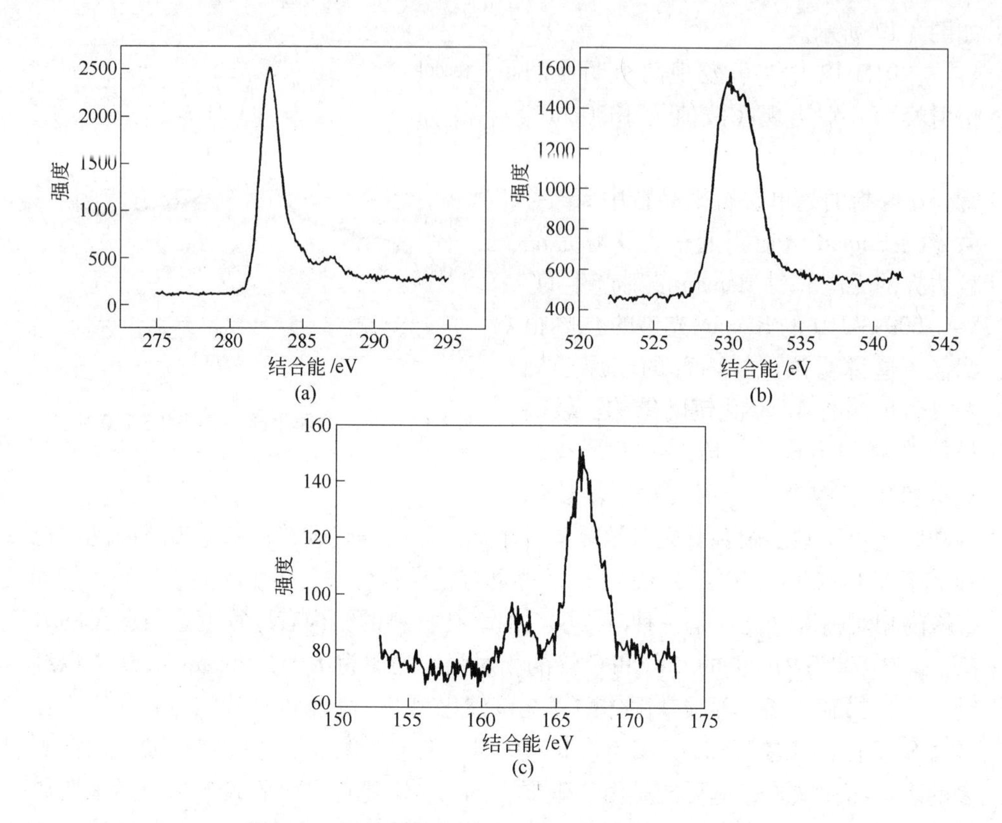

图 3-13 固体酸催化剂 V-C-600-S-210 的 XPS 分析

（a）C_{1s}峰图；（b）O_{1s}峰图；（c）S_{2p}峰图

最强的化学键之一。O_{1s}峰是 XPS 研究氧元素化学状态的主要谱峰。V-C-600-S-210 的 O_{1s}峰图上，在结合能为 531.6eV 处出现了 1 个主峰，该结合能对应的是 S—O 和 S—OH 中的 O。S_{2p}峰是 XPS 研究硫元素化学状态的主要谱峰。V-C-600-S-210 的 S_{2p}峰图上，在结合能为 162eV 和 168eV 处出现了两个峰，主峰位于 168eV 处。结合能为 162eV 对应的是 S—OH 中的 S，结合能为 168eV 对应的是—SO_3H中的 S。

B 硫酸改性石油沥青表征

由于不同的碳化温度，可能会使制备而成的碳基具有不同的碳化程度，最终导致碳基具有不同的石墨化程度。由于不同的石墨化程度，将导致制备而成的固体酸催化剂在以下两方面具有不同的特点。一方面，不同碳化温度下得到的碳基，在进行磺化作用时，可能会导致其与—SO_3H 的结合能力不同，使制备而成的固体酸催化剂具有不同的酸位密度。另一方面，形成的酸位在反应过程中的稳定性也可能不同。基于以上考虑，分别在 750℃ 和 950℃ 温度下进行了石油沥青碳化实验。然后，将 750℃ 和 950℃ 温度下得到的石油沥青碳基在相同的磺化温度下进行磺化作用，制成两种碳基固体酸催化剂 P-C-750-S-210 和 P-C-950-S-210（P-C-M-S-N 中，P 代表石油沥青，C 代表碳化作用，M 代表碳化温度，S 代表磺化作用，N 代表磺化温度）。石油沥青在 750℃和 950℃温度下得到的碳基扫描电镜分析如图 3-14（a）和（b）所示。碳基经磺化作用后得到的碳基固体酸催化剂 P-C-750-S-210和 P-C-950-S-210 的扫描电镜分析如图 3-14（c）和（d）所示。

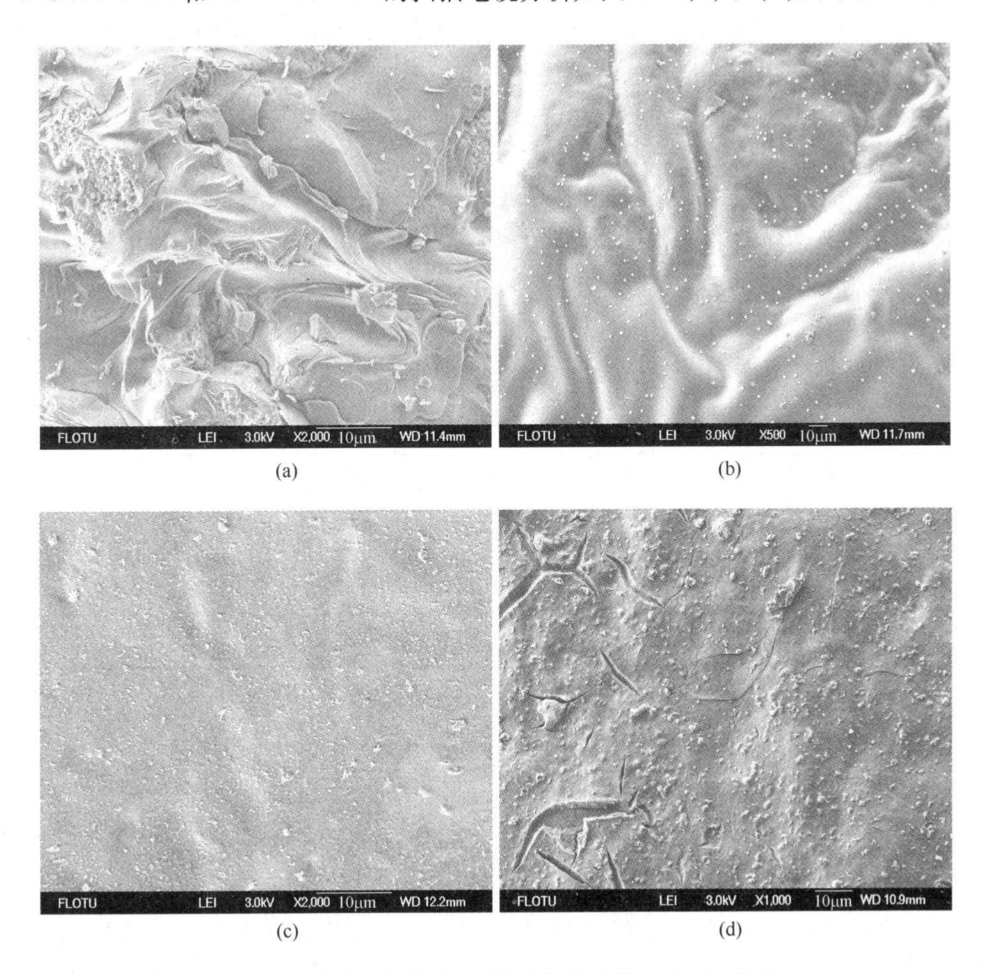

图 3-14 硫酸改性前后石油沥青扫描电镜（SEM）分析

（a）石油沥青 750℃碳化作用后得到的碳基；（b）石油沥青 950℃碳化作用后得到的碳基；
（c）石油沥青 750℃碳化与 210℃磺化作用后；（d）石油沥青 950℃碳化与 210℃磺化作用后

与制备的 V-C-600-S-210 催化剂相比，以石油沥青为碳基制备而成的固体酸催化剂 P-C-750-S-210 和 P-C-950-S-210 表面结构的扫描电镜分析图上，没有发现明显的孔。这表明 P-C-750-S-210 和 P-C-950-S-210 是一种相对连接更紧密的结构。

导致V-C-600-S-210和P-C-750-S-210、P-C-950-S-210结构上的孔差异的可能原因是：石油沥青是碳氢与其他微量非金属元素（主要是O，S和N）形成的高分子稠环状聚合物。然而，植物油沥青是直链脂肪类碳氢化合物的聚合物。由于石油沥青和植物油沥青中包含的主要成分的分子结构不同，当它们在进行碳化处理时，可能有不同的路径方式去形成碳基（固体酸催化剂的前驱体）。由于石油沥青中包含有其他非金属元素，并且是一种稠环状聚合物，这些可能有助于石油沥青在碳化过程中形成更多的石墨化碳。由于P-C-750-S-210和P-C-950-S-210催化剂中含有更多的石墨化碳，这将有助于其形成一种更紧密的结构。由于结构连接更紧密，与结构松散的V-C-600-S-210催化剂相比，不能有较大孔径的孔形成。相比于松散的结构，紧密结构将对硫酸的插层带来不利的影响。因此，在相同的磺化条件下进行处理后，可能会使得到的固体酸的酸位密度不同。对P-C-750-S-210和P-C-950-S-210催化剂进行了EDS分析，以期根据测量到的这两种催化剂中的硫含量，来计算它们各自的酸位密度情况。P-C-750-S-210和P-C-950-S-210催化剂的EDS分析结果见表3-8。

表3-8 P-C-750-S-210和P-C-950-S-210催化剂中元素的质量分数

催化剂	元素（质量分数）/%		
	C	O	S
P-C-750-S-210	87.71	8.70	3.59
P-C-950-S-210	82.78	14.25	2.97

根据表3-8所示EDS分析中的硫元素含量，得到了P-C-750-S-210和P-C-950-S-210催化剂的酸位密度情况。P-C-750-S-210催化剂的酸位密度是1.12mmol/g，P-C-950-S-210催化剂的酸位密度是0.93mmol/g。在前面的分析中，也已经测量了V-C-600-S-210催化剂的酸位密度，为2.21mmol/g。基于以上的比较分析，可发现V-C-600-S-210催化剂的酸位密度相对要高得多。这可以从以下几个方面来解释：（1）P-C-750-S-210和P-C-950-S-210催化剂与V-C-600-S-210催化剂相比，呈现出一种更紧密的结构，这可能是因为它的石墨化程度更高而造成的。在进行磺化作用时，石墨化碳与非石墨化碳有着不同的与—SO_3H结合的能力，非石墨化碳更容易与—SO_3H结合。因此，更高的非石墨化碳含量将有助于在该催化剂上结合更多的—SO_3H，而具有更高的酸位密度。（2）V-C-600-S-210催化剂上有一些大孔径的孔存在，这可以增加浓硫酸与炭载体的接触，最终在碳层上形成更高密度的C键与—SO_3H的共价键。以相同的物质为碳源，在不同温度下进行碳化，碳层的石墨化程度将会随着温度的增加而增大，随着石墨化程度的提高，其结合—SO_3H的能力下降。因此，P-C-750-S-210催化剂中的硫含

量比 P-C-950-S-210 高。

从扫描电镜图上，可以发现 P-C-750-S-210 和 P-C-950-S-210 催化剂具有比 V-C-600-S-210 催化剂更紧密的结构，这可能是由于 P-C-750-S-210 和 P-C-950-S-210 催化剂的石墨化程度更高而造成的。为了进一步验证这个推测，对 P-C-750-S-210 和 P-C-950-S-210 催化剂进行了 XRD 分析，分析结果如图 3-15所示。

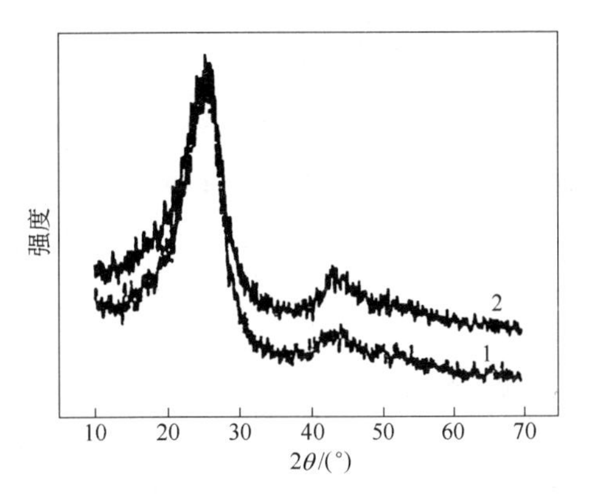

图 3-15 硫酸改性石油沥青固体酸催化剂的 XRD 分析

1—P-C-750-S-210；2—P-C-950-S-210

由图 3-15 可以发现，在 2θ 角为 10°～30°范围内，P-C-750-S-210 和 P-C-950-S-210 催化剂均出现了 1 个明显衍射峰，该衍射峰对应的是非石墨化碳，这与 V-C-600-S-210 的 XRD 分析结果相同。然而，在 P-C-750-S-210 和 P-C-950-S-210 催化剂的 XRD 分析图上，可以发现当 2θ 角为 35°～50°范围内，其上均出现了一个衍射峰，该衍射峰对应的是石墨化碳。并且，P-C-950-S-210 催化剂上的石墨化碳衍射峰相比 P-C-750-S-210 而言，更加显著。经过 XRD 分析，可以得出结论，P-C-950-S-210 催化剂的石墨化碳程度最高，V-C-600-S-210 催化剂的石墨化碳程度最低。这也表明，分别以直链脂肪酯类聚合物或环状聚合物为碳源，经碳化作用后，直链脂肪酯类聚合物碳基的碳层中具有更高程度的石墨化碳。以同一物质为碳源，随着碳化温度升高，石墨化程度更高。

在 Netzsch STA409 PC/PG 综合热分析仪上，采用程序升温法对 P-C-750-S-210 和 P-C-950-S-210 催化剂进行了热重分析，对以上两种催化剂的温度-质量变化关系进行了测量，分析结果如图3-16所示。

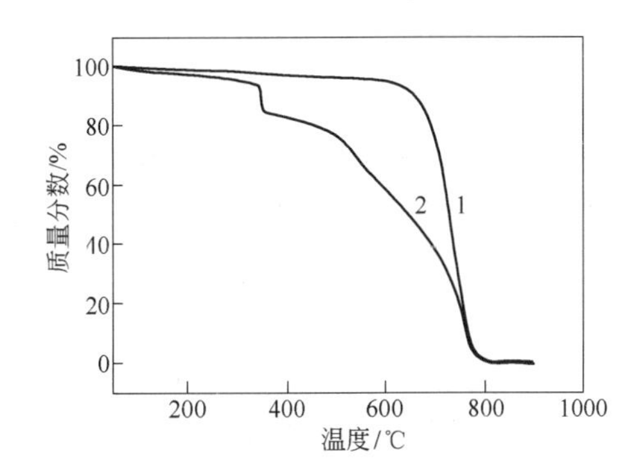

图 3-16 硫酸改性石油沥青固体酸催化剂的热重分析

1—P-C-750-S-210；2—P-C-950-S-210

与 V-C-600-S-210 的热重分析结果相比，V-C-600-S-210 的失重速率要快于 P-C-750-S-210 和 P-C-950-S-210 催化剂。经过 XRD 分析，可发现 P-C-950-S-210 催化剂相比于 V-C-600-S-210 和 P-C-750-S-210 催化剂而言，具有更高的石墨化程度。由于非石墨化碳层的氧化速度快于石墨化碳层。因此，非石墨化碳层程度最高的 V-C-600-S-210，将在加热过程中具有最快的失重速率。

在 40~320℃温度范围内，P-C-950-S-210 呈现出与 V-C-600-S-210 相同的质量变化趋势。然而，随着温度超过 320℃，P-C-950-S-210 的失重程度加大，损失了 8% 的质量，这是由于石墨化碳与—SO_3H 的结合力要弱于非石墨化碳而造成的。P-C-750-S-210 具有较好的热稳定性，这是因为它的石墨化碳层程度高于 V-C-600-S-210，因此，结合的—SO_3H 的量要小于 V-C-600-S-210。因为它具有更高的石墨化程度，所以具有比 V-C-600-S-210 更高的热稳定性。

通过 EDS 分析得到的硫元素含量，对 P-C-750-S-210 和 P-C-950-S-210 催化剂上的酸密度进行了计算。但是，以上的分析对具体的酸位情况（弱酸位或强酸位）无法进行判断。为了判断以上两种催化剂中，以弱酸位还是强酸位为主，对该催化剂进行了 NH_3-TPD 分析。操作过程为：将 100mg 样品装入石英反应器，升温至 800℃，高纯 N_2 以 30mL/min 速率吹扫 1h 后降至室温；然后，5%（体积分数）的 NH_3（He 稀释）以 30mL/min 速率流过样品，30min 后切换成氦气并且升温至 110℃ 吹扫 1h，除掉表面物理吸附的 NH_3；最后，以 15℃/min 速率升温至 800℃，GC-TCD 在线检测脱附 NH_3。NH_3-TPD 的分析结果如图 3-17 所示。

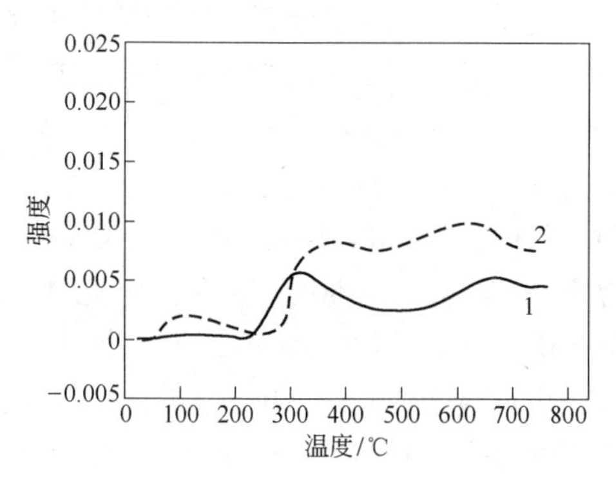

图 3-17 硫酸改性石油沥青固体酸催化剂的 NH_3-TPD 分析图

1—P-C-750-S-210；2—P-C-950-S-210

P-C-750-S-210 与 V-C-600-S-210 催化剂的 NH_3-TPD 分析一样，在 250~300℃和 500~700℃处，出现了两个脱附峰。250~300℃处出现的脱附峰，对应的是强酸位；500~700℃处出现的脱附峰，对应的是强酸位。这两个脱附峰，均属于 B 酸位。但是 P-C-750-S-210 两个脱附峰的强度均明显弱于 V-C-600-S-210，这与 EDS 检测的结果一致，V-C-600-S-210 催化剂的酸位密度要高于 P-C-750-S-210。P-C-950-S-210 的 NH_3-TPD 分析与 P-C-750-S-210 或 V-C-600-S-210 催化剂都不同，其上出现了三个脱附峰，除了两个峰出现在 250~300℃和 500~700℃处，还有一个脱附峰出现在 50~250℃处，该酸位属于弱酸位。这也说明了 P-C-950-S-210 上以弱酸位为主。

由扫描电镜分析图，可以发现在 P-C-750-S-210 和 P-C-950-S-210 催化剂表面上，没有出现明显可见的孔，这可能会影响到它们在生物柴油制备过程中的活性。这是因为生物柴油的制备，涉及大分子的反应，孔对催化活性的影响较大。因此，对 P-C-750-S-210 和 P-C-950-S-210 催化剂的孔径分布情况进行了测量，并与 V-C-600-S-210 催化剂进行了对比。由于不同的 BET 比表面积将导致催化剂的外表面与内表面具有不同数量的酸位，也将对催化剂的活性产生影响。因此，对P-C-750-S-210和P-C-950-S-210催化剂也进行了比表面积测量分析。通过多点N_2吸附与脱附法（液氮，-196℃），测量了石油沥青在750℃和950℃下得到的碳化物（P-C-750和P-C-950）与碳化物经硫酸改性后物质（P-C-750-S-210和P-C-950-S-210）的BET比表面积与平均孔径，见表3-9。

表3-9 石油沥青在750℃和950℃得到的碳化物经硫酸改性前后物质的BET比表面积与平均孔径

物 质	BET比表面积/$m^2 \cdot g^{-1}$	平均孔径/nm
P-C-750	61.8	0.45
P-C-750-S-210	<10	2.2
P-C-950	62.6	0.13
P-C-950-S-210	<10	0.33

与植物油沥青在600℃得到的碳基V-C-600相比，P-C-750和P-C-950具有更大的BET比表面积，分别为61.8m^2/g和62.6m^2/g，而V-C-600的BET比表面积为24.1m^2/g。经过相同的磺化温度处理后，V-C-600-S-210、P-C-750-S-210和P-C-950-S-210的BET比表面积均小于10m^2/g。这说明碳基经浓硫酸在高温下作用后，碳基的结构因为受到了浓硫酸的强氧化作用而发生了较大的变化。在平均孔径方面，V-C-600的平均孔径值最大，为12.5nm，而P-C-750和P-C-950的平均孔径值相对较小，分别为0.45nm和0.13nm。经过相同的磺化温度处理后，V-C-600-S-210的平均孔径值变得更大，为43.9nm。而P-C-750-S-210和P-C-950-S-210的平均孔径值，变化较小，分别为2.2nm和0.33nm。由以上比较分析，可以得出以下结论：以不同的物质为碳源进行碳化作用后得到的碳基，将具有不同的BET比表面和平均孔径值。以直链脂肪酯聚合物为碳源，相比稠环状物质来说，更易形成大孔，并且随着BET比表面积变小，平均孔径值变大。以同一碳源，在不同温度下进行碳化，得到碳基的平均孔径值随温度升高而减小。以具有较大平均孔径值的碳基作为磺化作用前驱体时，将有助于其与硫酸更好的发生磺化作用，最终在碳层上形成更高密度的C键与—SO_3H的共价键。通过XRD分析，已经知道P-C-950-S-210催化剂上含有的石墨化碳程度最高，这也说明了石墨化碳程度高的物质将不利于在其表面形成孔。

通过以上分析，可以得出结论，以石油沥青为碳基时，P-C-750-S-210将比P-C-950-S-210具有更好的催化活性。因此，在比较植物油沥青和石油沥青为碳基而得到的催化剂的活性时，选择了P-C-750-S-210作为石油沥青碳基的代表，将其作为同时催化酯化与酯交换反应实验研究的催化剂，并与V-C-600-S-210在同时催化酯化与酯交换反应实验中的活性进行了比较。为了更好地了解 P-C-750-S-210 催化剂的物化性能，对其补充了表面润湿性和化学键合情况分析，分别为接触角和 X 射线光电子能谱分析。

通过接触角测试仪，对固体酸催化剂 P-C-750-S-210 的接触角进行了测定。通过该分析，以期了解该催化剂的表面润湿性。这是因为，以高酸值废油脂为原料时，由于原料中含有大量的脂肪酸，脂肪酸与甲醇酯化反应将产生大量的水，如果该催化剂是一种易润湿的固体材料，当其上面的 C 键与—SO_3H 形成的共价键的稳定性较差时，酸位易发生羟基水合作用而失活。固体酸催化剂 P-C-750-S-210 的接触角分析如图 3-18 所示。

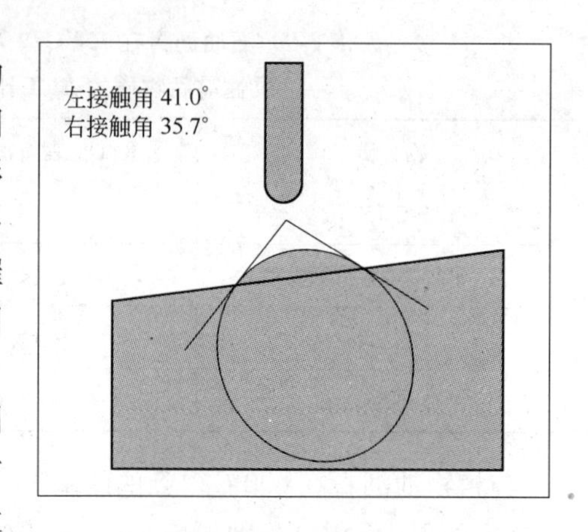

图 3-18 固体酸催化剂 P-C-750-S-210 的接触角分析

由该分析可知，固体酸催化剂 P-C-750-S-210 是一种易润湿的固体材料。以废油脂为反应原料时，由于大量的水将在脂肪酸与甲醇的酯化反应过程中生成，而固体酸催化剂 P-C-750-S-210 是一种易润湿的固体材料，那么将其应用于催化高酸值废油制备生物柴油时，将对其的酸位稳定性带来极大的不利影响。

X 射线光电子能谱（XPS）是一种有效的化学键分析方法，XPS 谱峰的峰位（电子结合能）可以给出组成物体的原子点阵中原子的化学态信息。对固体酸催化剂 P-C-750-S-210 上的化学键进行了 XPS 分析，分析结果如图 3-19 所示。XPS 分析在 PHI-5300 ESCA 能谱仪上进行，采用 Mg 阳极靶，功率为 250W。为提高能量分辨率，分析器的通能设置为 17. 5eV，并采用位置灵敏检测器进行检测。

C_{1s}峰是 XPS 研究碳元素化学状态的主要谱峰。P-C-750-S-210 的 C_{1s} 峰图上，在结合能为 284. 0eV 处出现了 1 个主峰，这与 V-C-600-S-210 的 C_{1s}峰图上分别在 284. 5eV 和 286. 7eV 处出现两个峰不同，同样可以判断，该峰对应的是 sp^2 杂化键。O_{1s}峰是 XPS 研究氧元素化学状态的主要谱峰。P-C-750-S-210 的 O_{1s} 峰图上，在结合能为 531. 6eV 处出现了 1 个主峰，这与 V-C-600-S-210 的 O_{1s}峰图相同，该结合能对应的是 S—O 和 S—OH 中的 O。S_{2p} 峰是 XPS 研究硫元素化学状态的主要谱峰。P-C-750-S-210 的 S_{2p}峰图上，在结合能为 168eV 处出现了 1 个主峰，结合能为 168eV 对应的是—SO_3H 中的 S。这与 V-C-600-S-210 的 S_{2p} 峰图上分别在结合能为 162eV 和 168eV 处出现两个峰不同。

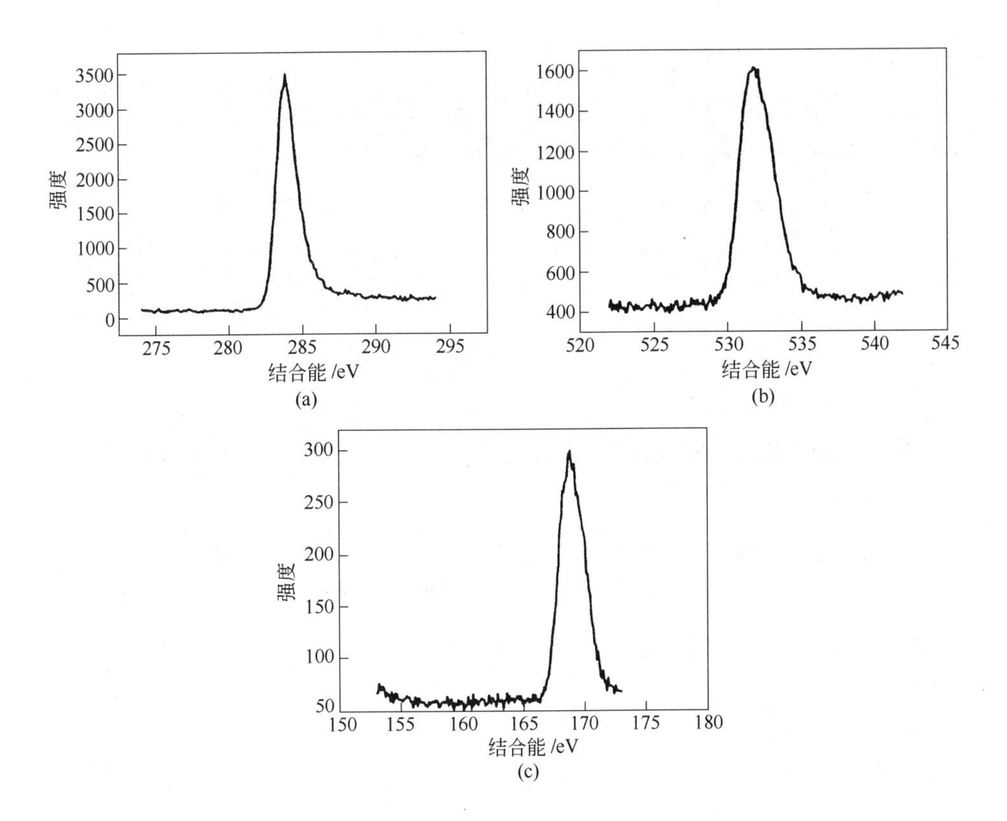

图 3-19 固体酸催化剂 P-C-750-S-210 的 XPS 分析

（a）C_{1s}峰图；（b）O_{1s}峰图；（c）S_{2p}峰图

C 硫酸改性多壁碳纳米管表征

通过扫描电镜（SEM）与能量色散谱（EDS）相结合的方法对制备的硫酸改性多壁碳纳米管固体酸催化剂（s-MWCNTs）的表面形貌与元素含量进行了分析，上述分析在 HRSEM JSM 7401F 型电镜和能量色散谱仪上进行。硫酸改性前后多壁碳纳米管的表面形貌 SEM 分析图如图 3-20 所示，EDS 分析如图 3-21 所示。

由 SEM 分析图可知，多壁碳纳米管（MWCNTs）经硫酸在 210℃ 下改性后得到的固体酸催化剂 s-MWCNTs 的表面形貌，与其经硫酸改性前相比，没有大的变化。这说明了 MWCNTs 具有稳定的结构，该稳定性与 MWCNTs 的独特空间结构（碳管之间彼此层叠形成一多级团聚结构）密切相关。这也说明了 MWCNTs 的特殊管道结构，即使在较高温度下经过浓硫酸的酸化作用后，仍然可以较好地保持。因此，s-MWCNTs 固体酸催化剂有望在酯化反应过程中，给反应物提供适合反应的空间结构。

EDS 分析结果表明，s-MWCNTs 固体酸催化剂中的硫元素和氧元素质量分数

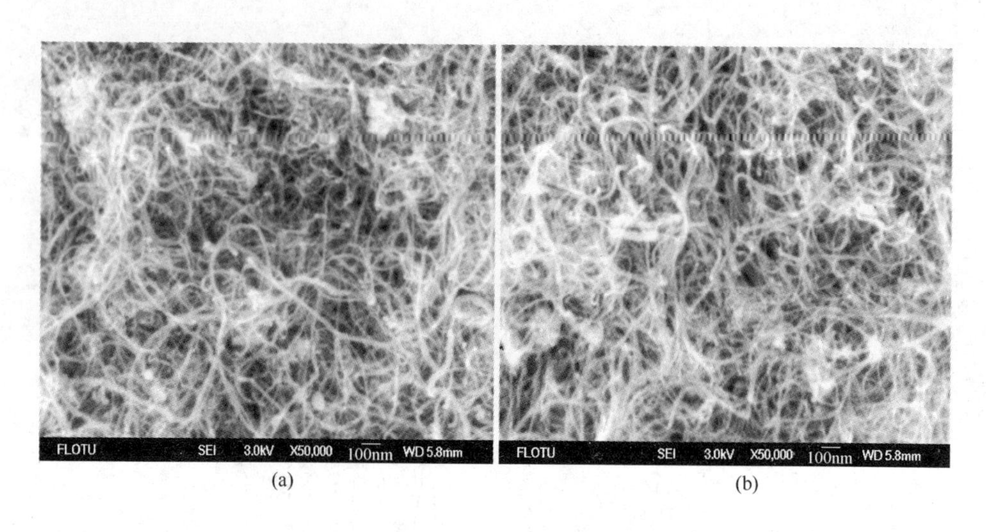

图 3-20 硫酸改性前后多壁碳纳米管表面形貌的扫描电镜（SEM）分析
（a）硫酸改性前；（b）210℃硫酸改性作用

分别是 7.2% 和 9.9%。Peng 等人以单壁碳纳米管（SWCNTs）为炭载体，通过硫酸酸化作用后，制备得到了一种固体酸催化剂（s-SWCNTs），其通过 EDS 分析发现，该催化剂中的硫元素质量分数为 5.3%。并且，在其 SEM 分析中也发现，SWCNTs 经过酸化作用后，管壁结构有所破裂和坍塌。通过与 Peng 等人的研究结果比较分析可知：多壁碳纳米管的层叠管状结构，提供了更多的供硫酸插层作用的空间，并且有助于提高—SO_3H 与 C 键形成的共价键的稳定性。因此，硫酸改性多壁碳纳米管比硫酸改性单壁碳纳米管催化剂具有更高的酸位密度和结构稳定性。

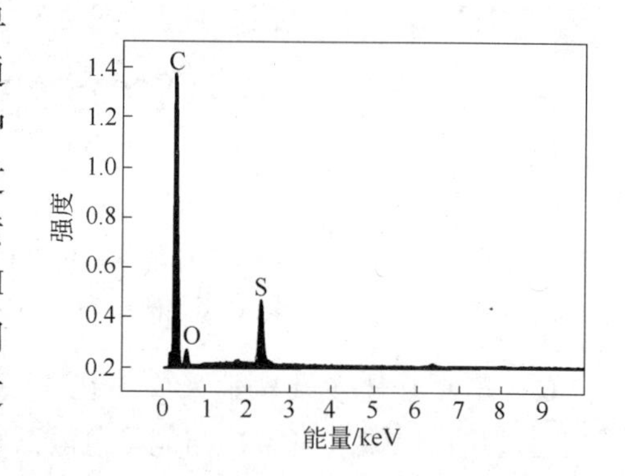

图 3-21 多壁碳纳米管经硫酸 210℃改性后的能量色散谱（EDS）分析

通过红外光谱（FTIR）检测了多壁碳纳米管（MWCNTs）经硫酸在 210℃下改性后得到的固体酸催化剂 s-MWCNTs 上的官能团组成，该分析在 Nicolet Magna 550 Ⅱ FTIR 型红外光谱上进行，分析结果如图 3-22 所示。

由 FTIR 分析图，可观察到 $1040cm^{-1}$ 和 $1179cm^{-1}$ 位置处出现了两个较强吸收峰，这两个峰对应的分别是—SO_3H 官能团中 O ═ S ═ O 的非对称与对称伸缩振动。通过该分析，也可以说明多壁碳纳米管（MWCNTs）经硫酸在 210℃下改性后，—SO_3H 与 C 键形成了共价键，并且该共价键具有较强的稳定性。

在激光粒度分析仪上，对多壁碳纳米管（MWCNTs）经硫酸在210℃下改性后得到的固体酸催化剂 s-MWCNTs 的粒径范围进行了测定，分析结果如图3-23所示。

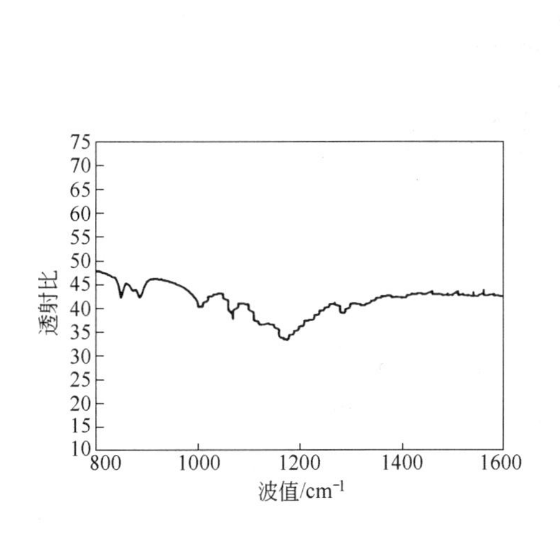

图3-22 多壁碳纳米管经硫酸210℃改性后的红外光谱（FTIR）分析

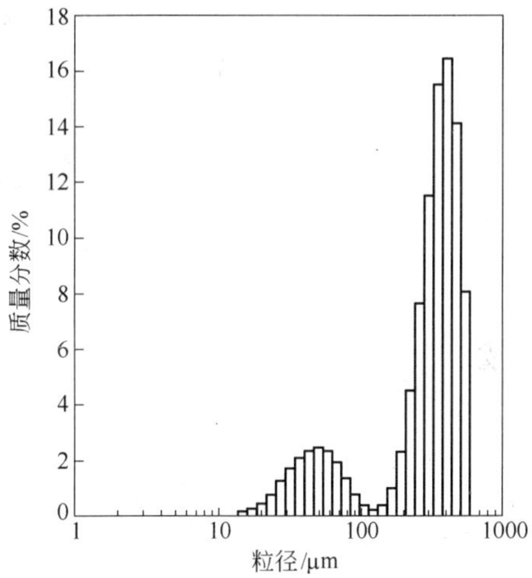

图3-23 多壁碳纳米管经硫酸210℃改性后的粒径范围

由该分析可知，催化剂的粒径大约有75%是处于259～556μm范围内，剩余的是处于14～223μm范围内。该催化剂的平均粒径是314μm。通过标准尺寸筛（600～180μm）将不同粒径的颗粒进行分离，并考察了粒径大小（180～600μm）对油酸转化率的影响。在催化剂用量固定的情况下，没有发现油酸的转化率存在着明显的差异。这表明，在该粒径范围内，可以忽视内扩散的影响。在其后的实验研究中，催化剂没有再经过标准尺寸筛进行大小筛选，而是直接用于催化反应。

通过接触角测试仪，对多壁碳纳米管（MWCNTs）经硫酸在210℃下改性后得到的固体酸催化剂 s-MWCNTs 的接触角进行了测定（见图3-24）。接触角是指在一固体水平平面上滴一液滴，固体表面上的固-液-气三相交界点处，其气-液界面和固-液界面两切线把液相夹在其中时所成的角。接触角的大小可以反映检测材料的表面润湿性。

由该分析可知，固体酸催化剂 s-MWCNTs 是一种不润湿的固体材料。由于在酯化反应过程中，有大量的水生成，如果催化剂是一种容易润湿的固体材料，那么将会对其酸位稳定性带来极大的不利影响。因此，s-MWCNTs 有望作为一种具有较高催化活性和稳定性的催化剂，而可用于同时催化酯化与酯交换反应。

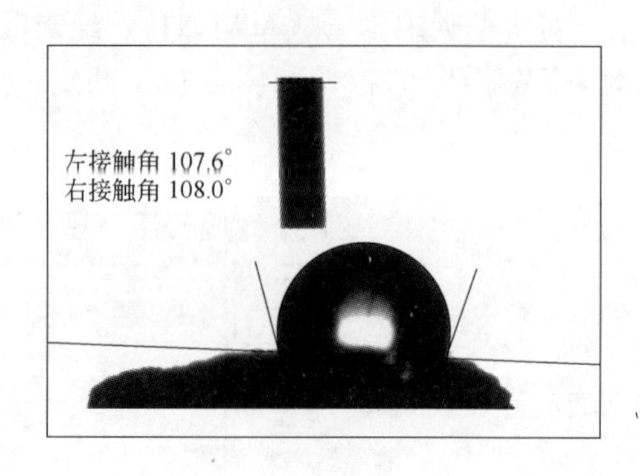

图 3-24 多壁碳纳米管经硫酸 210℃改性后的接触角分析

3.7 生物柴油生产方法比较

目前，以油脂为原料制备生物柴油的方法主要分为热裂解和酯交换两大类。两种方法对原料的处理具有较大的差异，产物的差别也很大。两种方法各有优缺点，具体的比较结果见表 3-10。三种不同酯交换方法的工艺条件比较见表 3-11。

表 3-10 热裂解与酯交换方法比较

工艺特点	热裂解	酯交换	工艺特点	热裂解	酯交换
能 耗	高	低	工 艺	复杂	简单
产品分布	复杂	单一	收率/%	<90	90 ~ 99
产品性能	接近石化柴油	优于石化柴油			

由表 3-10 可知，热裂解过程能耗高（反应温度 500 ~ 800℃），对反应设备要求高。产品分布比酯交换反应广，可得到相当量的短链烷烃和烯烃，但是反应产物中有结焦存在。热裂解产品的性能要低于酯交换得到的生物柴油的性能，产物的收率也低于酯交换反应。酯交换反应因催化剂不同，其工艺条件也会有较大差别。

表 3-11 不同酯交换方法制备生物柴油的工艺条件比较

反应条件	酯交换			
	酶催化	超临界	化学催化	
			均相碱	非均相酸
催化剂	脂肪酶	无	KOH	固体酸
压力/MPa	0.1	35 ~ 45	0.1	0.1 ~ 4
温度/℃	30 ~ 40	350 ~ 400	30 ~ 60	65 ~ 230
醇油摩尔比	(1 ~ 3) : 1	(30 ~ 42) : 1	6 : 1	(6 ~ 12) : 1

续表 3-11

反应条件	酯交换			
	酶催化	超临界	化学催化	
			均相碱	非均相酸
反应时间/h	15~80	0.1	0.5~1	2~10
产物收率/%	>90	>95	>95	>90
稳定性	失活快		中和处理	稳定
适用原料	酸值<10 一定量水	可用于高酸值 高水含量原料	酸值<2 水含量<0.5%	可用于含一定水及 脂肪酸的原料

由表 3-11 可知，从对原料油的适应性来看，超临界过程最适宜，由于无需催化剂，即使脂肪酸和水含量较高的原料油也可以快速反应，得到高甲酯收率。这使得一些廉价废弃原料油（如地沟油）无需前处理就可以用于制备生物柴油，这在目前植物油成本较高的情况下，具有非常大的优势。但是 350℃ 以上的高温及 40MPa 的高压使得超临界过程对设备的要求极高，这也限制了超临界工艺的应用。

酶催化可适用于含一定脂肪酸（酸值小于 10mg KOH/g）及水的原料，而且酶催化反应过程条件温和，无污染物排放，这使得酶催化法具有很好的发展前景。但是，由于甲醇及产物甘油对酶具有毒性，要求反应过程中甲醇浓度不能太高，需要逐步添加，而甘油则需及时去除，否则都会造成酶的失活。酶成本较为昂贵，这也限制了酶催化法的应用。

目前，应用最广泛的工艺还是化学催化中的均相碱催化工艺，欧美各国工业化生产中大都采用该工艺。在强碱的作用下，经过精炼的植物油，在常温下经过不到 1h 的反应就能达到接近 100% 的转化率。但是，由于均相碱催化反应前需对原料油进行精炼，结束后需对催化剂进行中和，造成一定程度环境污染，因此寻找环境友好的替代工艺显得较为重要。新工艺的重点是制备具有较高活性和稳定性、并能适用于高酸值原料的催化剂。

相比固体碱催化剂，固体酸催化剂催化活性偏低，但稳定性好，可以应用于脂肪酸含量高的低成本原料油，而且可以同时催化酯化和酯交换反应。考虑到我国当前的原料现状，固体酸催化制备生物柴油前景广阔。

4　生物柴油制备动力学研究

目前，已经有不少文献对均相酸或非均相酸催化酯化反应制备生物柴油进行了报道。但是，它们更多偏重的是发展一种新型酸性催化剂并考察其在不同反应条件下的催化活性，对其动力学行为研究不多，对均相酸或非均相酸催化酯化反应时各自具有的动力学行为进行比较研究的报道就更少了。考虑到使用不同催化剂时，催化剂活性不同将导致达到相同脂肪酸转化率时需要不同的反应温度和反应时间。如能得到不同催化反应条件下的活化能，可对将来生物柴油工业反应器的设计和放大提供相应的理论依据和基础数据支持。因此，本章先进行了浓硫酸、固体酸（SO_4^{2-}/TiO_2-SiO_2）催化和油酸自催化条件下的油酸（废弃油脂中的一种主要脂肪酸）与甲醇酯化反应动力学的比较研究。研究过程为：通过测定不同反应温度、不同催化剂浓度和不同甲醇/油酸摩尔比条件下油酸的转化率，来回归得到以上不同催化体系酯化反应的动力学参数，如正逆反应活化能和反应速率常数。

同时，考虑到使用不同碳基固体酸催化剂时，催化剂活性不同，导致高酸值油脂经同时酯化与酯交换反应过程生成生物柴油时，为了达到相同转化率而需要不同的反应温度和反应时间。因此，作者也进行了硫酸改性植物油沥青固体酸催化剂（V-C-600-S-210）和硫酸改性石油沥青固体酸催化剂（P-C-750-S-210）催化下，高酸值油脂与甲醇同时酯化与酯交换反应动力学的比较研究，以期得到不同碳基固体酸分别进行催化作用时的活化能，从而对将来以高酸值油脂为原料，经同时酯化与酯交换反应过程生产生物柴油的工业化反应器的研发和放大提供理论依据和基础数据支持。具体研究过程为：首先，以硫酸改性植物油沥青固体酸（V-C-600-S-210）和硫酸改性石油沥青固体酸（P-C-750-S-210）为催化剂，进行了同时酯化与酯交换反应的实验研究，考察了不同反应参数（如反应温度、醇油摩尔比和催化剂添加量）对高酸值油脂转化率的影响，并对其在循环使用过程中的活性变化情况进行了研究。然后，回归得到了以上两种碳基固体酸在用于同时催化酯化与酯交换反应过程中的动力学参数，如正逆反应的速率常数、活化能和指前因子。

4.1　酯化反应

4.1.1　实验原料

油酸、甲醇和硫酸均为分析纯。固体酸（SO_4^{2-}/TiO_2-SiO_2）制备：称取 50g

干燥后的硅胶加入三口烧瓶，再加入 200mL 0.5mol/L 的钛酸异丙酯的异丙醇溶液，在机械搅拌及回流操作条件下（50～70℃）浸渍反应 4h。滤出上层清液，在 110℃烘箱中干燥 2h 后，在 450℃下煅烧 4h。得到的 TiO_2-SiO_2 用 0.5mol/L 的 H_2SO_4 溶液以 10mL/g 的比例浸渍 24h，再经过滤除去上层硫酸，在 110℃烘箱干燥 4h，然后用马弗炉在 500℃下煅烧 4h，最终得到所需固体酸催化剂（SO_4^{2-}/TiO_2-SiO_2）。

4.1.2 酯化反应实验

使用低温常压实验装置进行了硫酸催化油酸与甲醇酯化反应过程动力学研究。反应过程如下：在 250mL 三口烧瓶中按既定比例加入油酸、甲醇和催化剂，加热至所需温度后，开始搅拌计时，反应开始。常压反应的实验条件为：反应温度为 40～60℃、甲醇与油酸摩尔比为（3～9）：1，催化剂与油酸质量比为 0.5%～3%。

在高压反应釜中进行了油酸自催化与固体酸（SO_4^{2-}/TiO_2-SiO_2）催化油酸与甲醇酯化反应过程动力学研究。反应过程如下：油酸自催化作用时，将甲醇和油酸按一定摩尔比加入 250mL 高压反应釜中，加热至所需温度后开始搅拌计时，反应开始。实验条件为：反应温度 160～220℃、甲醇与油酸摩尔比为（3～9）：1。固体酸催化作用时，除在反应液中加入催化剂外，其他与油酸自催化作用反应过程相同。实验条件为：反应温度为 110～150℃、甲醇与油酸摩尔比为（3～9）：1，催化剂与油酸质量比为 1%～5%。

在反应过程中按一定的间隔时间取样，待样品静置分层后，取油相中的物质以酚酞为指示剂进行酸值滴定分析。根据反应前后酸值的变化就可以计算出油酸的转化率。酸值通过式（2-6）来计算。

4.2 酯化反应结果与讨论

4.2.1 不同催化体系的酯化反应比较分析

在反应温度为 60℃，甲醇与油酸摩尔比为 4：1，反应时间为 300min 的条件下，测定了不同浓硫酸与油酸质量比（0.5%、1.0% 和 3.0%）时的油酸转化率与反应时间的关系，实验结果如图 4-1 所示。由图可知，当浓硫酸催化剂用量从 0.5% 增加至 1.0%，反应转化率显著地从 68.7% 升至 81.7%。然而，当浓硫酸用量进一步增加至

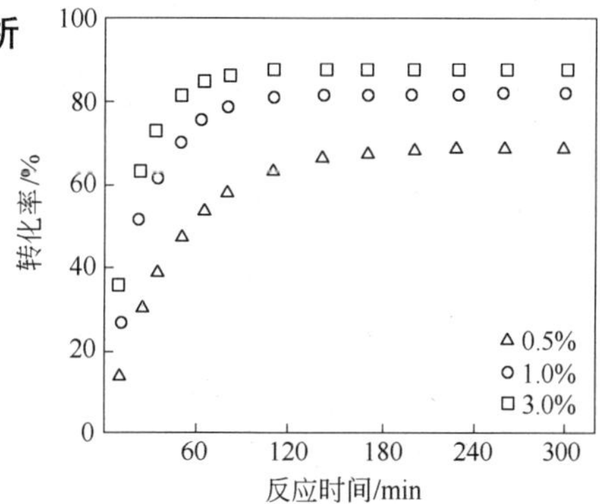

图 4-1 浓硫酸用量对酯化反应的影响

3.0%时，油酸转化率仅有轻微增加。因此，后续考察浓硫酸催化酯化反应时的催化剂用量选为1%。

在浓硫酸与油酸质量比为1.0%，甲醇与油酸摩尔比为4∶1，反应时间为300min的条件下，测定了不同反应温度（40℃、50℃和60℃）时油酸转化率与反应时间的关系，实验结果如图4-2所示。由图可知，随着温度的升高，反应速率明显加快，油酸甲酯收率也有显著提高。由于甲醇沸点为65℃，因此，为了在常压实验装置上得到最快反应速率，反应温度选为60℃。

根据反应方程式可知，酯化反应理论甲醇与油酸摩尔比为1∶1。由于酯化反应为可逆反应，因此过量甲醇有利于化学平衡向产物方向移动。图4-3为甲醇与油酸摩尔比对酯化反应的影响，其中浓硫酸用量为1.0%，温度60℃。

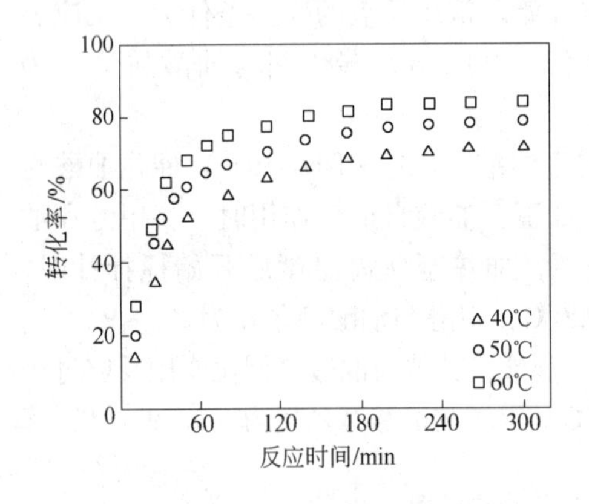

图4-2 温度对酯化反应的影响

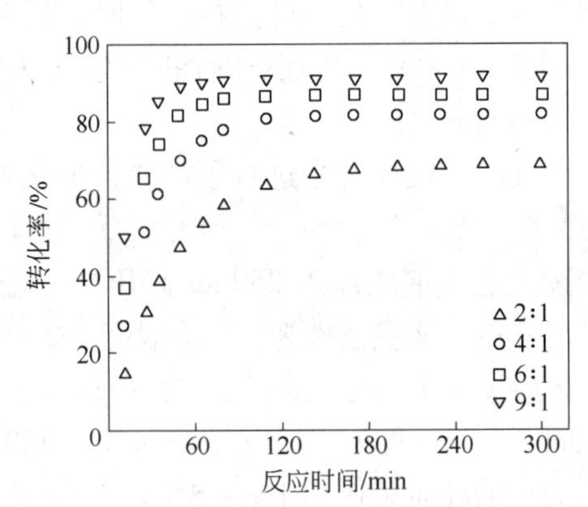

图4-3 甲醇与油酸摩尔比对酯化反应的影响

由图4-3可知，当甲醇与油酸摩尔比较小时，摩尔比的增加会显著地加快酯化反应速率，而提高反应时间内的转化率。然而，当甲醇与油酸摩尔比大于6∶1后，继续增大摩尔比，对反应时间内的转化率的影响则有限。因此，对于浓硫酸催化酯化反应，甲醇与油酸摩尔比选为6∶1。

油酸是一种弱酸，本身也可作为一种酸性催化剂来自催化其与甲醇的酯化反应。在Wang和Minamia等人的研究中，均提到了其在与甲醇的酯化反应过程中的自催化作用。为了比较油酸自催化与有酸性催化剂存在时的反应效果的差异，作者进行了油酸自催化工艺条件影响的实验研究。研究过程为：在甲醇与油酸摩尔比为6∶1，反应时间为240min的条件下，测定了不同反应温度（160℃、180℃、200℃和220℃）时油酸转化率与反应时间的关系，实验结果如图4-4所示。由该图可知，温度对酯化反应的影响非常显著。随着反应温度的升高，酯化反应转化率大幅度提高。由于当温度从160℃升至200℃时，转化率从76.4%升至91.2%。而当温度从200℃升至220℃时，转化率仅从91.2%升至94.0%。因此，对于油酸自催化酯化反应，反应温度选为200℃。

在反应温度200℃，反应时间为240min的条件下，测定了不同甲醇与油酸摩尔比（3∶1、6∶1和9∶1）时油酸转化率与反应时间的关系，实验结果如图4-5所示。由图可知，甲醇与油酸摩尔比从3∶1增大到6∶1，酯化反应转化率显著增加，从79.5%增大到89.3%。而当甲醇与油酸摩尔比继续从6∶1增大到9∶1时，反应转化率提高有限。因此，对于油酸自催化酯化反应，甲醇与油酸摩尔比选为6∶1。

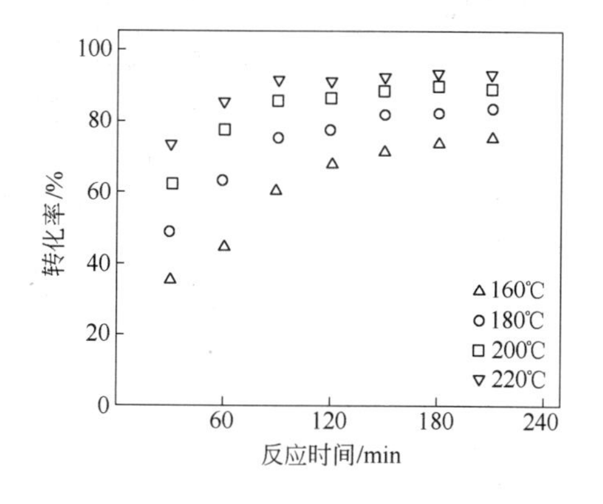

图4-4 温度对酯化反应的影响

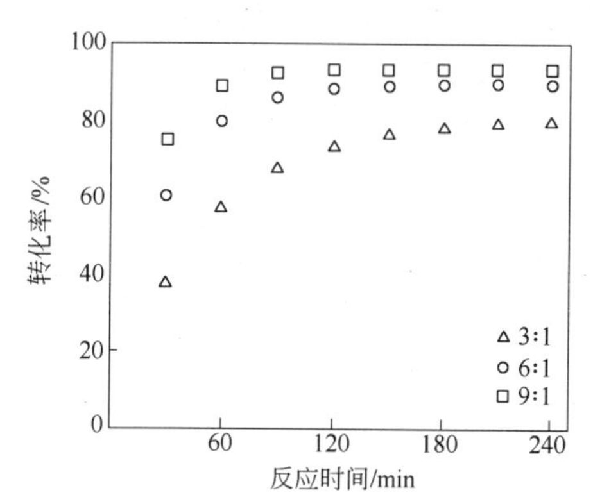

图4-5 甲醇与油酸摩尔比对酯化反应的影响

在反应温度130℃，甲醇与油酸摩尔比6∶1，反应时间为240min的条件下，测定了固体酸催化剂（SO_4^{2-}/TiO_2-SiO_2）与油酸质量比为1.0%、3.0%和5.0%时油酸转化率与反应时间的关系，实验结果如图4-6所示。由图可知，当固体酸催化剂用量从1.0%增加至3.0%，反应转化率显著地从75.0%升至87.1%。然而，当固体酸用量进一步增加至5.0%时，酯化反应速率仅有轻微增加，反应转化率为90.4%。因此，在后续考察固体酸催化酯化反应时，催化剂用量选为3.0%。

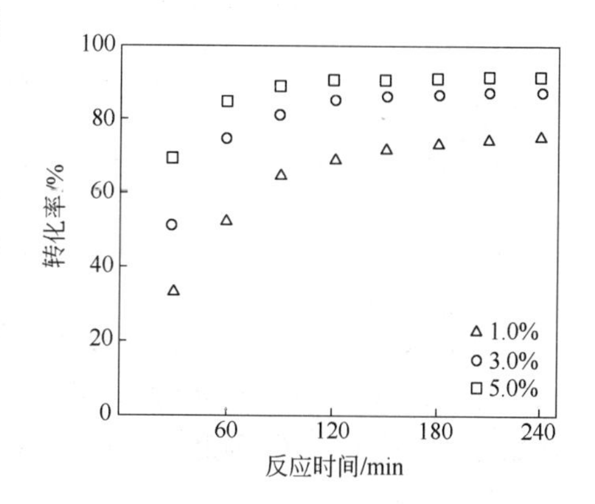

图4-6 催化剂用量对酯化反应的影响

固体酸催化剂，如SO_4^{2-}/TiO_2-SiO_2，由于具有稳定性好、分离简单和无腐蚀等优点，也可考虑作为酯化反应的催化剂。因此，作者也进行了SO_4^{2-}/TiO_2-SiO_2催化工艺条件影响的实验研究。研究过程为：在固体酸催化剂（SO_4^{2-}/TiO_2-SiO_2）与油酸质量比为3.0%，甲醇与油酸摩尔比为6∶1，反应时间为240min的条件下，测定了不同反应温度（110℃、

130℃和150℃）时油酸转化率与反应时间的关系，实验结果如图4-7所示。由图可知，随着温度的升高，反应速率，特别是初始反应速率明显加快。而在较高温度（如130℃、150℃）时，酯化反应最终转化率相差不大，分别为87.2%和89.7%。因此，对于SO_4^{2-}/TiO_2-SiO_2催化酯化反应，反应温度选为130℃。

在SO_4^{2-}/TiO_2-SiO_2与油酸质量比为3.0%，反应温度为130℃，反应时间为240min的条件下，测定了不同甲醇与油酸摩尔比（3∶1、6∶1和9∶1）时油酸转化率与反应时间的关系，实验结果如图4-8所示。由图可知，甲醇与油酸摩尔比从3∶1增至6∶1，酯化反应转化率显著地增加，从75.5%提高到87.1%。而当甲醇与油酸摩尔比继续从6∶1增大到9∶1时，反应转化率稍有提高，达91.0%。因此，对于SO_4^{2-}/TiO_2-SiO_2催化酯化反应，甲醇与油酸摩尔比选为6∶1。

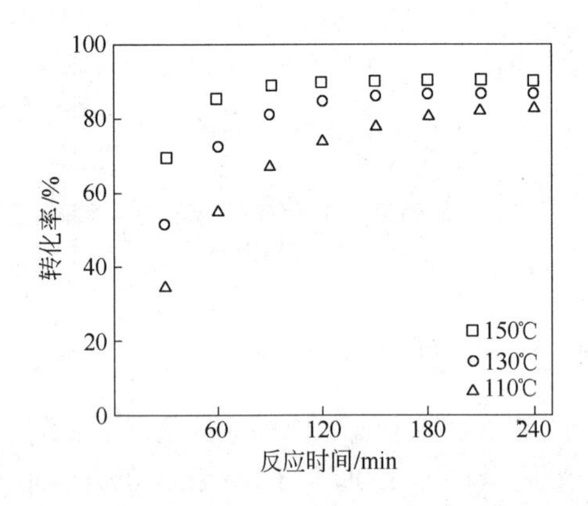

图4-7　温度对酯化反应的影响

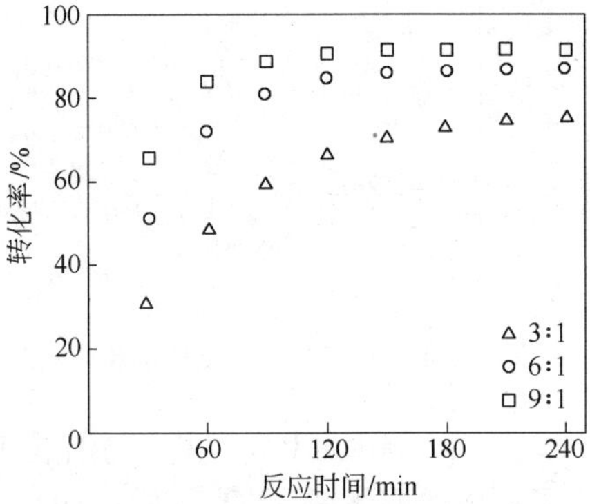

图4-8　甲醇与油酸摩尔比对反应的影响

4.2.2　酯化反应动力学模型

4.2.2.1　反应机理及动力学模型

脂肪酸（FFA）与甲醇的酯化反应过程为：

$$RCOOH + CH_3OH \underset{k_{-1}}{\overset{k_1}{\rightleftharpoons}} RCOOCH_3 + H_2O \tag{4-1}$$

对于浓硫酸催化酯化反应和无催化酯化反应，反应为均相催化体系，文献中大多将其看做二级可逆反应，反应速率方程见式（4-2），本书在计算上述两种催化反应动力学时也采用相同动力学模型。

$$r = -\frac{d[A]}{dt} = k_1[A][B] - k_{-1}[C][D] \tag{4-2}$$

式中，A、B、C 和 D 分别代表脂肪酸、甲醇、脂肪酸甲酯和水。

对于固体酸 $SO_4^{2-}/TiO_2\text{-}SiO_2$ 催化酯化反应，其反应动力学模型主要有两种。一种是拟均相二级反应动力学模型；另一种是 Langmuir-Hinshelwood 反应动力学模型。Tesser 等人对两种反应动力学模型进行了比较，发现 Langmuir-Hinshelwood 反应动力学模型虽然比拟均相二级反应动力学模型多了两个参数，但在拟合精确度上并没有明显提高。因此，作者对固体酸催化酯化反应过程进行了一些假设：

（1）酯化反应为一可逆反应过程，反应速度由化学反应决定。

（2）可以忽略无催化剂作用时的反应速度。

（3）化学反应在油相中进行。

基于上面的假设，可把固体酸 $SO_4^{2-}/TiO_2\text{-}SiO_2$ 催化酯化反应采用拟均相二级反应动力学模型来处理。利用反应产物与反应原料及中间产物之间的平衡关系，可以得到以下各组分浓度之间的约束条件方程：

$$[A]+[C]=[A]_0 \tag{4-3}$$

$$[B]+[C]=[B]_0 \tag{4-4}$$

$$[C]=[D] \tag{4-5}$$

该微分方程组的初始条件（$t=0$）为：

$$[A]=[A]_0,\quad [B]=[B]_0,\quad [C]=0,\quad [D]=0 \tag{4-6}$$

4.2.2.2 模型参数的确定

采用四阶龙格-库塔法数值求解微分方程式（4-2），将计算得到的浓度与实验值对比，加和全部实验值与计算值之间的相对偏差并求出平均相对误差 S，即：

$$S=\sum_{j=1}^{6}\sum_{0}^{t}\left(\left|y_j(t)_{\text{exp}}-y_j(t)_{\text{cal}}\right|/y_j(t)_{\text{exp}}\right)/N \tag{4-7}$$

式中 $y(t)$——油酸（或者油酸甲酯）在 t 时刻的浓度值；

N——实验测定浓度值的个数。

以式（4-7）中的平均相对偏差 S 为优化函数，求其极小值，即可得到酯化反应速率常数。

根据阿仑尼乌斯方程

$$\ln k_i=\ln k_{i0}-E_i/RT \tag{4-8}$$

采用线性拟合的方法，计算即可得到酯化反应和水解反应的活化能 E_i。

三种反应情况（浓硫酸催化、油酸自催化或 $SO_4^{2-}/TiO_2\text{-}SiO_2$ 催化）下的酯化反应和水解反应速率常数和活化能见表 4-1 ~ 表 4-3。

表 4-1 浓硫酸催化酯化反应速率常数及活化能

反应速率常数 /L·(mol·s)$^{-1}$	温度/℃			活化能 /kJ·mol^{-1}
	40	50	60	
k_1	0.0017	0.0027	0.0037	33.8
k_{-1}	0.0029	0.0033	0.0040	13.9

表 4-2 油酸自催化酯化反应速率常数及活化能

反应速率常数 /L·(mol·s)$^{-1}$	温度/℃				活化能 /kJ·mol^{-1}
	160	180	200	220	
k_1	0.0010	0.0018	0.0032	0.0052	49.1
k_{-1}	0.0009	0.0013	0.0020	0.0025	31.1

表 4-3 固体酸催化酯化反应速率常数及活化能

反应速率常数 /L·(mol·s)$^{-1}$	温度/℃			活化能 /kJ·mol^{-1}
	110	130	150	
k_1	0.0013	0.0023	0.0040	37.1
k_{-1}	0.0015	0.0020	0.0026	18.5

由表 4-1 ~ 表 4-3 可知，当以浓硫酸为催化剂时，油酸酯化反应的反应速率常数均小于油酸甲酯水解的反应速率常数。油酸自催化作用时，油酸酯化反应的反应速率常数均大于油酸甲酯水解的反应速率常数。当以固体酸 $SO_4^{2-}/TiO_2\text{-}SiO_2$ 为催化剂时，油酸酯化反应的反应速率常数与油酸甲酯水解相比，随温度递增，呈现出先低再高的变化趋势。该反应为可逆反应，通过选择适合催化剂可以提高反应的速率常数，但是由于平衡的限制，要提高该反应的转化率，只有通过在反应过程中结合产物分离才可以达到较好的效果。

三种反应情况下，油酸酯化反应的活化能均大于油酸甲酯水解反应的活化能。其中，浓硫酸具有最高催化活性，油酸自催化反应速率最慢，$SO_4^{2-}/TiO_2\text{-}SiO_2$ 催化活性介于浓硫酸与油酸自催化之间。

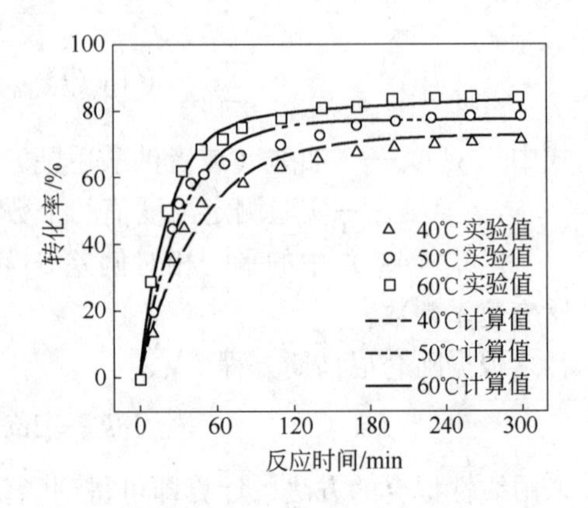

图 4-9 浓硫酸催化酯化反应时油酸转化率计算值与实验值的对比

4.2.2.3 计算结果与实验结果比较

利用回归得到的正逆反应速率常数和反应速率方程式（4-2），可以计算得到特定温度和任何初始浓度条件下，反应体系各组分浓度随反应时间的变化，进而可以计算得到反应转化率。图 4-9

为浓硫酸催化酯化反应时油酸转化率计算值与实验值的对比。图 4-10 为不同温度条件下，油酸自催化酯化反应下计算值与实验值的对比。图 4-11 为不同温度条件下固体酸 $SO_4^{2-}/TiO_2\text{-}SiO_2$ 催化酯化反应模型计算值与实验值的对比。

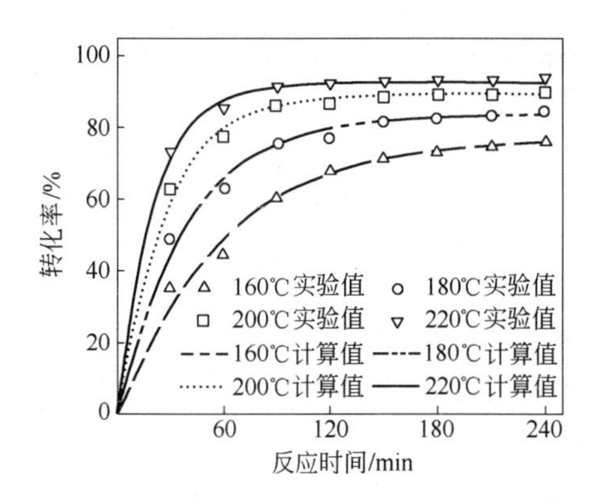

图 4-10 油酸自催化下油酸转化率计算值与实验值的对比

100
80
60
40
20
0
转化率/%
0
60
120
180
240
反应时间/min
110℃实验值
130℃实验值
150℃实验值
110℃计算值
130℃计算值
150℃计算值

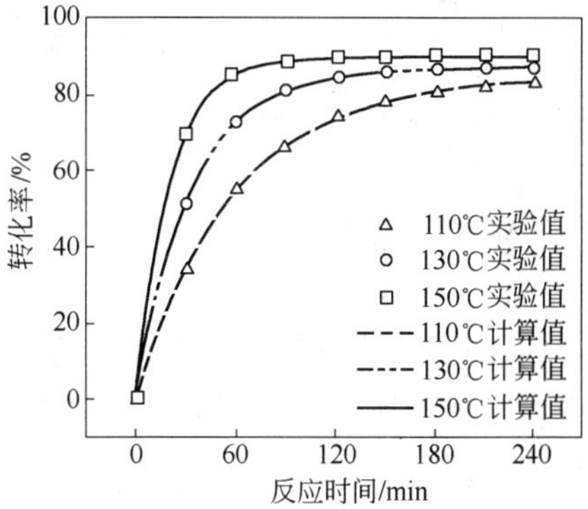

图 4-11 固体酸 $SO_4^{2-}/TiO_2\text{-}SiO_2$ 催化酯化反应模型计算值与实验值的对比

由图 4-9 ~ 图 4-11 可以看出，计算结果与实验数据吻合较好。即浓硫酸催化、油酸自催化、固体酸催化酯化反应过程均可通过拟均相二级反应动力学模型得到很好的预测。

4.2.3 酯化反应动力学研究结论

通过测定不同反应温度、不同催化剂浓度和不同甲醇与油酸摩尔比条件下油酸的转化率，得到了浓硫酸、固体酸 $SO_4^{2-}/TiO_2\text{-}SiO_2$ 或油酸自催化作用下的酯化反应动力学参数。研究结果表明，酯化反应及其逆反应均为二级反应。不同催化反应下的正逆反应活化能分别为 33.8kJ/mol 和 13.9kJ/mol（浓硫酸催化），37.1kJ/mol 和 18.5kJ/mol（$SO_4^{2-}/TiO_2\text{-}SiO_2$ 催化），49.1kJ/mol 和 31.1kJ/mol（油酸自催化作用）。油酸自催化作用下的催化活性最低，浓硫酸具有最高催化活性，$SO_4^{2-}/TiO_2\text{-}SiO_2$ 催化活性介于浓硫酸与油酸自催化之间。

利用回归得到的正逆反应速率常数和反应速率方程计算得到的油酸转化率结果与实验值吻合较好。因此，拟均相二级反应动力学模型可以较好地反映浓硫酸、固体酸 $SO_4^{2-}/TiO_2\text{-}SiO_2$ 或油酸自催化作用下的酯化反应动力学过程。

4.3 碳基固体酸同时催化酯化与酯交换反应

对于甘油三酯与甲醇在催化剂作用下或超临界条件下进行的酯交换反应，该反应过程是三个连续的可逆反应，如图 3-1 所示。关于均相催化酯交换反应动力学的文献较多，由于甘油酯的酯交换反应过程可以进行得比较彻底，正反应速度远大于逆反应速度，因此有研究者将植物油的酯交换反应过程简化为最简单的形式，即一步的不可逆反应，见反应式（4-9），得到了反应的总平均速率常数及活化能，但其适用范围有限。

$$TG + M \longrightarrow 3ME + GL \tag{4-9}$$

式中 TG——甘油三酯；

M——甲醇；

ME——脂肪酸甲酯；

GL——甘油。

Darnoko 等人报道了棕榈油在不同温度下的活化能和反应速率常数，在其研究中，也认为逆反应的影响可以忽略，并假设三步的酯交换反应均符合二级反应的规律，即：

$$\frac{d[TG]}{dt} = -k_1[TG]^2 \tag{4-10}$$

$$\frac{d[DG]}{dt} = -k_2[DG]^2 \tag{4-11}$$

$$\frac{d[MG]}{dt} = -k_3[MG]^2 \tag{4-12}$$

式中 TG——甘油三酯；

DG——甘油二酯；

MG——甘油单酯；

k_1，k_2，k_3——分别为三步酯交换反应过程中涉及反应的正反应速率常数，其结果见表4-4。

表 4-4 酯交换反应速率常数及活化能

反应	反应速率常数/% · min^{-1}				活化能 /kJ · mol^{-1}
	50℃	55℃	60℃	65℃	
TG—DG	0.018	0.024	0.036	0.048	61.6
DG—MG	0.036	0.051	0.070	0.098	59.5
MG—GL	0.112	0.158	0.141	0.191	26.8

目前，以高酸值废油脂为原料和固体酸为非均相催化剂来合成生物柴油的动力学研究报道非常少。由于固体酸的引入，给反应体系增加了一个固体相，反应主要发生在催化剂的表面，加上传质过程变得更慢，反应速率显著下降，因而过程变得更复杂。而且，随着产品脂肪酸甲酯的生成，由于甲酯可作为共溶剂，可以极大程度地促进油脂和甲醇之间的溶解，体系将由液-液-固反应逐渐变成液-固

反应。反应过程中涉及脂肪酸与醇的酯化反应和甘油酯和醇的酯交换反应。因而，研究以高酸值废油脂为原料和固体酸为非均相催化剂时的动力学行为，可以加深对该反应过程的认识，为工艺的改进提供理论参考，具有重要的研究意义。

4.3.1 无催化与催化反应过程比较分析

在实际的以废油脂为原料工业化生产柴油过程中，通常使用的是菜子油、棉子油和大豆油皂脚酸化油。作者考虑到油酸是皂脚酸化油中最主要的一种脂肪酸。因此，通过在棉子油里面加入50%油酸的方式配成了一种混合油，以该混合油来代替皂脚酸化油。在计算甲醇与混合油的摩尔比时，可将3mol脂肪酸当作1mol甘油酯。

在一些文献中已经提到，脂肪酸是一种弱酸，本身可以自催化其与甲醇的酯化反应和甘油酯与甲醇的酯交换反应。在酯化反应动力学研究过程中，经过实验验证，也已经发现油酸对酯化反应具有自催化作用。现在，为了解脂肪酸对甘油酯与甲醇酯交换反应的催化性能，分别进行了无催化剂与加入固体酸条件下的同时酯化与酯交换反应研究，并对这两个反应过程中的甘油酯与脂肪酸的转化率进行了比较。在该比较实验研究过程中，当需要加入催化剂时，加入的是V-C-600-S-210（以植物油沥青为碳源，600℃和210℃下分别进行碳化和磺化处理后得到的碳基固体酸）催化剂。其他的反应条件为：甲醇与混合油的摩尔比为21∶1，反应时间为120min，反应温度为140℃。当加入催化剂时，催化剂与混合油的质量比为0.3%。反应结果如图4-12所示。

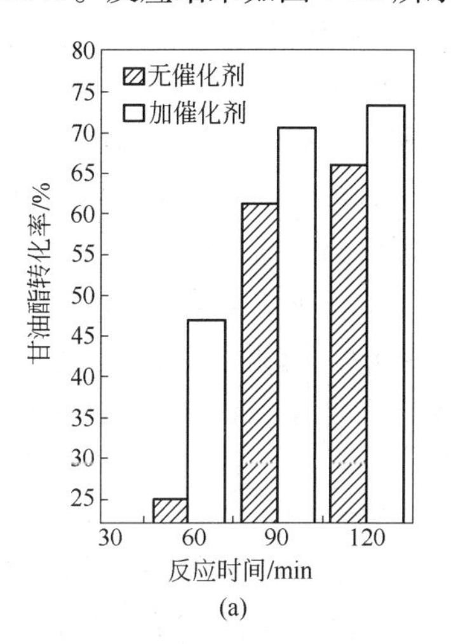

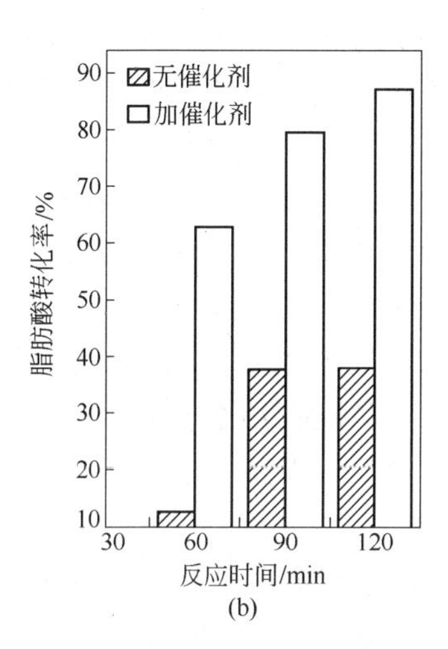

图4-12 比较无催化剂与加入固体酸催化剂条件下的同时酯化与酯交换反应效果

（反应条件：混合油（50%棉子油和50%油酸），甲醇与混合油的摩尔比为21∶1，反应时间为120min，反应温度为140℃，当加入催化剂时，催化剂与混合油的质量比为0.3%）

由图4-12可知，无催化剂加入与加入固体酸V-C-600-S-210时的脂肪酸转化率明显不同。加入V-C-600-S-210催化剂后，与无催化剂添加时相比，脂肪酸转化率明显要高得多。当观察甘油酯的反应情况时，可以发现，当反应时间不超过60min时，无催化剂加入与加入固体酸V-C-600-S-210时的甘油酯转化率明显不同。然而，随着反应时间增加到120min时，这两个反应过程中的甘油酯转化率差异不再明显。由此，可以推断出，脂肪酸对甘油酯的酯交换反应具有催化作用。当反应体系中含有大量脂肪酸时，其对甘油酯的酯交换反应具有较好的催化作用，这可以在一定程度上抵消未加入催化剂而造成的影响。因此，随着反应时间延长，无催化剂与加入固体酸V-C-600-S-210时的甘油酯转化率没有明显不同。当加入固体酸V-C-600-S-210催化剂时，可以显著加快酯化反应的反应速度，在该反应条件下，在反应体系中的脂肪酸浓度将下降很快。因此，脂肪酸对甘油酯的催化作用将大为减弱。基于以上分析，在接下来的催化剂添加实验考察中，没有考虑脂肪酸对甘油酯的酯交换反应的催化作用。

4.3.2 反应温度对催化效果的影响

当以酸性物质为催化剂时，脂肪酸和甘油酯分别与甲醇发生酯化或酯交换反应均需通过质子加和作用来活化其羰基/羧基官能团而开始反应。由于不同的物质具有不同大小的分子结构，大的分子结构将对其上的羰基/羧基官能团的质子加和作用产生不利的影响，因此，与脂肪酸相比，甘油酯的羰基/羧基官能团的活化相对要更困难一些。为了促使甘油酯的酯交换反应进行到较高的程度，甘油酯的羰基/羧基官能团的活化程度将非常关键。因此，需要一个相对较高的反应温度来对甘油酯的羰基/羧基官能团进行较好的活化作用。

基于以上分析，分别以V-C-600-S-210和P-C-750-S-210（以石油沥青为碳源，750℃和210℃下分别进行碳化和磺化处理后得到的碳基固体酸）为催化剂，考察了反应温度对同时酯化与酯交换反应的影响，实验考察的温度为180℃、200℃和220℃。其他反应条件为：混合油（50%棉子油和50%油酸），甲醇与混合油的摩尔比是21∶1，催化剂（V-C-600-S-210）与混合油的质量比为0.5%。以V-C-600-S-210为催化剂的反应结果如图4-13所示，以P-C-750-S-210为催化剂的反应结果如图4-14所示。

由图4-13和图4-14可知，不管是以V-C-600-S-210还是以P-C-750-S-210为催化剂，随着反应温度升高，甘油酯和脂肪酸的转化率均增加。这也说明了酯交换反应和酯化反应均属于吸热反应。由反应趋势曲线可知，当反应时间为240min时，甘油酯和脂肪酸的转化已经接近平衡状态。以V-C-600-S-210为催化剂时，当反应温度为220℃，反应时间为315min，甘油酯的转化率最高，为79.6%；当反应温度为220℃，反应时间为360min，脂肪酸的转化率最高，为93.9%。以

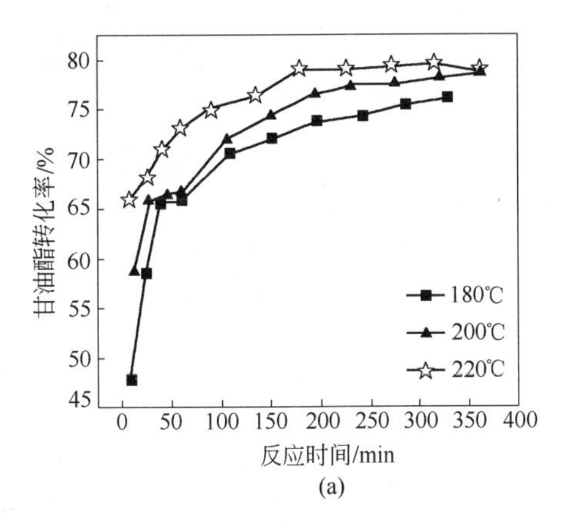

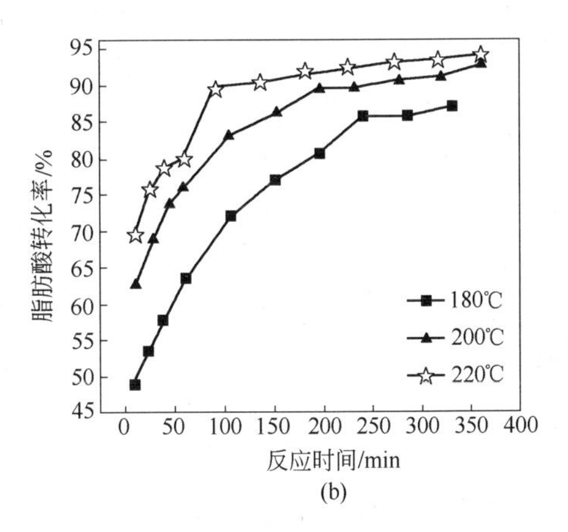

图 4-13 以 V-C-600-S-210 为催化剂时反应温度对甘油酯和脂肪酸转化率的影响

(a) 甘油酯；(b) 脂肪酸

(反应条件：甲醇与混合油的摩尔比是 21∶1，催化剂（V-C-600-S-210）与混合油的比为 0.5%)

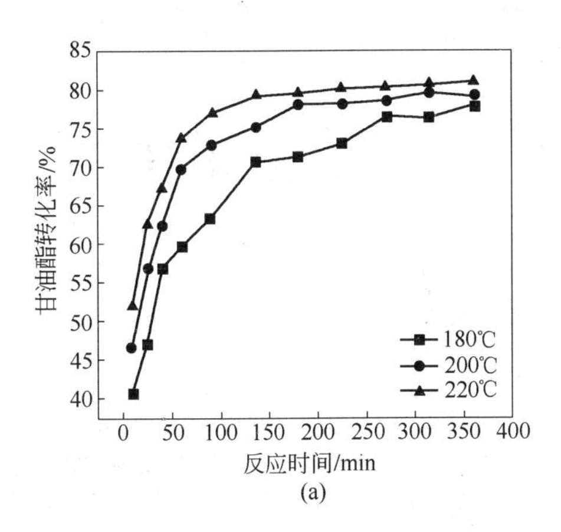

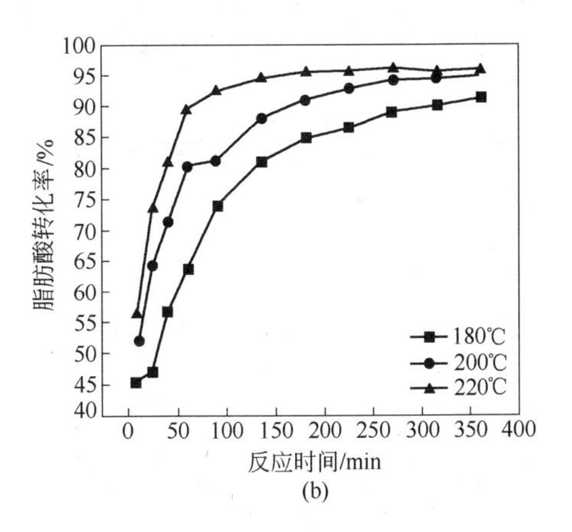

图 4-14 以 P-C-750-S-210 为催化剂时反应温度对甘油酯和脂肪酸转化率的影响

(a) 甘油酯；(b) 脂肪酸

(反应条件：甲醇与混合油的摩尔比是 21∶1，催化剂（P-C-750-S-210）与混合油的比为 0.5%)

P-C-750-S-210 为催化剂时，当反应温度为 220℃，反应时间为 360min，甘油酯和脂肪酸的转化率最高，分别为 81.0% 和 96.0%。这也说明了，尽管 V-C-600-S-210 的酸位密度高，但是由于大量亲水性的官能团—SO_3H 的引入，其具有高表面润湿性，并且是一种多孔且孔径大的催化剂，随着反应中水的生成量增加，水更易与其上的酸位接触，因此，V-C-600-S-210 失活率要高于 P-C-750-S-210。

同时，也可以发现，甘油酯的转化率远低于脂肪酸。这是因为使用酸性催化剂时，脂肪酸发生酯化反应的速率要远高于甘油酯发生酯交换反应的速率，因此，大量的脂肪酸甲酯将在较短的反应时间内由脂肪酸的酯化反应生成。当反应体系中含有大量脂肪酸甲酯时，这将影响甘油酯的转化率。在前面的热重分析中，已经发现 V-C-600-S-210 和 P-C-750-S-210 催化剂均具有较好的热稳定性。另外，随着反应温度升高，有助于甘油酯和脂肪酸的转化。但是，必须注意到甘油酯和脂肪酸甲酯在高的反应温度下，当反应时间较长时，会发生热裂解。因此，为了保证得到较多的产品甲酯，反应温度不宜过高，选择 220℃ 为较适宜的反应温度。

4.3.3 催化剂添加量对催化效果的影响

催化剂的添加量也会影响同时酯化与酯交换反应过程中甘油酯和脂肪酸的转化率，分别以 V-C-600-S-210 和 P-C-750-S-210 为催化剂，考察了催化剂添加量对甘油酯和脂肪酸转化率的影响。实验考察的催化剂添加量为 0.2%，0.4% 和 0.5%。其他反应条件为：混合油（50% 棉子油和 50% 油酸），甲醇与混合油的摩尔比是 21∶1，反应温度为 220℃。以 V-C-600-S-210 为催化剂的反应结果如图 4-15 所示，以 P-C-750-S-210 为催化剂的反应结果如图 4-16 所示。

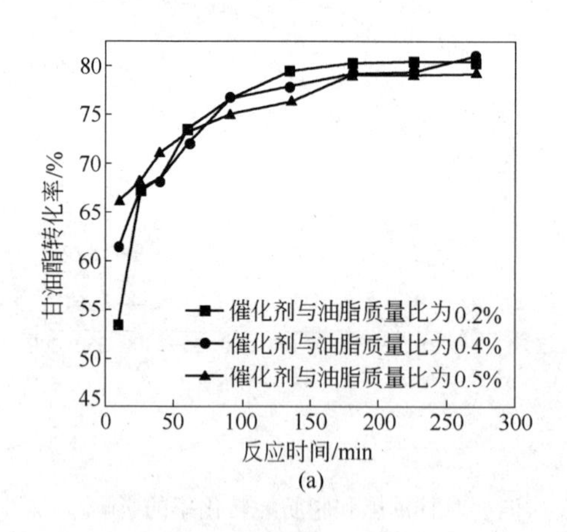

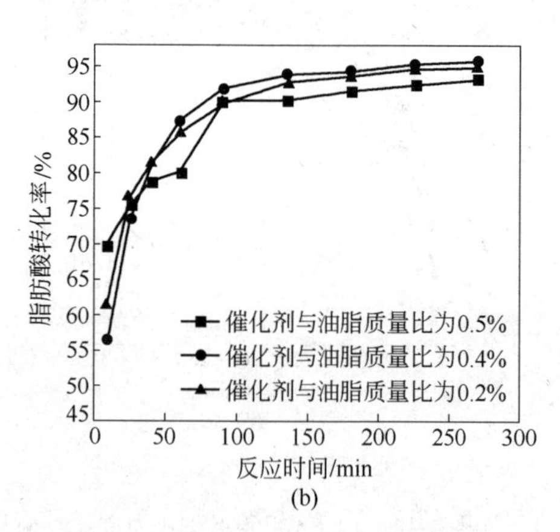

图 4-15 催化剂（V-C-600-S-210）添加量对甘油酯和脂肪酸转化率的影响

（a）甘油酯；（b）脂肪酸

（反应条件：甲醇与混合油的摩尔比是 21∶1，反应温度为 220℃）

由图 4-15 和图 4-16 可知，不管是以 V-C-600-S-210 还是以 P-C-750-S-210 为催化剂，在反应时间较短时，随着催化剂添加量增大，甘油酯和脂肪酸的转化率均增加。随着反应时间延长，催化剂添加量最大时，甘油酯和脂肪酸的转化率反而最低。以上反应结果的可能原因如下：催化剂添加量越大，可提供给脂肪酸和甘油酯上的羰基/羧基官能团的质子就越多，而相对于甘油酯这一大分子结构的

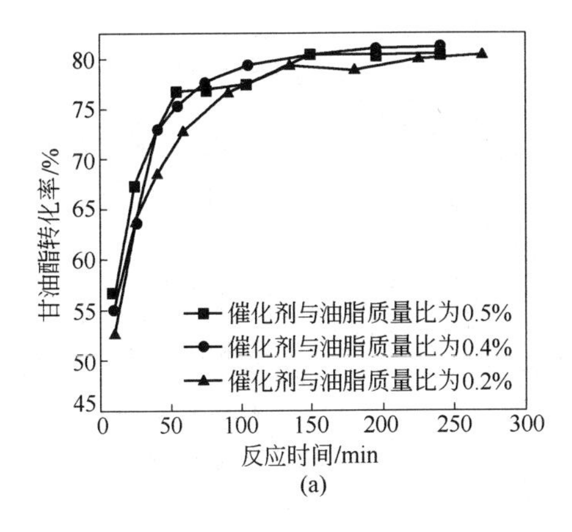

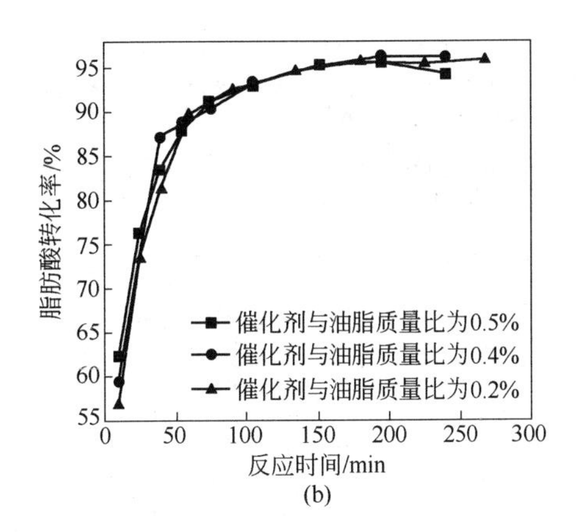

图 4-16 催化剂（P-C-750-S-210）添加量对甘油酯和脂肪酸转化率的影响

（a）甘油酯；（b）脂肪酸

（反应条件：甲醇与混合油的摩尔比是 21∶1，反应温度为 220℃）

有机物来说，脂肪酸发生质子加和作用更容易。因此，当催化剂添加量较大时，酯化作用发生的更加激烈，在较短的时间内，就可产生较多的水，由于水的存在，将对固体酸催化剂上的 Brönsted 酸位的稳定性带来不利影响，由于酸位失活更激烈，将不利于甘油酯和脂肪酸的转化。因此，选择了催化剂添加量为 0.2% 来进行反应。

4.3.4 醇油摩尔比对催化效果的影响

酯交换与酯化反应均为可逆反应。为了使反应朝生成脂肪酸甲酯的方向进行，甲醇的加入量必须过量。因此，醇油摩尔比也是影响反应效果的一个重要工艺条件。分别以 V-C-600-S-210 和 P-C-750-S-210 为催化剂，考察了醇油摩尔比对甘油酯和脂肪酸转化率的影响。以 V-C-600-S-210 为催化剂时，实验考察的醇油摩尔比为 10.6、16.8 和 21.0；当以 V-C-600-S-210 为催化剂时，实验考察的醇油摩尔比为 8.4、12.6 和 21.0。其他反应条件为：混合油（50% 棉子油和 50% 油酸），催化剂添加量为 0.2%，反应温度为 220℃。以 V-C-600-S-210 为催化剂的反应结果如图 4-17 所示，以 P-C-750-S-210 为催化剂的反应结果如图 4-18 所示。

由图 4-17 可知，当醇油摩尔比从 10.6 增加到 16.8 时，甘油三酯和脂肪酸的转化率随醇油摩尔比增加而增加。然而，随着醇油摩尔比从 16.8 上升到 21.0，甘油三酯和脂肪酸的转化率随醇油摩尔比增加而下降。Phan 等人在他们的研究中，也报道了一个类似的实验现象。当他们以废食用油为反应原料制备生物柴油时，当甲醇与废食用油摩尔比为 8 时，废食用油的转化率为 88%；随着甲醇与废

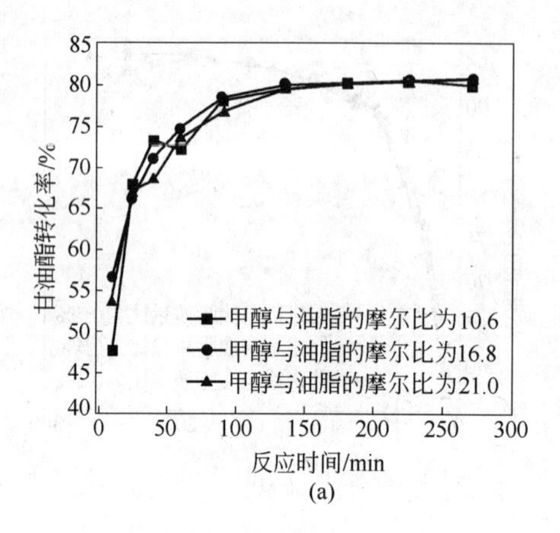

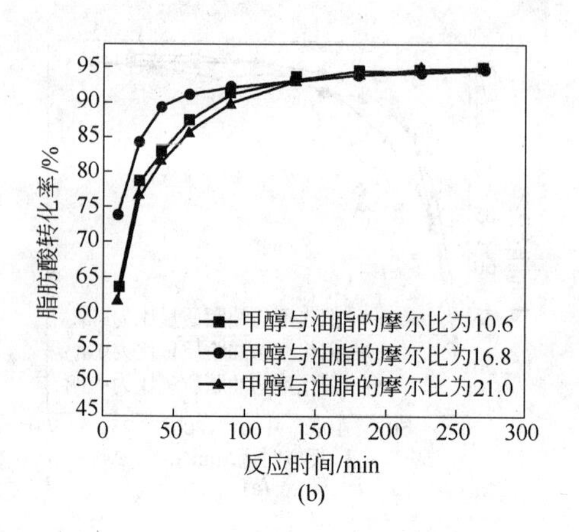

图 4-17 以 V-C-600-S-210 为催化剂时醇油摩尔比对甘油酯和脂肪酸转化率的影响

（a）甘油酯；（b）脂肪酸

（反应条件：催化剂（V-C-600-S-210）与混合油的比为 0.2%，反应温度为 220℃）

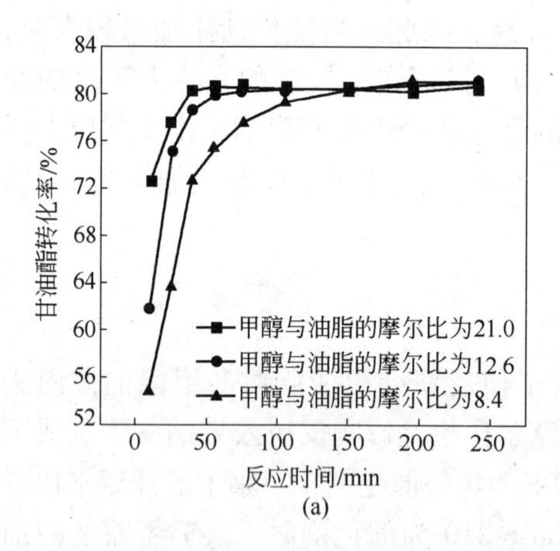

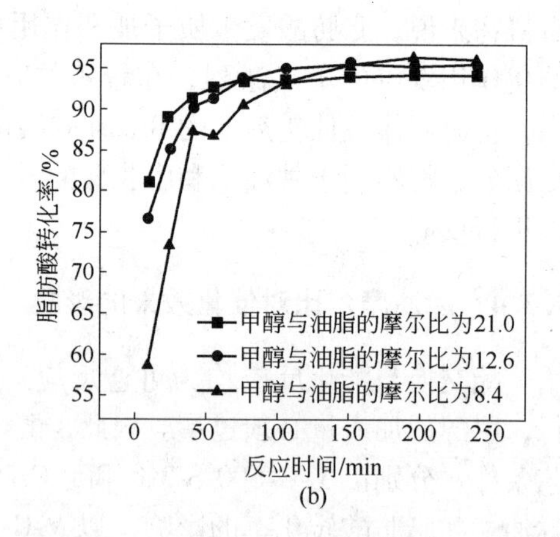

图 4-18 以 P-C-750-S-210 为催化剂时醇油摩尔比对甘油酯和脂肪酸转化率的影响

（a）甘油酯；（b）脂肪酸

（反应条件：催化剂（P-C-750-S-210）与混合油的质量比为 0.2%，反应温度为 220℃）

食用油摩尔比增加到 12，废食用油的转化率只有 82%。由图 4-18 可知，当以 P-C-750-S-210 为催化剂时，随着醇油比上升，也出现了甘油三酯和脂肪酸的转化率下降的变化趋势。以上实验现象可解释如下：

（1）由于强亲水性的—SO_3H 官能团被引入了碳层，这将对催化剂的亲水性带来影响。在较高的醇油比下，酯化作用发生会进行得更快，从而在较短的反应时间内，产生较多的水。由于反应体系中存在较多的水，这将对固体酸催化剂上的 Brönsted 酸位的稳定性带来不利影响，由于酸位失活更激烈，将不利于甘油酯和脂肪酸的转化。

（2）使用固体酸催化剂时，通过反应物吸附在酸位活性位上而进行反应。当甲醇量使用过大时，酸位将主要由甲醇占据，从而酸位上的甘油酯和脂肪酸的量较少，而不利于甘油酯和脂肪酸在酸位上发生质子加和作用。最终，导致甘油酯和脂肪酸的转化率下降。

（3）甲醇加入量过大将增加甲醇回收的成本。基于以上分析，可知醇油比不宜过高，可将醇油摩尔比 16.8 作为一个适宜的醇油比。

4.3.5 催化剂重复利用性研究

除了催化剂后处理简单和环境友好外，固体酸催化剂最主要的优点是可重复利用。作者分别以 V-C-600-S-210 和 P-C-750-S-210 为催化剂，考察了这两种催化剂的可重复利用性。重复利用实验考察时间为 240min/次，共循环 5 次。在循环使用过程中，只是将催化剂从反应体系中简单分离出来，没有经过任何其他的处理，就直接用于下一次催化实验。V-C-600-S-210 的重复利用性结果如图 4-19 所示；P-C-750-S-210 的重复利用性结果如图 4-20 所示。

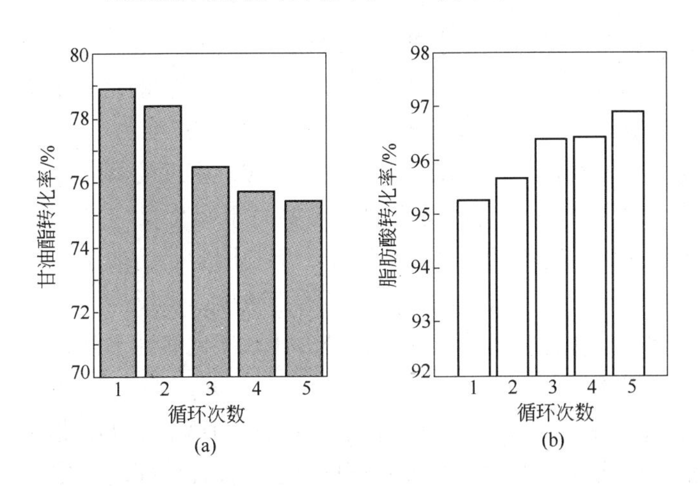

图 4-19 催化剂（V-C-600-S-210）重复利用性结果

（a）甘油酯；（b）脂肪酸

（反应条件：混合油（50% 棉子油和 50% 油酸），甲醇与混合油的摩尔比为 21∶1，催化剂与混合油的质量比为 0.8%，反应温度为 220℃，反应时间为 240min）

由图 4-19 可知，V-C-600-S-210 催化剂发生了一定量的失活。V-C-600-S-210 催化活性变化可能的原因有：

（1）在循环使用过程中，特别当催化剂添加量较大时，水对催化剂的 Brönsted 酸位带来了影响，由于酸位密度的下降，将不利于甘油酯和脂肪酸的转

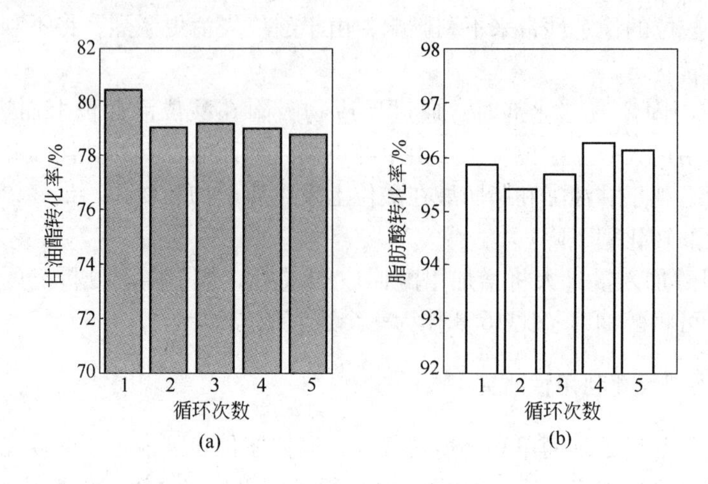

图 4-20 催化剂（P-C-750-S-210）重复利用性结果

（a）甘油酯；（b）脂肪酸

（反应条件：混合油（50%棉子油和50%油酸），甲醇与混合油的摩尔比是21∶1，催化剂与混合油的质量比为0.8%，反应温度为220℃，反应时间为240min）

化。为了证明酸位密度是否发生了变化，对循环使用过5次的V-C-600-S-210催化剂进行了EDS分析。分析表明，经重复使用5次后，它的硫元素质量分数变为6.72%，基于该硫元素含量，可计算出它现在的酸位密度为2.10mmol/g。与新鲜催化剂的酸位密度相比，可知水确实导致了其酸位密度的下降。

（2）催化活性下降对酯交换反应的影响要高于酯化反应。这是因为，在高的反应温度下，尽管催化剂的活性有所下降，但是因为脂肪酸活化相对比甘油酯容易，又因为酯交换反应生成的脂肪酸甲酯的量减少，从反应平衡的角度进行分析，那么，脂肪酸的转化将增加。这也就是为什么催化活性下降，而脂肪酸的转化反而升高的原因所在。

（3）由于脂肪酸在反应体系中的剩余量较少，甘油酯的转化将主要依靠固体酸催化剂的催化活性，因此，随着酸位密度下降，甘油酯的转化率下降。

由图4-20可知，相对于V-C-600-S-210催化剂，P-C-750-S-210的催化稳定性较高。这可能是因为V-C-600-S-210催化剂上的—SO_3H密度高，而具有更好的亲水性造成的。

4.4 同时酯化与酯交换反应动力学研究

4.4.1 粒径与搅拌速度的影响

在进行固体酸同时催化酯化与酯交换反应研究时，为了消除内扩散带来的影响，对 V-C-600-S-210 和 P-C-750-S-210 催化剂的粒径分布情况进行了测量。由测量分析可知，这两种催化剂的粒径范围为 10 ~ 163μm，大部分在 60 ~ 160μm 范围内。通过标准筛，分离得到了粒径在 60 ~ 160μm 范围内的催化剂，并且考察了 60 ~ 160μm 范围内的催化剂对于同时酯化与酯交换反应的影响。当催化剂的添加量固定时，没有观察到转化率有明显的差异。这也说明了当催化剂的粒径范围为 10 ~ 163μm 时，内扩散的影响可以不考虑进来。基于该分析，以下的动力学实验考察过程中，对制备的催化剂，没有再通过标准筛进行分离操作。

在开始动力学实验研究的同时，也进行了改变搅拌速度对反应转化影响的判定实验研究，选择的搅拌速度范围为 180 ~ 300r/min。在该考察范围内，没有观察到明显的转化差异。这也说明了当搅拌速度范围为 180 ~ 300r/min 时，外扩散的影响可以不考虑进来。基于该分析，以下的动力学实验考察过程中，搅拌速度均选为 240r/min。

4.4.2 反应动力学模型

以固体酸催化高酸值废弃油脂来制备生物柴油，是一同时酯化和酯交换反应过程。酯交换反应为分三步进行的可逆反应，见式（4-13）、式（4-14）和式（4-15），酯化反应见式（4-16）。

$$\mathrm{TG} + \mathrm{M} \underset{k_2}{\overset{k_1}{\rightleftharpoons}} \mathrm{DG} + \mathrm{ME} \tag{4-13}$$

$$\mathrm{DG} + \mathrm{M} \underset{k_4}{\overset{k_3}{\rightleftharpoons}} \mathrm{MG} + \mathrm{ME} \tag{4-14}$$

$$\mathrm{MG} + \mathrm{M} \underset{k_6}{\overset{k_5}{\rightleftharpoons}} \mathrm{GL} + \mathrm{ME} \tag{4-15}$$

$$\mathrm{RCOOH} + \mathrm{CH_3OH} \underset{k_8}{\overset{k_7}{\rightleftharpoons}} \mathrm{RCOOCH_3} + \mathrm{H_2O} \tag{4-16}$$

式中，TG、DG、MG、GL 和 ME 分别代表甘油三酯、甘油二酯、甘油单酯、甘油和脂肪酸甲酯；M 为反应原料甲醇；FFA 为脂肪酸 RCOOH；k_1、k_3、k_5 和 k_7 分别为同时酯化和酯交换反应过程中涉及的反应的正反应速率常数；k_2、k_4、k_6 和 k_8 分别为该反应过程中涉及反应的逆反应速率常数。

在同时酯化和酯交换反应过程动力学研究中，同样以 50% 棉子油与 50% 油酸混合而成的混合油来代替高酸值废油。混合油与甲醇是不互溶的，在反应的开始阶段，反应物是一两相体系。然而，由于该反应是在高温高压下进行的，随着反应的进行，油脂与甲醇之间的互溶性可以提高。因此，尽管在开始反应时，传质控制动力学行为，随着反应的进行，因为不断有甲酯生成，甲酯是一种很有效的互溶剂，它可以极大地提高油脂与甲醇的互溶性，在这样的状态下，传质的影响可以忽略。因此，该反应体系可以视为一拟均相反应，由化学反应来控制动力学行为。

基于对酯化和酯交换反应的认识，在建立动力学模型之前，做以下假设：

（1）化学反应控制反应速率。反应过程中，化学反应速率远大于传质速率，固体酸催化剂粒径大小保持不变。

（2）棉子油是一种由不同脂肪酸构成的甘油三酸酯的混合物，主要是棕榈酸酯、油酸和亚油酸形成的甘油三酸酯，假设这些异构体都具有相同的反应速度并遵循相同的反应机理。

（3）催化剂的浓度保持不变，正逆反应速率均遵循质量作用定律。

（4）无催化剂添加时的反应速率与催化时的反应速率相比，可以忽略不计。

（5）正逆反应均遵循拟均相二级反应。

根据反应机理和以上五点假设，可以得到酯化与酯交换反应同时发生过程中，各组分的微分方程，见式（4-17）。

$$
\begin{aligned}
\frac{d[TG]}{dt} &= -k_1[TG][M] + k_2[DG][ME] \\
\frac{d[DG]}{dt} &= k_1[TG][M] - k_2[DG][ME] - k_3[DG][M] + k_4[MG][ME] \\
\frac{d[MG]}{dt} &= k_3[DG][M] - k_4[MG][ME] - k_5[MG][M] + k_6[GL][ME] \\
\frac{d[ME]}{dt} &= k_1[TG][M] - k_2[DG][ME] + k_3[DG][M] - k_4[MG][ME] + \\
&\quad k_5[MG][M] - k_6[GL][ME] + k_7[FFA][M] - k_8[H_2O][ME] \\
\frac{d[M]}{dt} &= -\frac{d[ME]}{dt} \qquad (4\text{-}17) \\
\frac{d[GL]}{dt} &= k_5[MG][M] - k_6[GL][ME] = -\frac{d[TG]}{dt} - \frac{d[DG]}{dt} - \frac{d[MG]}{dt} \\
\frac{d[FFA]}{dt} &= -k_7[FFA][M] + k_8[H_2O][ME] \\
\frac{d[H_2O]}{dt} &= -\frac{d[FFA]}{dt}
\end{aligned}
$$

约束条件为：

$$[M] + [ME] = [M]_0 \qquad (4\text{-}18)$$

$$[TG] + [DG] + [MG] + [GL] = [TG]_0 \qquad (4\text{-}19)$$

$$[FFA] + [H_2O] = [FFA]_0 \qquad (4\text{-}20)$$

在同时酯化和酯交换反应过程动力学研究中，同样采用酯化反应动力学研究过程中所用的四阶龙格-库塔法来求解微分方程组（4-17），并通过式（4-7）来求出平均相对误差 S。

上述动力学模型为均相反应动力学模型。固体酸催化剂 V-C-600-S-210 和 P-C-750-S-210 同时催化酯化与酯交换反应制备生物柴油为非均相催化过程。对于非均相催化反应，由于牵涉到反应物在催化剂表面的反应过程，这要比均相催化过程复杂得多，但是采用拟均相二级反应动力学模型仍可近似地描述其动力学过程。

4.4.3　反应速率常数及活化能

根据求解得到的不同温度下各步反应速率常数，同样可由阿仑尼乌斯方程式（4-8）求解不同温度下各步反应的活化能。不同温度下反应速率常数取对数后，与其绝对温度的倒数呈线性关系，采用线性拟合的方法后，拟合直线的斜率即为（$-E/R$），截距为（$\ln k_{i0}$）。进一步计算即可得到同时酯化与酯交换各步反应的活化能和指前因子。

4.4.4　动力学模型数学处理

为了得到同时酯化与酯交换各步反应的反应速率常数 k_i，需要对微分方程组（4-17）进行求解。求解过程为：可把该微分方程组当作是一个整体，在求解的时候，假设其在一个小范围内发生较大的变化，而其他的求解范围保持不变，观察其解的变化情况，以获得最优解。具体操作过程如下：

（1）选择速率常数值的范围。通过检索文献，或者通过作者课题组之前的相关性研究，获得同类型反应的速率常数值。

（2）执行模拟。经综合考虑所有可能满足微分方程组（4-17）的速率常数值后，输入各步反应的速率常数初始值，求解该微分方程组。速率常数值精确到小数点后 4 位。

（3）比较实验值和计算值的偏差，并且计算平均相对误差。

（4）当平均相对误差 S 最小时，以这个时候程序输出的各步反应速率常数值为最终求解结果。

（5）图形化动力学计算结果，并与实验值进行比较。

4.4.5　动力学计算结果

选用拟均相二级可逆反应动力学模型，以 V-C-600-S-210 或 P-C-750-S-210 为催化剂时得到的在不同反应温度和不同反应时间下各组分的浓度为研究对象，并以平均相对误差 S 为优化函数，通过四阶龙格-库塔法求解了微分方程组（4-17），计算得到了该反应过程中各步反应的速率常数和活化能，见表 4-5 和表 4-6。

表 4-5 分别以 V-C-600-S-210 或 P-C-750-S-210 为催化剂时的同时酯化与酯交换反应过程的各步速率常数 k_i

项 目	速率常数/$mol^{-1} \cdot min^{-1}$					
	V-C-600-S-210			P-C-750-S-210		
	180℃	200℃	220℃	180℃	200℃	220℃
k_1	0.0111	0.0269	0.0565	0.0070	0.0113	0.0166
k_2	0.0915	0.2605	0.6015	0.0467	0.1332	0.3080
k_3	0.0022	0.0038	0.0058	0.0019	0.0051	0.0116
k_4	0.0003	0.0011	0.0044	0.0003	0.0008	0.0018
k_5	0.0099	0.0171	0.0260	0.0051	0.0310	0.1313
k_6	0.0059	0.0283	0.0991	0.0018	0.0243	0.2121
k_7	0.0091	0.0161	0.0254	0.0056	0.0109	0.0186
k_8	0.0138	0.0152	0.0164	0.0029	0.0043	0.0059
S	0.2435	0.2178	0.1927	0.2884	0.2738	0.2671

表 4-6 分别以 V-C-600-S-210 或 P-C-750-S-210 为催化剂时的同时酯化与酯交换反应过程的各步活化能 E_i 与指前因子 k_{i0}

反 应	E_i/$J \cdot mol^{-1}$		k_{i0}	
	V-C-600-S-210	P-C-750-S-210	V-C-600-S-210	P-C-750-S-210
1	7108.13	13408.63	87.43	0.81
2	15529.15	15505.23	2.91×10^3	1.51×10^3
3	14883.00	7986.31	0.46	39.74
4	14741.69	22007.40	692.68	5.71
5	26740.71	7955.86	2.03	2.98×10^5
6	39234.32	23229.55	3.29×10^4	4.42×10^8
7	9881.57	8452.00	2.59	4.15
8	5846.53	1421.73	0.04	0.14

对表 4-5 中所示的不同温度下的反应速率常数进行分析后，可发现无论是以 V-C-600-S-210 还是以 P-C-750-S-210 为催化剂，在酯交换反应过程中，第一步反应的正向速率常数 k_1 相对于逆向速率常数 k_2 较小，这一动力学特性导致 DG 浓度在整个反应过程中均比较低；第二步反应的正向速率常数 k_3 相对于逆向速率常数 k_4 较大，这一动力学特性导致 DG 浓度更低；第三步反应，随着反应温度升高，正向速率常数 k_5 相对于逆向速率常数 k_6 较小，这一动力学特性导致 MG 浓度在整个反应过程中浓度较高，而不利于向甲酯生成的方向进行。在酯化反应过程中，正向速率常数 k_7 相对于逆向速率常数 k_8 较大，有利于向甲酯生成的方向

进行。

通过比较表4-6所示的酯交换反应各步活化能与酯化反应活化能，可以发现酯化反应活化能相对于酯交换反应各步活化能较小。在相同的反应温度下进行反应，酯化反应要比酯交换反应更容易进行。由于酯化反应生成了大量的甲酯，而在一定程度上限制了酯交换反应向甲酯生成的方向进行。利用回归得到的正逆反应速率常数和反应动力学模型方程组（4-17），可以很方便地计算得到任何温度和任何初始浓度条件下反应体系各组分浓度随反应时间的变化，进而可以计算得到反应过程反应物的转化率和产物的收率。图4-21和图4-22即为以V-C-600-S-210或P-C-750-S-210为催化剂时，当反应温度分别为180℃、200℃和220℃条件下模型计算值与实验值的对比结果。

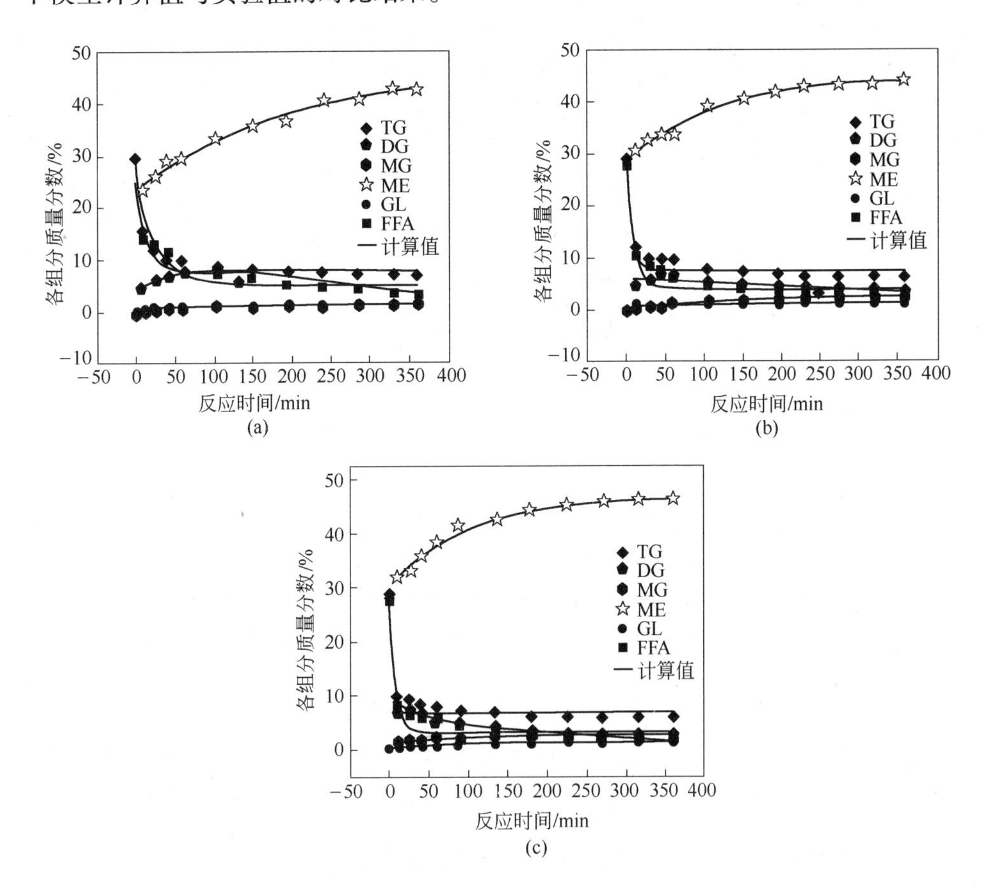

图4-21 碳基固体酸（V-C-600-S-210）催化反应过程的计算值与实验值比较

（a）180℃；（b）200℃；（c）220℃

（反应条件：混合油（50%棉子油和50%油酸），甲醇与混合油的摩尔比为21∶1，催化剂与混合油的质量比为0.5%，反应时间为360min，转速为240rad/s）

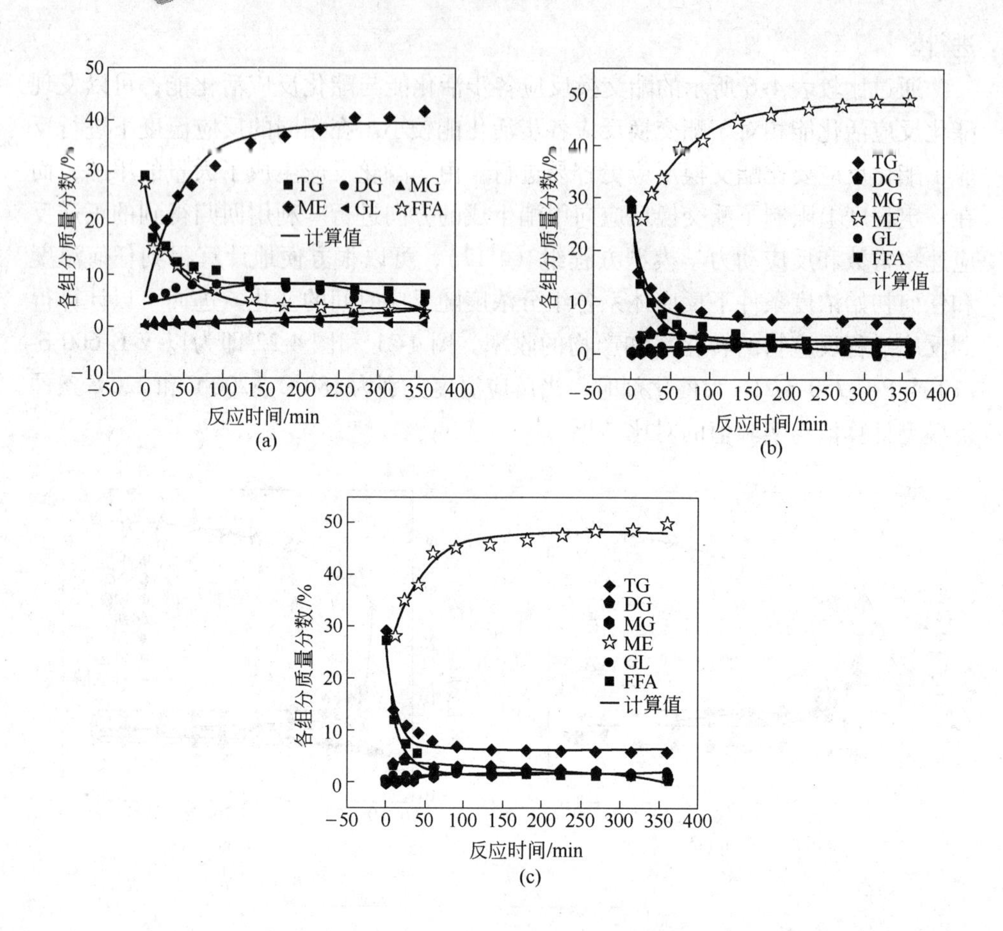

图4-22 碳基固体酸（P-C-750-S-210）催化反应过程的计算值与实验值比较

（a）180℃；（b）200℃；（c）220℃

（反应条件：混合油（50%棉子油和50%油酸），甲醇与混合油的摩尔比是21∶1，催化剂与混合油的质量比为0.5%，反应时间为360min，转速为240rad/s）

由图4-21和图4-22可以看出，计算结果与实验数据吻合很好。因此，可以认为拟均相二级反应动力学模型，能够较好地反映以碳基固体酸V-C-600-S-210或P-C-750-S-210为催化剂时同时催化酯化与酯交换反应的动力学过程。

4.4.6 同时催化酯化与酯交换反应动力学研究结论

同时催化酯化与酯交换反应动力学研究结论如下：

（1）石油沥青在750℃和950℃温度下碳化后的碳基，作为了固体酸磺化作用前驱体。碳基经浓硫酸210℃磺化作用后，制备了廉价碳基固体酸催化剂P-C-750-S-210和P-C-950-S-210。

（2）以精制棉子油和油酸的混合油为原料，当以 V-C-600-S-210 为催化剂，反应温度220℃，醇油摩尔比16.8∶1，催化剂用量0.2%，反应时间270min，甘油酯和油酸的转化率最高，分别为80.5%和94.8%。V-C-600-S-210 催化剂对脂肪酸具有较好适应性，可同时催化酯化与酯交换反应。

（3）以精制棉子油和油酸的混合油为原料，当以 P-C-750-S-210 为催化剂，反应温度220℃，醇油摩尔比21∶1，催化剂用量0.2%，反应时间195min，甘油酯和油酸的转化率最高，分别为81.0%和96.2%。P-C-750-S-210 催化剂对脂肪酸具有较好适应性，可同时催化酯化与酯交换反应。

（4）对 V-C-600-S-210 和 P-C-750-S-210 催化剂的可重复利用性进行了考察，发现以上两种催化剂在水生成的反应体系中存在一定的失活，但仍可满足同时催化酯化与酯交换反应中对固体酸催化剂的特殊要求。

（5）采用拟均相二级反应动力学模型，对以 V-C-600-S-210 或 P-C-750-S-210 为催化剂的同时酯化与酯交换反应动力学进行了研究，并计算得到了各步反应速率常数、指前因子和活化能。

5 生物柴油合成工艺比较分析

按照工艺方法的不同，生物柴油的合成过程可分为间歇式、连续式和超临界流体式。

5.1 间歇式酯交换反应工艺

间歇式酯交换反应生产生物柴油的工艺流程方框图如图5-1所示。具体流程为：将原料甲醇和油脂（一般选用醇油摩尔比为6∶1～9∶1）及碱性催化剂（常用氢氧化钾、氢氧化钠、甲醇钾和甲醇钠等强碱性物质，催化剂用量约为油脂质量的1%～2%）按照一定比例加入反应器，在一定温度（甲醇的沸点附近）和强烈搅拌下开始反应。反应一段时间后，将反应液转移到分离器中，经过静置分层后，上层为轻相甲酯相，下层为重相甘油相（除了主要成分甘油外，还含有未反应的甲醇、游离脂肪酸和无机碱催化剂反应生成的皂类物质以及催化剂等），在下层分离液中加入无机酸，可以使皂类物质重新转化为脂肪酸，再经过蒸馏处理，可分离甲醇、脂肪酸和粗甘油，得到的脂肪酸和甲醇可循环用于合成生物柴油。上层液通过加酸中和，再用等量的去离子水洗涤三遍，收集洗涤废水，洗涤后的产物用干燥剂（如 Na_2SO_4）干燥或真空精馏脱水，最后可得到生物柴油产品。洗涤废水中含有大量未反应的甲醇，可以回收利用。

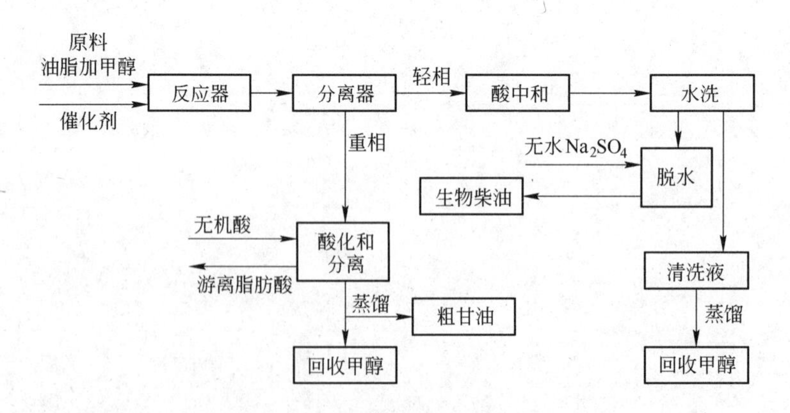

图5-1 间歇式酯交换反应生产生物柴油的工艺流程方框图

间歇式酯交换反应工艺的优点：操作简单、工艺参数可调节的弹性较大。但是，也存在着产量低、能耗大和产生大量废水而对环境造成破坏等不足之处。当酯交换反应在加压和高温下进行时，虽然反应速率快，但对设备的要求高。为了降低设备投资成本，常采用与低温、常压反应条件相配套的反应装置。间歇式酯交换反应工艺流程如图5-2所示。

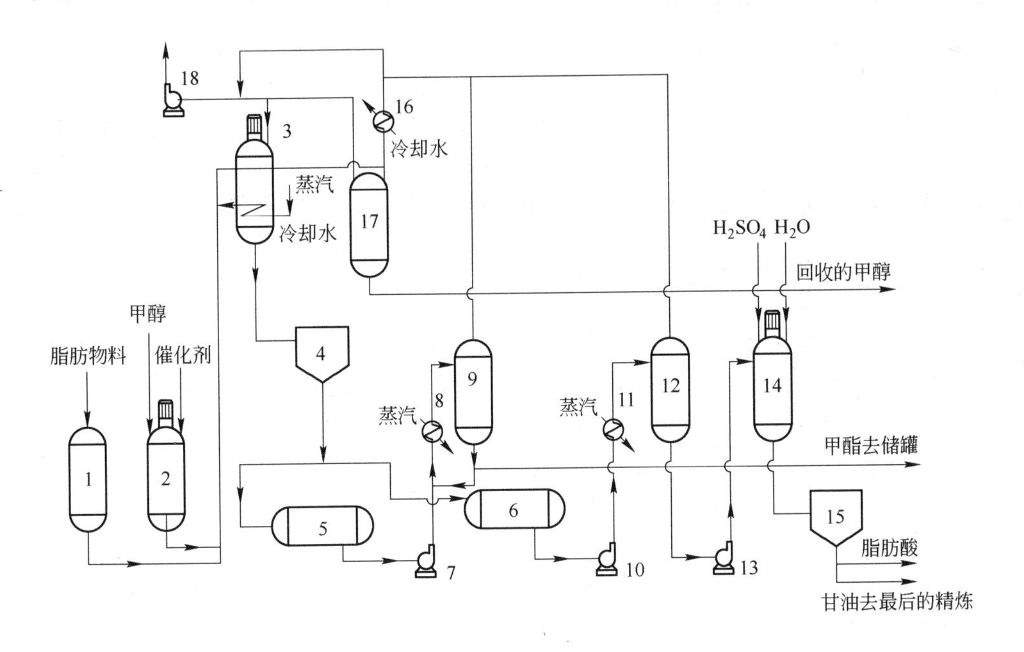

图5-2 间歇式酯交换工艺流程

1—油脂原料储罐；2—甲醇储罐；3—酯交换反应器；4，15—沉降器；5—甲酯收集器；6—甘油收集器；7，10，13—输送泵；8，9—甲醇蒸发器；11，12—甲醇闪蒸器；14—皂分解器；16—甲醇冷凝器；17—冷凝甲醇收集器；18—真空泵

由图5-2可知，在该工艺流程中，原料油脂和另一原料甲醇（已按照既定比例和碱性催化剂甲醇钠混合好）经进料泵输送，分批加入反应器中，在70℃下回流反应2～3h，酯交换转化率可达到95%以上。但是，在加入原料油脂前，必须对油脂中的游离脂肪酸含量进行测定，如果油脂中游离脂肪酸的质量分数大于2%，则必须进行碱炼或使用酸催化剂对油脂进行预酯化处理，常用的酯化反应催化剂有H_2SO_4、HCl、对甲苯磺酸、强酸性树脂等，以减少碱性催化剂用量（碱性催化剂易与游离脂肪酸反应而消耗）和粗甘油中皂化物（碱性催化剂与游离脂肪酸发生皂化反应后的生成物）的含量。反应物在沉降器4中静置分层，分出粗甘油和粗甲酯。粗甲酯进入甲酯收集器5。粗甘油中的甲醇可通过甲醇闪蒸器蒸出后，循环使用。除去甲醇后的粗甘油可送至后加工精制工序。粗甘油中还含有一些皂类物质，可通过以下方法进行处理：往粗甘油中加水和稀酸（加酸量与碱性催化剂甲醇钠的物质的量相当），以洗出甲醇中的甘油，并中和碱性催化剂，以及分解甲酯中的皂化物为脂肪酸和甲醇。洗涤后的产物进入沉降器15，

得到脂肪酸和粗甘油，粗甘油送至后加工精制工序。

5.2 连续式酯交换反应工艺

生物柴油的工业化大规模生产通常采用连续式反应装置，包括连续搅拌釜式反应器（CSTR）和平推流反应器（PFR）等。早在1945年，Trent和Aleen等人就分别对植物油连续型酯交换反应工艺过程进行了研究。与间歇式酯交换反应工艺过程相比，连续型酯交换反应工艺的反应温度较高，能耗较大。

5.2.1 常压连续式酯交换反应工艺

当原料油脂中的脂肪酸含量低于2%时，可采用碱性催化剂，在常压和接近醇类沸点的反应温度下，通过连续式酯交换反应工艺来合成生物柴油。斯科特（Sket）公司开发了一种常压连续式酯交换反应工艺来制备生物柴油，该生产工艺流程如图5-3所示。

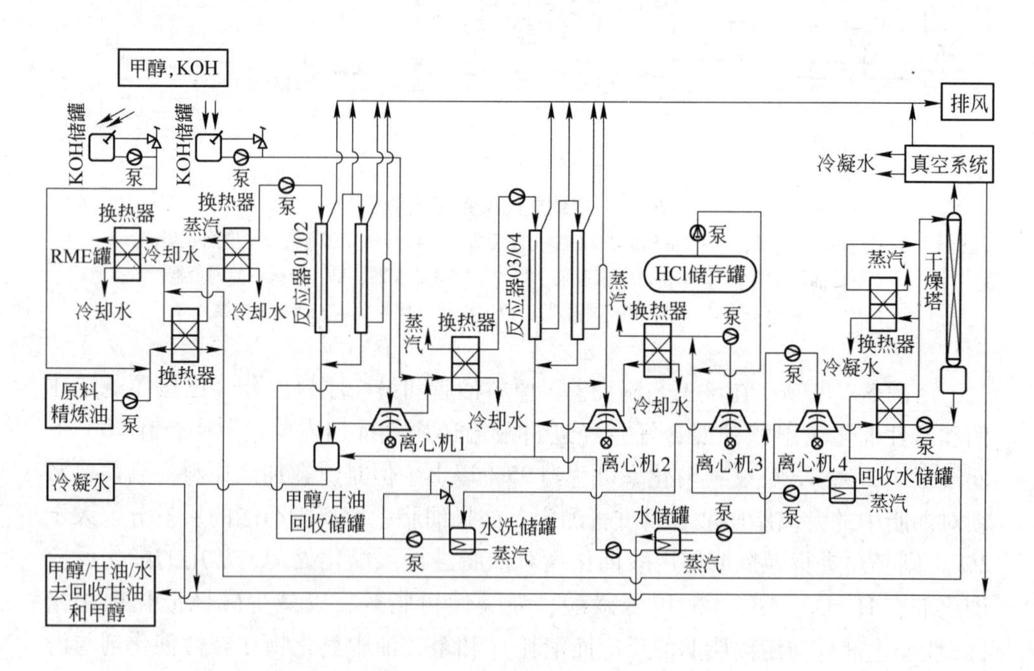

图5-3 Sket公司开发的常压连续式酯交换反应工艺流程图

为了保证油脂酯交换反应的转化效率，Sket公司开发的常压连续式酯交换反应工艺通过两次酯交换反应来实现，其工艺流程如下：（1）将甲醇和催化剂KOH先加入酯交换反应塔，而原料油脂需要经过完全脱胶和脱酸处理后，经设置特定比例，并通过油脂泵输入热交换器，在温度达到约70℃时进入第一次酯交换反应塔。(2) 酯交换反应后的甘油-甲醇-KOH 混合物，通过酯交换反应塔底部连续地排出至甲醇/甘油回收储罐。(3) 反应后的甲酯混合物（甲酯和未反应油脂的混合物）由第一次酯交换反应塔上部排出，同样通过油脂泵输入热交换器，在温度达到约70℃时进入第二次酯交换反应塔，第一次反应生成的甲酯，本身是一种很好的溶剂，可提高反应体系中不互溶物（油脂和甲醇）之间的互溶度，有助于进行第二次酯交换反应。反应后的粗甘油混合物（甘油、甲醇、皂化物、未反应油脂）由第一次酯交换反应塔下部排出，进入离心机1来进行分相操作，轻相为甲醇和未反应油脂，重相为甘油、甲醇和水的混合物。(4) 含有甲醇和甘油水的混合物作为副产品可加以收集，然后进一步进行蒸发浓缩、蒸馏等精制工序，以回收甘油和甲醇，所回收的甲醇可被重新用于酯交换工序中。蒸馏后得到的甘油，其纯度可达到99%以上，可作为药用甘油。(5) 在第二次酯交换反应塔中，同样按照特定比例加入了新鲜甲醇和催化剂 KOH，经与第一次酯交换反应塔顶排出的甲酯混合物混合，以及经离心机1分离后的轻相（甲醇和未反应油脂）混合，继续进行酯交换反应。(6) 完成第二次酯交换反应后的混合物由塔釜进入离心机2来进行分相操作，轻相为甲醇、甲酯、皂类物质、碱性催化剂，重相为甘油、甲醇和水的混合物。重相混合物的处理与步骤 (4) 中的处理方式相同。轻相混合物进入两步水洗工段来进行粗甲酯提纯处理，该水洗工段中也包含两台离心机（离心机2和3），生物柴油首先经酸水洗涤以脱皂、催化剂和甲醇。再经下一步的水洗可将生物柴油中的游离甘油含量进一步降低至较低值。经洗涤和提纯后的生物柴油中还含有少量的水，为除去该残余水分，可将处理后的生物柴油泵入真空干燥塔，干燥完成后即为最终产品。

为了更好地了解该工艺过程的能耗和原料消耗情况，在表5-1中列出了该工艺生产1t生物柴油所需要的平均消耗情况。

表5-1 Sket公司工艺生产1t生物柴油所需要的平均消耗情况

种 类	1t生物柴油所需的消耗量	种 类	1t生物柴油所需的消耗量
蒸汽(0.4MPa)	170kg	甲 醇	96kg
电耗(380V/50Hz)	18kW·h	氢氧化钾(KOH)	30kg
冷却水(循环,24℃/32℃)	2.2m^3	盐酸(HCl)	20kg
压缩空气(标态)	6m^3		

德国鲁奇（Lurgi）公司开发的连续式甲酯化工艺，如图5-4所示。该工艺流程如下：(1) 在第1阶二段式搅拌、沉降器中，脱胶脱酸处理后的精炼植物油与甲醇，在333K和碱性催化剂（甲醇钠）存在的情况下，进行第一次酯交换反应。(2) 完成第一次酯交换反应后的混合物，通过沉降分离副产品甘油后，加

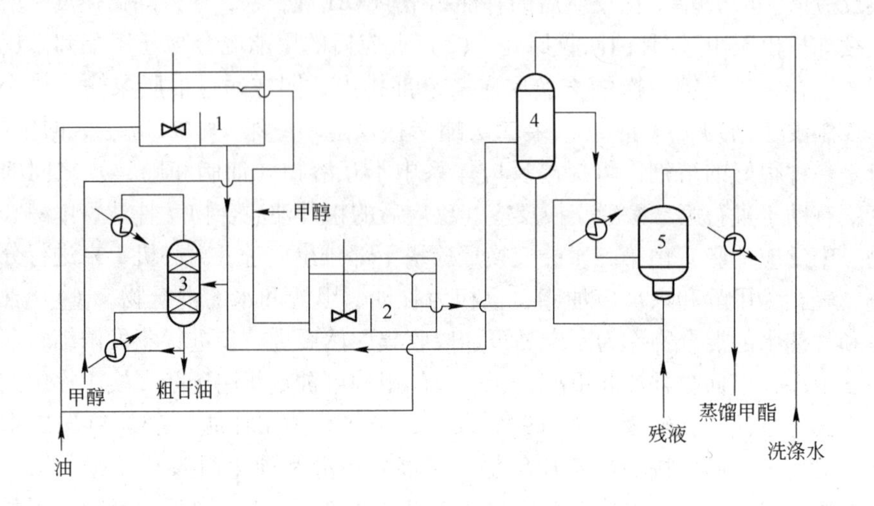

图 5-4 Lurgi 公司开发的连续式酯交换工艺流程

1,2—二段式搅拌，澄清整理器；3—精馏分离塔；4—逆流洗涤塔；5—蒸馏塔

入到第 2 阶二段式搅拌、沉降器中，继续进行第二次酯交换反应。完成该部分反应后，经静置分层后，轻相部分（粗甲酯）进入逆流洗涤塔进行提纯处理，如需要进一步提高其纯度，可进行蒸馏，以除去甲酯中的杂质。(3) 第 2 阶二段式搅拌、沉降器分出的重相（包括碱性催化剂、甘油、甲醇、未反应油脂），加入到第 1 阶二段式搅拌、沉降器中，并补加入新鲜甲醇和原料油脂，以及一部分经精馏分离塔分离出来的甲醇，继续酯交换反应。(4) 生成的甘油和多余的甲醇在一个精馏分离塔中回收，分离出的甲醇与新鲜甲醇一起进入第一反应器，澄清整理器中分出的重相（包括催化剂、甘油、甲醇）也进入第一反应器参与醇解反应。此装置确保甘油的完全分离，如需要提高甲酯的质量，可进行蒸馏，以除去甲酯中的杂质。该两级连续醇解工艺可使油脂的转化率达 96%，并且，过量的甲醇可以回收继续作为原料进行反应。

在欧洲和美国，鲁奇公司的两级连续醇解工艺和斯科特公司的连续脱甘油醇解工艺均有 10 万吨/年的工业化生产装置。这两种工艺都在常压下进行，均以精炼油脂为原料。其优点是工艺成熟，可间歇或连续操作，反应条件温和，适合于优质原料；缺点是原料需精制，控制酸值小于 0. 5mg KOH/g 油脂，工艺流程复杂，甘油回收所需的能耗高，“三废”排放多，腐蚀严重。

5.2.2 中压连续式酯交换反应工艺

一种中压连续式酯交换反应工艺流程如图 5-5 所示。

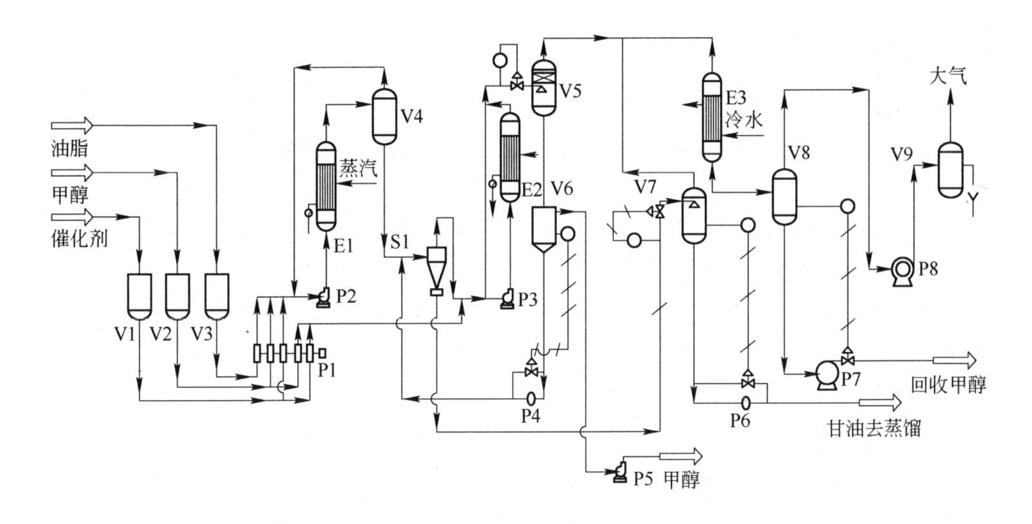

图 5-5 中压连续式酯交换反应工艺流程

P1—计量泵；P2，P3，P5，P7，P8—泵；P4，P6—输送泵；V1—催化剂储罐；
V2—甲醇储罐；V3—油脂储罐；V4，V8—静态分层器；V5，V7—闪蒸器；
V6—分层器；V9—干燥塔；E1，E2—反应器；E3—冷凝器；S1—离心分离机

具体的工艺过程如下：（1）油脂、无水甲醇、催化剂，均通过计量泵 P1 从 V1、V2、V3 储罐按照特定比例，加入到第一反应器 E1，并与泵 P2 构成一个循环输送回路。在一定的压力（0.3～0.4MPa）、一定的温度（90～110℃）下，完成第一次酯交换反应。（2）第一次酯交换反应后的产品，由反应器 E1 塔顶排出，进入静态分层器 V4，静置分层后的上层物料（主要为未反应的甘油酯和甲醇），回到反应器 E1，经计量泵 P1，在 E1 中补加入一部分新鲜的油脂、无水甲醇、催化剂，继续反应。（3）静态分层器 V4 中经过静置分层后的下层物料，主要为通过酯交换反应生成的甘油和甲酯，以及部分未反应的甘油酯和甲醇，经离心分离机 S1 把甘油分离出来。（4）甲酯及部分未反应的甘油酯和由 P1 补充的甲醇、催化剂一起进入第二反应器 E2，在由 P3 构成的循环回路中，进行第二次酯交换反应。（5）来自第二反应器 E2 的物料，经闪蒸器 V5 蒸出甲醇。（6）来自 E2 的物料，经闪蒸除去甲醇后，进入分层器 V6。静置分层后的下层物料（主要为甘油），与第一次酯交换反应后经 S1 分离后得到的甘油混合，进入闪蒸器 V7 蒸出甲醇。经过以上处理后，粗甘油纯度可达 70% 以上。经闪蒸器 V5 和 V7 蒸出的甲醇，在冷凝器 E3 中冷凝后回用。（7）来自 E2 的物料，经闪蒸除去甲醇后，在分层器 V6 中静置分层后的上层物料（主要为甲酯），继续输入到静态分层器 V8 中，进一步分层后的粗甲酯，由泵 P8 输入真空干燥塔 V9 中，干燥完成后即为最终产品。

5.2.3 高压连续式酯交换反应工艺

清华大学王金福教授提出了一种由高酸值原料固相催化连续制备生物柴油的工艺，其工艺流程如图5-6所示。并依据该生物柴油制备新工艺，建立了1万吨/年生物柴油工业示范装置。该工艺流程主要由原料预处理、反应、甲醇精馏回收和脂肪酸甲酯真空精馏四部分组成。具体流程如下：原料废油先经过滤处理后，可除去其中的固体杂质；再进行连续真空脱水（真空度 -0.09 ~ -0.099MPa，温度50 ~ 90℃）或者闪蒸脱水（120 ~ 180℃），使其中水的质量分数降至0.5%以下。经过预处理后的原料油依次经过R-1、R-2和R-3高压反应器，甲醇则连续逆流经过这三个高压反应器。在反应器内，部分甲醇在固体酸催化作用下与原料油反应，过量甲醇则可将酯化反应产生的水带离反应体系，与原料甲醇换热后进入甲醇精馏塔，塔顶得到高纯甲醇回收利用，塔釜液为反应产生的水。反应产物经气-液分离器S-1进入脂肪酸甲酯真空精馏塔精炼，侧线采出得到生物柴油成品油。塔顶为反应副产物甘油和低沸点生物柴油。塔釜采出液为植物油沥青，可作为建材原料或与煤混合作为燃料。

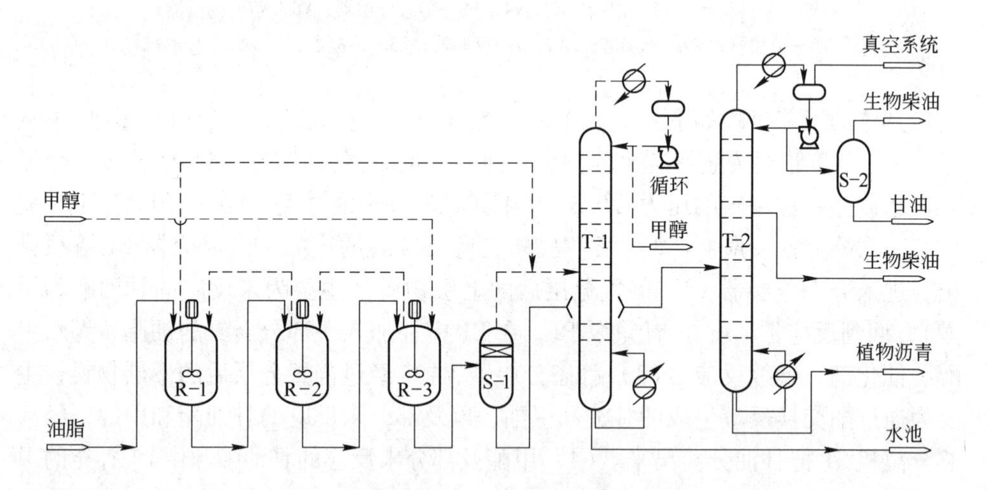

图5-6 固体酸催化制备生物柴油工艺流程
R-1，R-2，R-3—反应器；S-1—气-液分离器；S-2—液-液分离器；
T-1—甲醇回收精馏塔；T-2—生物柴油真空精馏塔

该工艺可使用高酸值动植物油脂为原料（如酸化油、餐饮废油等），从而大幅度降低了原料成本；采用逆流绝热三釜串联工艺，在反应过程中，大量甲醇既可作为反应物参与反应，又可作为带水剂，通过将反应中产生的水带出体系的方法来突破酯化反应平衡限制，可大幅度提高酯化反应的转化率；固体酸催化剂不但具有活性高、易分离、稳定性好等优点，而且可以同时催化酯化和酯交换反应，简化了反应过程和减少了废物产生；采用减压精馏法来分离产品，收率高，产品纯度高；甘油提纯采用精馏、静置分层分离的方法，简化了分离流程，而且甘油纯度高；生产过程“三废”少，无污染；实现了生产过程连续化，降低了能耗。

德国汉高（Henkel）公司开发了碱催化连续式高压醇解工艺，现已被广泛的采用。该工艺的醇解温度为220～240℃，压力为9～10MPa。在以上高温高压的反应条件下，对原料油脂的品质要求很低，即使酸性原料油脂中的游离脂肪酸含量达到20%，也可作为原料使用。并且，原料中甘油三酯的转化率接近100%，大部分游离脂肪酸可以与甲醇发生酯化反应而生成脂肪酸甲酯。此工艺的优点是可使用高酸值原料，催化剂用量少，工艺流程短，适合规模化连续生产；缺点是反应条件苛刻，对反应器要求高，甘油回收能耗较高。其工艺流程如图5-7所示。

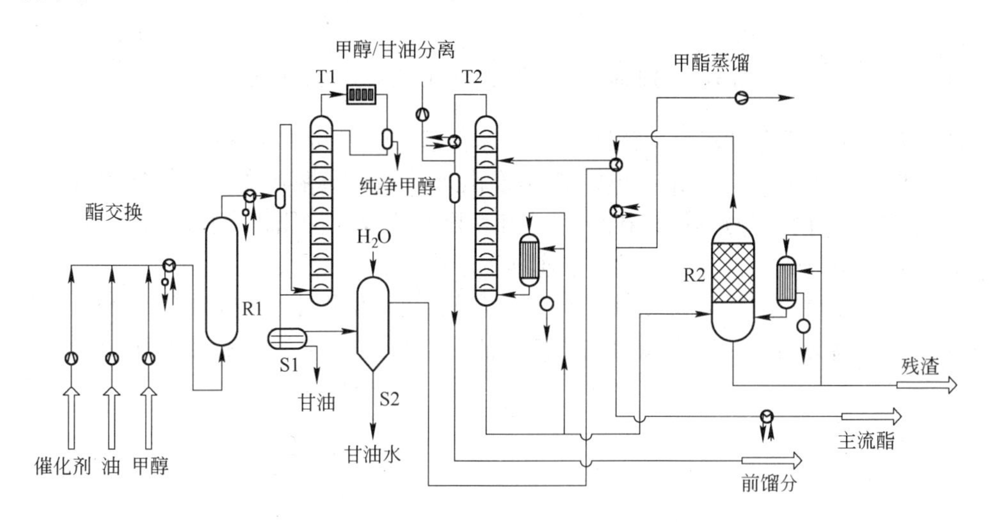

图5-7 Henkel公司开发的高压酯交换工艺流程

R1，R2—反应器；S1—甘油分离器；S2—沉降分离器；T1—甲醇回收精馏塔；T2—生物柴油真空精馏塔

Haldor-Topsoe连续式碱催化酯交换工艺流程如图5-8所示。具体流程如下：（1）反应物甲醇和精炼油脂以及催化剂KOH分别经送料泵输送进入反应器R1。反应一段时间后，将反应器R1中由未反应原料（油脂和甲醇）和产品（脂肪酸甲酯和甘油）构成的混合物经由泵输送到甲醇回收精馏塔中，分离出甲醇。然后，继续把其他未分离的物质输送到甘油分离器S1中，分离出大部分甘油后，进入沉降分离器S2，并在S2中加入水，将剩余的甘油水洗出来。最后，从沉降分离器S2底部分离出来的为甘油和水构成的混合物，顶部分离出来的为甲酯、未反应油脂、微量甲醇和水的混合物。（2）经沉降分离器S2顶部分离提纯后得到的物料，由输送泵输送到到减压精馏塔T2中，由于沸程的差异，可分别得到

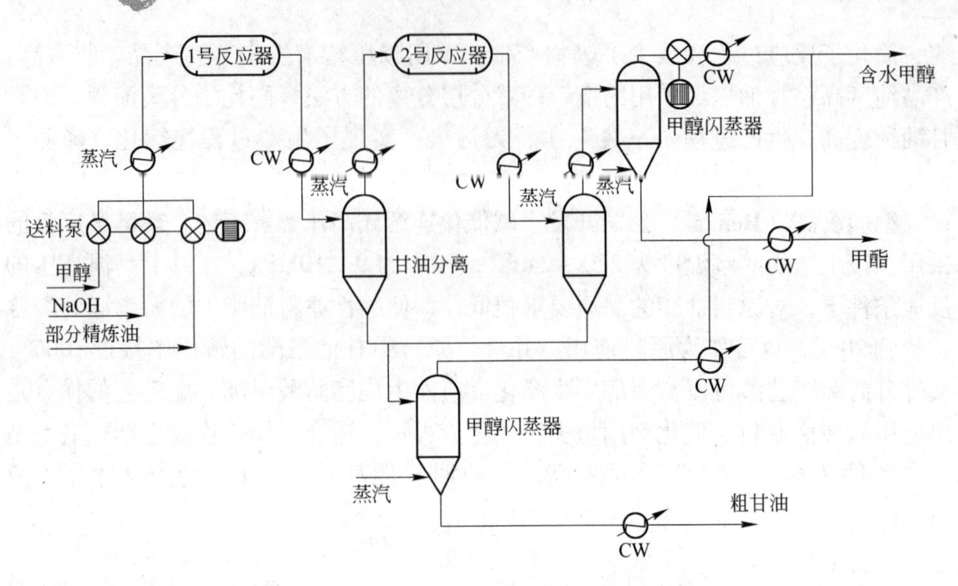

图 5-8 Haldor-Topose 连续式碱催化酯交换工艺流程

前馏分、主流甲酯和未反应油脂。（3）未反应油脂输送到反应器 R2 中，继续反应。反应一段时间后，由反应器 R2 顶部出来的物料由泵输送到生物柴油真空精馏塔 T2 中，同样分别得到前馏分、主流甲酯和未反应油脂；由反应器 R2 底部出来的物料为残渣。自此，完成一个连续生产循环。

除了以甘油酯为生物柴油生产原料以外，也可使用脂肪酸为原料，经酯化反应生产生物柴油。一种典型的连续式逆流酯化反应生产工艺流程如图 5-9 所示，

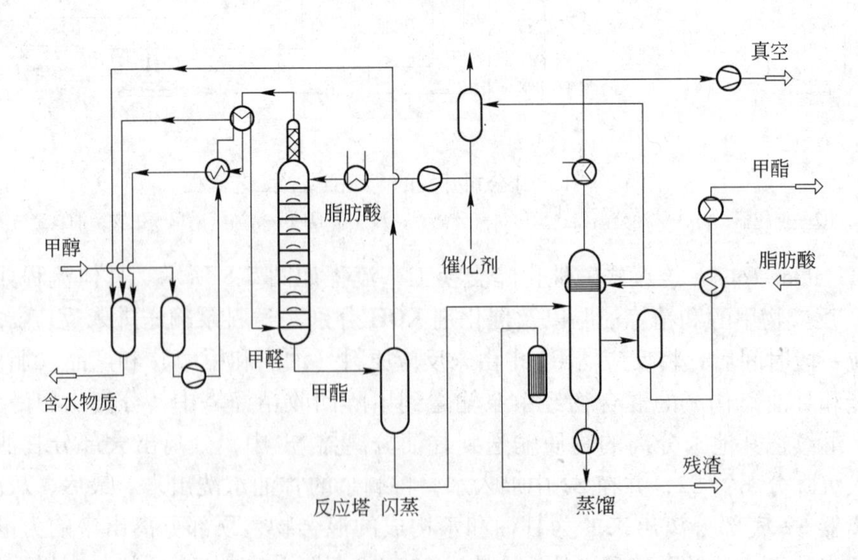

图 5-9 连续逆流式酯化反应生产工艺流程

该反应在塔式反应器中进行，脂肪酸和甲醇分别从反应器的上部和下部加入，逆流反应后生成的甲酯和水分别由底部和顶部排出，经精馏得到产品甲酯。

5.2.4　超临界酯交换反应

有研究者对在超临界流体状态下进行的酯交换反应进行了研究。传统生物柴油制备方法中，由于甲醇和动植物油脂的互溶性差，反应体系呈两相，酯交换反应只能在两相界面上进行，传质受到限制，因此反应速率低。超临界作用的基本原理为：当温度超过所作用物质的临界温度时，气态和液态将无法区分，于是物质处于一种施加任何压力都不会凝聚的流动状态。超临界流体具有不同于气体或液体的性质，其密度接近于液体，黏度接近于气体，而热导率和扩散系数则介于气体和液体之间。因为其黏度低、密度高，且扩散能力强，所以能够并导致提取与反应同时进行。因此，在超临界状态下，甲醇和油脂为均相，均相的反应速率常数较大，所以反应时间短；另外，由于反应中不使用催化剂，使得后续工艺较简单，不排放废液，与传统化学法相比成本大幅度降低。

油脂在超临界甲醇中进行反应时，反应条件将对酯交换的产率有显著影响。清华大学的相关研究人员对超临界甲醇法制备生物柴油时，反应条件的差异造成甲酯生成率的影响进行了研究。结果表明，醇油摩尔比越大，大豆油转化率越高，升温有助于提高反应速率，在临界温度239℃附近时，温度影响尤其明显。当压力高于135MPa时，压力对于反应的影响不明显，当原料油中水的质量分数小于20%时，对反应影响不大。在甲醇与油脂摩尔比为42∶1，超临界温度200～230℃下进行反应时，1h后约有70%的植物油转化为脂肪酸甲酯；在270℃反应时，由于处于亚临界与超临界的转化阶段，转化率不高；反应温度达到300℃以上时，4min内有80%～95%的植物油转化为脂肪酸甲酯；但当温度达到400℃时，分解反应代替酯化反应，产生其他物质，所以温度以350℃为宜。超临界流体条件下的酯交换反应往往需要很高的醇油摩尔比（通常大于20∶1）、高反应温度（300℃）或高压（24.1MPa），反应能耗较大，对设备的材质要求很高。有人试图通过加入催化剂或助溶剂的方法来降低反应的温度和压力，目前效果相当有限，所以，在超临界条件下还难以实现规模化生产。

根据超临界酯交换的原理，Saka等人提出了超临界一步法制备生物柴油工艺（见图5-10），对菜子油和甲醇在无催化剂添加的情况下，进行了酯交换反应研究。结果表明，在超临界状态下，反应温度在350℃以上，压力为45～65MPa，醇油摩尔比为42∶1，油脂与甲醇的反应速率非常快，能显著提高酯交换反应转化率。而在亚临界甲醇状态下，油脂与甲醇的反应速率较慢。超临界甲醇一步法制备生物柴油的主要缺陷是：反应条件苛刻，温度压强过高，对设备的腐蚀大，醇油比高造成分离甲醇成本增大。

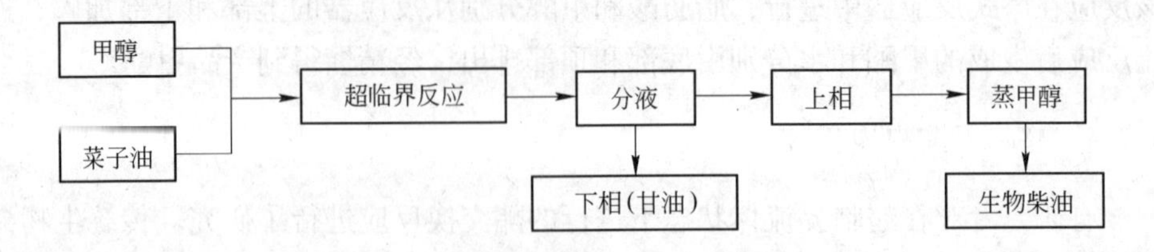

图 5-10 超临界一步法制备生物柴油工艺

对此，Saka 等人对一步法进行修正和改进，提出了超临界甲醇两步法制备生物柴油工艺（见图 5-11），该工艺使制备生物柴油所需要的苛刻反应条件（高温、高压等）有所降低。Minami 等人对比了 Saka 等人提出的两种方法，经研究发现两步法中水解生成的脂肪酸具有催化作用，随着脂肪酸含量的增多，甘油酯的酯交换反应速率加快。另外，脂肪酸也可通过酯化反应来得到生物柴油。

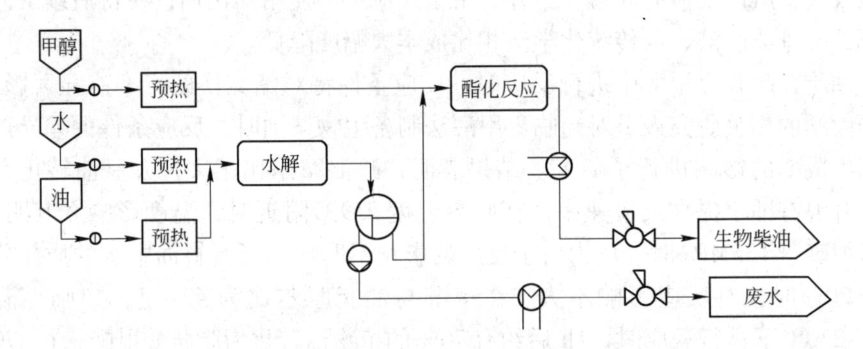

图 5-11 超临界两步法制备生物柴油工艺

传统酯交换法与超临界法生产柴油的比较见表 5-2。

表 5-2 传统酯交换法与超临界法生产柴油的比较

因 素	传统酯交换法	超临界
反应时间	1 ~8h	2 ~4min
反应条件	0.1MPa，30 ~65℃	大于 8MPa，239℃
催化剂	有	无
皂化产物	有	无
产品收率	一般	更 高
分离物	甲醇、催化剂、皂化物	甲 醇
过 程	复 杂	简 单

超临界甲醇法与传统酸催化法、碱催化法、生物酶催化法相比，具有如下优

点：（1）不需要催化剂，对环境污染小；（2）对原料要求低，水分和游离酸对反应的不利影响较小，不需要进行原料的预处理；（3）反应速率快，反应时间短；（4）产物后处理简单；（5）易于实现连续化生产。但是超临界甲醇法制备生物柴油也有明显的缺点：（1）反应条件苛刻（高温、高压），常采用 Dadan Kusdiana 的管式反应器和 Ayhan Demirbas 高压反应釜，设备投资和能量消耗都很大；（2）醇油比太高，甲醇回收循环量大。

目前，对于超临界甲醇法的研究还处于初期，为了使该方法可尽快用于工业化生产生物柴油，需要大力加强对该方法的研究。

5.2.5 膜法制备生物柴油

膜反应器是将膜分离与催化技术相结合的新型反应器。在该类反应器中，反应物在膜两侧流动并通过膜进行反应，如果将催化剂置于膜的表面或者内部，膜将同时具有分离和催化的双重效果，故又称为膜催化反应器或膜催化技术。20 世纪 60 年代，膜催化技术首先在美国用于废水处理的研究，到 70 年代后期，日本研究者对膜分离技术在废水处理中的应用进行了大力的开发和研究，使生物膜反应器开始走向实际应用。到 90 年代后期，在国外，膜反应器已经进入了实际应用阶段。

膜反应器的实质是反应工程与膜分离过程的结合。为了克服反应中醇油的不相容性，Dube 等人利用双膜反应器（见图 5-12）来研究生物柴油的制备。结果表明，膜反应器从反应混合物中有选择性地移去产物，使平衡向正方向移动，反应转化率提高，这种制备工艺对于小型生物柴油工厂，具有一定的经济可行性。

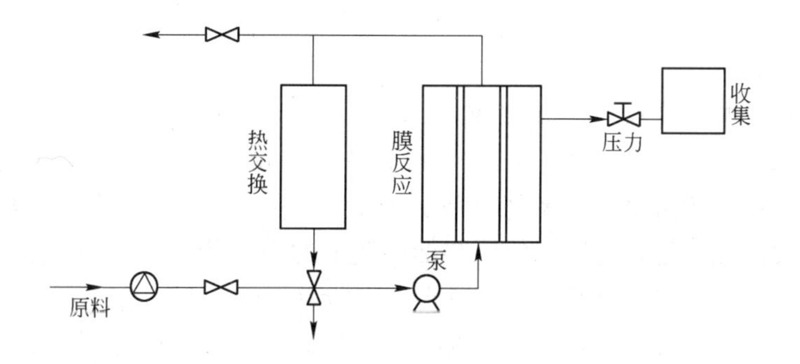

图 5-12 膜反应器制备生物柴油工艺

5.3 生物柴油粗产品提纯处理过程

5.3.1 生物柴油的分离

当原料油脂转化为生物柴油的反应完成后，反应物体系是一种由过量甲醇、催化剂、甲酯和甘油组成的混合物。据经验可知，如果混合物中的不同物质在密度方面存在0.1g/mL的差异时，则可通过重力的作用来进行相分离。因此，重力分离法也适用于从酯交换反应后形成的混合物体系中分离提纯生物柴油。然而，由于原料油脂中的游离脂肪酸与碱性催化剂之间发生了皂化反应而导致了乳液的形成，最终会影响相分离。饱和食盐水（氯化钠）或离心作用能破碎混合物体系中的乳状液，而加速相分离。当前，许多研究者已经尝试了各种分离装置及方法从生物柴油混合物体系中分离提纯甲酯。

作者将在本节对已经应用于从精炼油或餐饮废油为原料所形成的生物柴油混合物体系中分离提纯甲酯的各种方法和装置进行概述。Guo 等人通过倾析法，从甘油相中成功分离提纯了甲酯；Azócar 等人通过沉降法分离了甲酯；Saifuddin 等人利用微波辐射法，实现了甘油和甲酯的相分离；Wang 等人使用离心法，将甘油从粗甲酯中分离出来。分液漏斗是最常用的一种从富含甘油相的溶液中分离甲酯的实验器皿。Issariyakul 等人用分离漏斗，从反应后得到的生物柴油混合物体系中分离了甘油，由于该混合物体系的特殊性，甘油不能直接通过重力作用而从酯相中分离出来。通过将 1 ~ 2g 纯甘油添加到混合物体系中并搅拌 15min 的方式，确保了甘油的完全分离。除此以外，Predojevic 等人也通过分液漏斗，实现了从油脂经反应后得到的生物柴油混合物中分离甲酯和甘油的目的。

5.3.2 生物柴油纯化

纯化过程的实施目的是当生物柴油已经从甘油层分离出来后，从其中除去剩余的杂质，这些杂质包括低碳醇、催化剂、甘油、皂类和其他一些杂质。

5.3.2.1 低碳醇回收

为了保证酯交换反应的转化效果，需要在该反应体系中加入过量的低碳醇(甲醇或乙醇)。但是，在反应结束后得到的混合物体系中，低碳醇的含量必须降低到最低程度才可以达到高质量相分离的目的。对于低碳醇的回收来说，不管是使用废食用油，还是使用其他原料油脂制成的生物柴油，不存在本质的区别。然而，当前的一些研究已经报道了以废食用油为原料油脂制成的生物柴油混合物体系具有一些特殊性，并且，针对这些特殊性而开发了一些适合的低碳醇回收方法。其中，最为广泛使用的方法是蒸发。Guo 等人在常压条件下，用蒸发器来分离混合物体系中的过量甲醇；Wang 等人在真空状态(1.33 ± 0.133)kPa 以及蒸发温度为 50℃的条件下，使用旋转蒸发仪来回收过量的甲醇；Predojevic 等人将未提纯的粗甲酯加入到与旋转蒸发仪相连的烧瓶中，在 65℃和 20kPa 的条件下，蒸发分离粗甲酯中的残余甲醇；Issariyakul 等人用旋转蒸发器，在 90℃下蒸发混合物 1.5h 来分离甲酯中的残余甲醇。

另外一种用于回收低碳醇类反应物的方法是精馏。Arquiza 等人基于粗甲酯中的不同组分有不同沸点的考虑，通过常压间歇精馏的方法，对脂肪酸甲酯进行了处理，并收集了其在不同温度范围下得到的馏分。在最低温度范围下得到的馏分，可判断为甲醇，这也表明了精馏法可用于回收酯交换反应中过量的低碳醇；Encinar 等人在 80℃、中真空度（绝对压力为 19.95kPa）条件下精馏乙酯，来回收粗乙酯中含有的过量乙醇。

5.3.2.2 生物柴油的洗涤

洗涤能够提供一些关于产品质量及酯交换反应完成程度方面的有用信息。当生物柴油产品中存在皂类、未反应油脂、未使用的催化剂等物质时，均可在洗涤时被发现。当用水洗涤生物柴油时，洗涤液将变得极其滑腻，并且生物柴油和水将以一种乳液的形式悬浮在一起。生物柴油的洗涤方法分为湿法和干法。在湿法洗涤中，水雾将会喷在生物柴油上，并且水会沉降在洗涤容器的底层，杂质可全部除去。干法洗涤允许强亲和力物质作用于极性化合物，干法洗涤无需湿法洗涤所需要的条件，可减少新鲜水的用量，降低处理费用，更为显著的是降低整个运行过程的成本。

具体的洗涤方法如下：

（1）雾化洗涤。在该方法中，通过使用一个喷雾瓶，水可以均匀地分布在生物柴油产品表面。因为水比生物柴油的密度大，水可以进入生物柴油内部，并在进入的过程中，带走一些生物柴油中的可溶性杂质。最后，形成一种白色并包含杂质的肥皂水，而聚集在洗瓶的底部。不断补充雾化后的水于生物柴油的表面，直到水开始呈现澄清，这意味着所有的可溶性杂质已经从生物柴油中全部除去。整个过程操作较缓慢，需要使用大量的水，并且这些水常常不可再利用。

（2）气泡洗涤。在该方法中，将一定量的水缓慢地加入到体积为其两倍的生物柴油中去，整个液面将明显地分为两层。由于水层中有一些气泡，因此空气将携带着水到达并穿过生物柴油所在的液层，大量的水分子将与生物柴油发生相互作用，从而除去该液层中所包含的可溶性杂质。当带气泡的水到达生物柴油表面时，气泡会爆裂，并且水会下降而再次通过生物柴油层。一旦水中的杂质达到饱和状态时，它将不会从生物柴油中提取出任何东西。因此，一方面，要用新鲜的水来代替所用水；另一方面，要把生物柴油转移到新的容器中来进行第二次洗涤。一般来说，三次洗涤已经足够（最后一次洗涤要保证没有杂质留下，洗涤后的水应当非常清洁）。气泡洗涤的优点如下：易于操作且费用不大。为了方便起见，在安装时要添加一个定时器，用来自动关闭抽气泵，水也要进行更换。气泡洗涤的缺点如下：它虽然费用不大，但是要浪费大量的时间。气泡洗涤过程平缓，并且无法显示出油脂转化成生物柴油的反应是否完全。另外，关于气泡洗涤的一个更为复杂的问题是：生物柴油的氧化反应和聚合反应。这两种方法（雾化洗涤和气泡洗涤）适合于当油脂转化成生物柴油的反应完全时，进行甲酯的提纯处理。

（3）搅拌或混合洗涤。使用这种方法时，需要用等体积的水和生物柴油混合后来进行。首先，在洗涤容器中加入水，然后再加入生物柴油，而后通过混合装置来搅拌水与生物柴油的混合物，使该混合物在数分钟内呈现均相状态。由于生物柴油比水的密度低，水最终分离并沉淀在底部，并且生物柴油将停留在水的上部。因为混合物不断沉降下来，水就会沉得很慢，并夹带出所有的水溶性物质。上层的生物柴油将会被虹吸出来。搅拌洗涤的优点：此方法速度较快且效率高，没有不良反应和氧化作用。

其他一些洗涤方法也被用于得到高品质的生物柴油产品。为了测定纯化步骤对甲酯性能及产率的影响，Predojevic 用硅凝胶机床来进行洗涤，使用体积为50mL、质量分数为5%的磷酸水溶液连续洗涤甲酯 7 次，直到洗涤液的 pH 值呈中性；并且在50℃、体积为50mL的热水中洗涤甲酯 10 次，直至 pH 值呈中性。其他的研究者使用过酸化过的水来进行洗涤处理，Felizardo 等人先用蒸馏水来洗涤甲酯，然后用0.5%的 HCl 溶液，而后再用蒸馏水来洗涤，直到洗涤液的 pH 值与蒸馏水的 pH 值一样为止。

5.3.2.3 生物柴油的干燥

当生物柴油清洗干净后，它不是无色的，而是半透明状的液体。然后，就要进行干燥。生物柴油干燥通常使用以下两种方法：加热法和化学法。干燥生物柴油时，温度需要稍高一些，最终温度达到55℃并且保持此温度 15 ~ 20min。剩余的水应该蒸发掉或倒掉使之排出去。在进行干燥时，使开口容器的温度达到大概110℃，直到没有任何蒸气从被干燥物中冒出停止。加热干燥的一个优点是它会带走残余的反应物低碳醇。使用化学试剂来干燥生物柴油时，无水亚硫酸盐是应用最为广泛的。其他一些化学试剂，如无水硫酸镁也具有优良的干燥使用效果。

5.3.2.4 生物柴油的精馏

为了得到高纯度的生物柴油产品，精馏是纯化处理酯交换反应后得到的混合物过程中所必需的一个最终步骤。脂肪酸甲酯因其碳链长度的不同，其沸点和挥发度也不同，每增加一个碳原子，其沸点上升 10℃左右，而饱和度对脂肪酸甲酯的沸点影响有限，同碳数不同饱和度的脂肪酸甲酯的沸点相差很小。在常压下，C_{12}以上脂肪酸甲酯的沸点都在250℃以上，常压精馏很难实现。况且高温下脂肪酸甲酯稳定性减弱，分解和聚合等副反应增加，大大影响了脂肪酸甲酯的纯度和收率。所以，不同碳数脂肪酸甲酯的分离，要通过减压精馏才能实现，而要分离同碳数而不同饱和度的脂肪酸甲酯，如硬脂酸甲酯、油酸甲酯、亚油酸甲酯、亚麻酸甲酯，由于这类物质的沸点相差无几，其分离纯化要选择其他方法。一些不饱和脂肪酸在高温或者局部过热情况下，双键容易被破坏，脂肪酸易氧化聚合，极不稳定。因此，脂肪酸的分离也常常是在甲酯化后采用精馏分离的方法来进行。陈天祥等人研究了从高芥酸菜子油甲酯中精馏分离芥酸甲酯的过程。实验在8块理论板当量高度的金属丝网填料塔中进行，回流比为1，绝压667Pa下分离得到纯度高达95%的芥酸甲酯，过程中同时得到了纯度较高的棕榈酸甲酯、油酸甲酯、亚麻酸甲酯等馏分。

5.4 生物柴油副产品甘油的精制

从生物柴油生产过程中得到的副产品——粗甘油，其纯度可达到70%以上，但同时也含有脂肪酸盐、碱性催化剂、脂肪酸甲酯、甲醇及油脂带入的杂质。如能把生物柴油生产过程中得到的副产物甘油充分利用起来，那么，不但可以提高生物柴油的综合经济效益；同时，也是一条重要的降低生物柴油生产成本的途径。由于原料和制备生物柴油的方法不同，得到的粗甘油中的杂质的数量和性质也不同，杂质对后续的产品精制影响较大。若直接利用离子交换树脂或者减压蒸馏精制，都会影响甘油的质量和收率。因此，在精制粗甘油前，需要对生物柴油的副产品进行预处理。粗甘油的预处理过程，主要分为净化、除杂、脱色脱臭等几个工序。

（1）净化。生物柴油的下游产品粗甘油呈棕黑色，黏度比较大，主要含有甘油、甲醇、碱性催化剂以及少量生物柴油。为了降低其黏度，常需要稀释。常用的稀释剂有甲醇和水。以甲醇为稀释剂，要比水洗液法的回收率高。甲醇沸点低，容易回收，对甘油、脂类有很好的溶解性能。在甲醇稀释粗甘油过程中，需要控制甘油与甲醇的液质比，一般为6∶1，过多或过少的甲醇都影响甘油的产率。

（2）除杂。由于粗甘油组成比较复杂，首先将其中的甲醇回收掉，然后通过酸处理将脂肪酸盐变为脂肪酸。在除盐的过程中，副产物的pH值将直接影响到甘油的回收率。邬国英等人通过使用质量分数约为0.49%的硫酸，控制反应液的pH值分别为8.0、7.0、6.0、5.0和4.0，最后得出结论，pH值控制在5.0～6.0之间较适宜，在离心作用以及减压蒸馏处理后，甘油纯度可高于98%。杨凯华等人的研究结果表明，当反应液的pH值大于7时，甘油的收率明显偏低。但酸性不能太强，否则在减压蒸馏时容易发生聚合作用。最佳工艺条件为：以甲醇为溶剂，控制溶液的pH值在5～7之间，经离心作用，甘油的收率可以达到31.2%（以粗甘油质量为基准，100g菜子油得到16g粗甘油），纯度可达到97.52%，可满足作为各种化工生产过程所需原料纯度的要求。敖红伟等人得到的最佳工艺条件为：草酸钠的质量分数为0.03%，反应温度80℃，混合时间30min。在此条件下，除杂率为19.8%。

（3）脱色脱臭。粗甘油一般呈草黄色或黑色，只有经过脱色及过滤处理，才能满足国防、医药和一般工业上的质量要求。精馏和活性炭吸附两道工艺是提高甘油品质的常用方法。粗甘油经过过滤、提纯、添加化学添加剂及蒸馏等纯化工艺处理后，可广泛应用于炸药、合成树脂、日用化学和印染等工业。但由于工艺路线的限制，生物柴油的副产品粗甘油中可能残留有属于有毒化学品的甲醇。王明权等人通过向层析柱中加入活性炭洗脱的方法，测试了不同活性炭对甘油色泽的影响。取100g精馏后得到的甘油，分别加入1.0%、2.0%和3.0%的制糖专用活性炭，在室温条件下（20℃）搅拌3h后抽滤，从经济、效率考虑活性炭的用量为每100g粗甘油2g活性炭，最后测得色度小于10。

脱臭一般在耐压脱臭釜中进行，温度控制在115℃，压力为0.096MPa，脱臭时间为2h，适当地延长时间能提高脱臭效果。

（4）粗甘油精制。粗甘油的精制，目前主要有离子交换法和减压蒸馏法。离子交换法是经过多个阴阳离子交换树脂柱脱去溶液中的离子，再经过精馏脱水、除杂质后得到甘油产品。经过强碱阴离子和强酸阳离子交换树脂，粗甘油溶液中游离的阳离子、阴离子、脂肪酸、带有酸性或碱性基团的色素都被除去，同时大孔树脂具有对色素等物质良好的吸附作用，也能增强纯化效果。用于甘油纯化的离子交换树脂要求有比较大的交换容量，化学性质稳定，耐热，不溶于酸、碱、盐、有机溶液等特性。

甘油沸点为290℃，甘油容易在高温下分解，在204℃就会发生分解和聚合反应。工业上常采用减压的方法来降低蒸馏温度，甘油的收率将会随温度的升高而增加，但是不可高于204℃，否则温度的升高使副产物增加，而降低甘油的收率。Wurster & Sanger公司开发的粗甘油蒸馏工艺流程如图5-13所示。其主要设备为一座填料型分馏塔，原料与蒸出的甘油经过换热进入蒸馏塔，水和轻组分以轻馏分的形式排出。主馏分在外冷凝器中降低温度后回入蒸馏塔，与甘油进行气

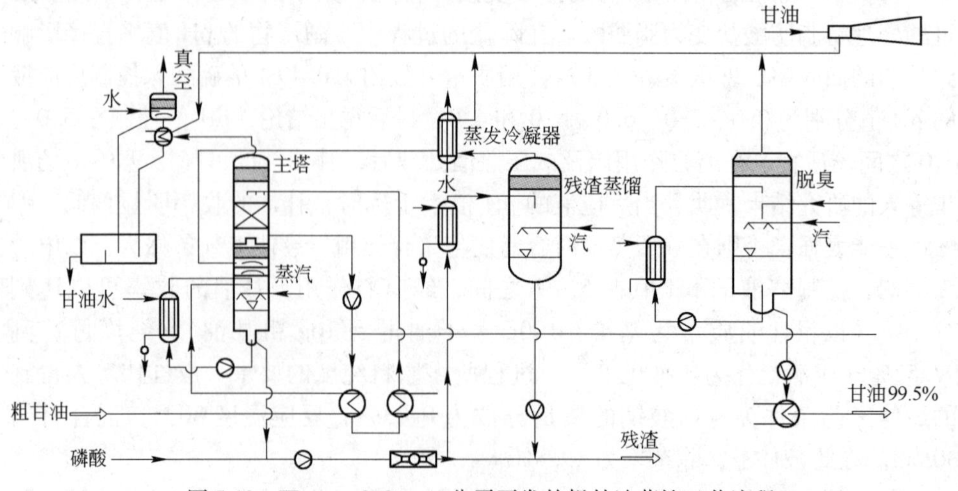

图5-13 Wurster & Sanger公司开发的粗甘油蒸馏工艺流程

液交换，冷凝的甘油从塔中部侧流排出。排出的甘油趁热进行脱臭，得到99.5%的甘油产品。与该工艺相似的还有 Mazzoni 公司开发的 DG 粗甘油蒸馏工艺（见图5-14），该工艺流程为：先对粗甘油进行脱气、脱水处理，然后再进行蒸馏。蒸出物在切割轻馏分作用的外冷凝器作用下，进行分阶段冷凝，冷凝的形式是内冷。水分及部分气道甘油由副冷凝器冷凝分出。该工艺可以采用连续或者半连续生产，得到的甘油纯度不低于99%。除此以外，具有较高粗甘油蒸馏工艺效果的还有 Lurgi 工艺，如图5-15所示。

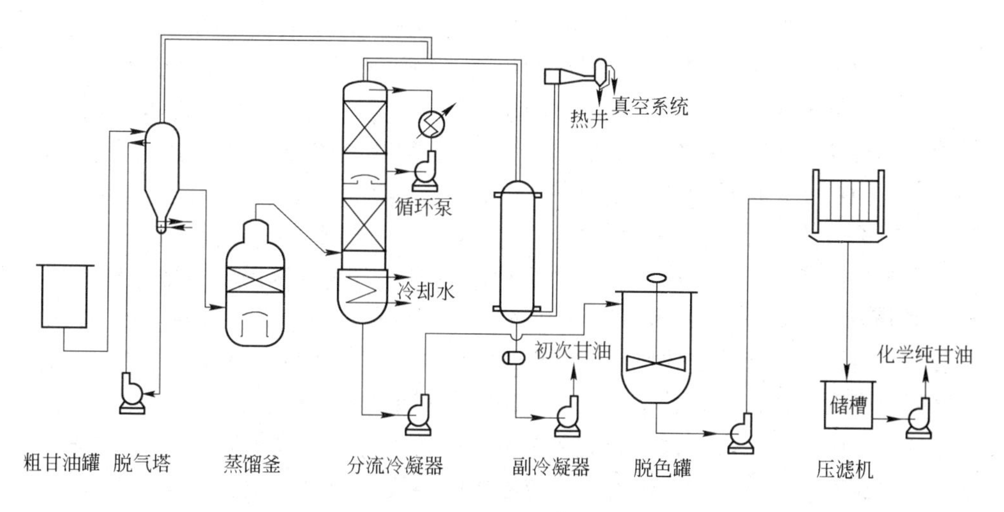

图5-14 Mazzoni 公司开发的 DG 粗甘油蒸馏工艺

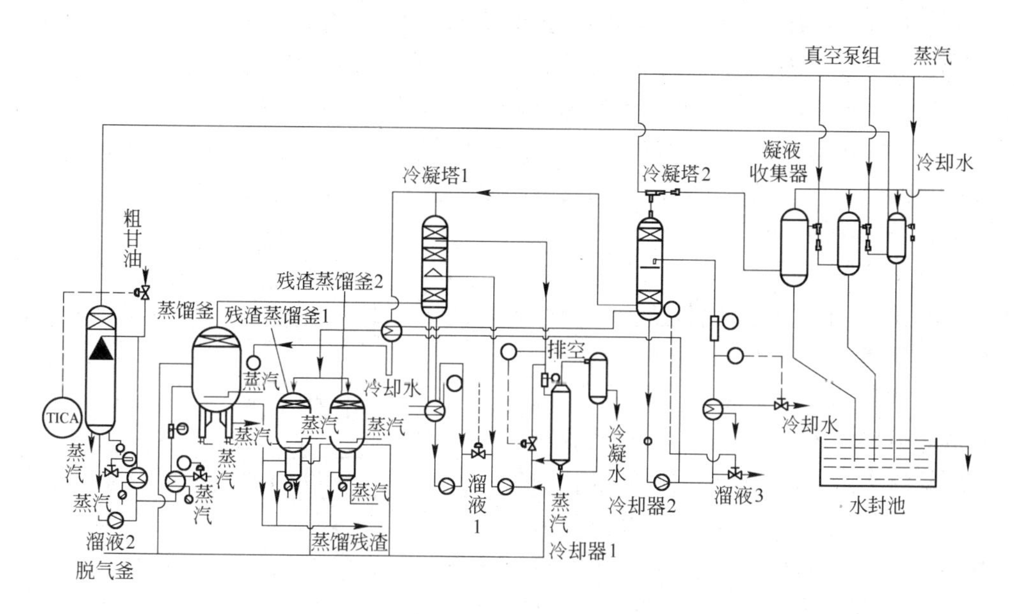

图5-15 Lurgi 公司开发的粗甘油蒸馏工艺

5.5　动植物油脂加氢生产第二代生物柴油

动植物油脂的主要成分是脂肪酸与甘油形成的甘油三酸酯，脂肪酸的碳链长一般为 $C_{12} \sim C_{24}$。其中，最典型的脂肪酸包括饱和酸（棕榈酸、硬脂酸）、一元不饱和酸（油酸，分子结构中含一个双键）和多元不饱和酸（亚油酸和亚麻酸，分子结构中含两个及以上双键），随油脂种类不同而不饱和程度不同。在催化加氢条件下，首先，甘油三酯上的不饱和键发生加氢饱和反应；然后，裂化生成包括二甘酸、单甘酸及羧酸在内的中间产物；最后，经加氢脱羧基、加氢脱羰基和加氢脱氧反应后生成正构烷烃。反应的最终产物主要是 $C_{12} \sim C_{24}$ 正构烷烃，副产物有丙烷、水和少量 CO 与 CO_2。动植物油脂加氢处理后得到的生物柴油的十六烷值可高达 90 ~ 100，基本不含硫、氮和芳烃，可用作石化柴油的高十六烷值调和组分。但由于正构烷烃的熔点较高，使其浊点偏高。因此，还要通过加氢异构脱蜡，将部分或全部正构烷烃转化为异构烷烃，以改善其冷流动性能。

动植物油脂加氢生产第二代生物柴油过程中有一些关键影响因素，具体为：(1) 动植物油脂原料含氧达 10% ~ 15%，加氢反应时，会放出大量的反应热，需要在进料方法、催化剂选择、催化剂级配和工艺控制等方面采取有效措施来控制反应温度而不使催化剂快速失活。(2) 氢气消耗量（标态）多达 $356m^3/m^3$，为保持氢分压稳定，需要大量补充氢和骤冷氢。(3) 动植物油脂原料中可能含有相对较多的磷、钠、钙等杂质，反应器中需要设置保护床层以脱除这些杂质，而有效防止催化剂床层压力降增大导致的催化剂加快失活。(4) 某些植物油（如妥尔油）含有大量游离脂肪酸，会引起反应器管道和设备严重腐蚀，需采取防腐措施。(5) 加氢生成的甲烷、CO、CO_2 和水等物质都必须脱除，否则会影响氢分压，降低催化剂活性，影响脱硫和脱氮。以上这些动植物油脂加氢生产第二代生物柴油过程中的关键技术问题，已经在有关公司开发的专利技术中得到了成功解决。目前，已经工业应用的动植物油脂加氢生产第二代生物柴油的工艺流程如图 5-16 所示。

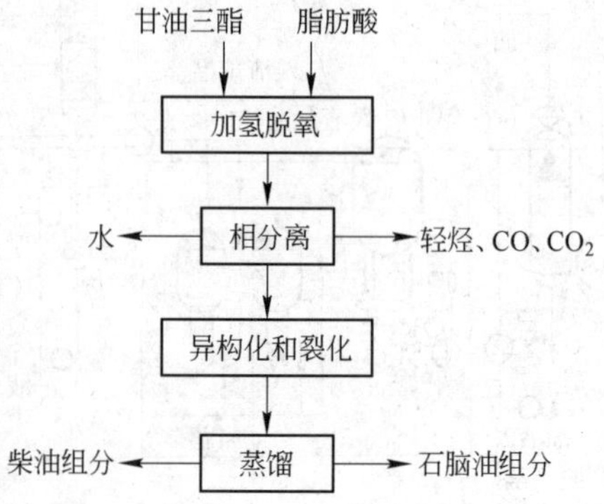

图 5-16　加氢生产第二代生物柴油工艺流程

由图 5-16 可知：加氢工艺包括 5 个步骤：(1) 通过加氢脱氧反应，使原料动植物油脂中的甘油三酯和游离脂肪酸转化为不含氧的正构烷烃；(2) 回收丙烷、轻烃、CO 和 CO_2 气体；(3) 加氢脱氧后的产物脱水，确保反应器的下游催化剂免受污染；(4) 加氢脱氧产物催化异构化和裂化反应，得到高收率柴油或异构烷烃；(5) 蒸馏得到柴油组分和石脑油组分。

目前，动植物油脂加氢生产第二代生物柴油的技术主要有：

（1）NExBTL可再生柴油生产技术。芬兰Neste石油公司开发的这项技术目前以菜子油、棕榈油和动物油脂为原料，经预处理除去固体杂质后，先送进加氢处理反应器，用钼镍催化剂，在一定温度和压力下脱除原料油中的氧、氮、磷和硫等杂质，同时使不饱和双键加氢饱和，使原料油中的脂肪酸酯和脂肪酸加氢裂化为 $C_6 \sim C_{24}$ 烃类，主要是 $C_{12} \sim C_{24}$ 正构烷烃。接着用 Pt-SAPO-11-Al_2O_3 或 Pt-ZSM-22-Al_2O_3 或 Pt-ZSM-23-Al_2O_3 催化剂进行加氢异构化反应，得到异构烷烃产品，改进冷流动性能。基于该技术的首套可再生柴油工业生产装置建在芬兰的Porvoo炼厂，生产能力17万吨/年，2007年投产。其所得到的可再生柴油与其他几种柴油的性质比较见表5-3。

表5-3 NExBTL可再生柴油性质与其他几种柴油的性质比较

项　目	NExBTL可再生柴油	脂肪酸甲酯(菜子油原料)	EN590夏用柴油	GTL天然气合成油
密度(15℃)/kg·m^{-3}	775~785	885	835	770~785
黏度(40℃)/mm^2·s^{-1}	2.9~3.5	4.5	3.5	3.2~4.5
十六烷值	80~99	51	53	73~81
馏程/℃	190~320	350~370	180~360	190~330
热值/MJ·kg^{-1}	44	37.5	42.7	43
热值/MJ·L^{-1}	34.4	33.2	35.7	34
总芳烃/%	0	0	30	0
多环芳烃/%	0	0	4	0
含氧量/%	0	11	0	0
含硫量/mg·kg^{-1}	<10	<10	<10	<10
润滑性(HFRR,60℃)/μm	<460	<460	<460	<460
储存安定性	好	很不好	好	好

（2）Ecofining绿色柴油生产技术。Ecofining技术由UOP与Eni公司合作开发，其技术路线如下：1）以大豆油、棕榈油或菜子油为原料，使用专门研发出来的固定床催化剂，在300℃和2.8~4.2MPa条件下，通过加氢脱羧基和加氢脱氧反应来脱除动植物油脂原料中的氧，所有的烯烃都被饱和。因此，产品全部为正构烷烃，外加5%的副产品丙烷；2）正构烷烃经加氢异构化得到异构烷烃（冷流动性能很好的绿色柴油）。除此以外，还有少量石脑油生成。柴油的收率约为86%~98%（体积分数），氢耗量为1.5%~3.8%（质量分数），取决于原料油的组成。目前，采用Ecofining技术的可再生柴油工业装置在4套以上，其中意大利和葡萄牙各1套，生产能力均为30万吨/年，于2009年投产。

UOP公司在Ecofining技术工业应用的基础上，以亚麻子油、牛油、麻风果油和海藻油为原料，进行了两段加氢生产绿色喷气燃料的试验研究。首先，在第一段进行动植物油脂原料的加氢脱氧处理，使甘油三酯转化为 C_{16} ~ C_{18} 等正构烷烃，副产丙烷；然后，在第二段进行异构化反应，将正构烷烃转化为带长链的异构烷烃，改善产品的冷流动性能，并降低其浊点。与 Ecofining 技术相比，该改进的技术最大的不同点为：其在第二步选择性裂化生产短链 C_{10} ~ C_{14} 喷气燃料需要的合成烷烃煤油（SPK）。这种合成烷烃煤油满足石油基航空燃料的所有规格要求（如闪点、冰点和安定性等），但不含芳烃，可以作为替代燃料与常规喷气燃料 JP-8 调和使用，已经通过飞行试验。

（3）EERC 可再生柴油生产技术。美国能源与环境研究中心，开发了用可再生原料（大豆油、低酸值菜子油、海藻油和动物脂肪），通过加氢脱氧和异构化生产可再生柴油以及喷气燃料级富含异构烷烃合成烷烃煤油（SPK）的技术。在 350 ~450℃和 5.3 ~10.6MPa 条件下，通过使用标准加氢处理催化剂，对动植物油脂原料进行加氢脱氧处理，在对甘油三酯进行加氢脱氧、脱羧基和脱羰基反应的同时，使双键饱和，操作条件按原料组成和产品需要进行调节。加氢脱氧生成的正构烷烃采用工业异构脱蜡催化剂在 290 ~400℃和 3.5 ~8.4MPa 条件下进行异构脱蜡，得到收率很高、质量很好的柴油组分，碳数分布在 C_6 ~ C_{20} 范围内，异构化转化率为 85%，见表 5-4。

表 5-4 可再生柴油组分与夏用和冬用柴油性质对比

项　目	夏用 2 号柴油	冬用 2 号柴油	可再生柴油组分
外　观	清澈透明	清澈透明	清澈透明
密度/$kg \cdot m^{-3}$	842	845	786
重度/°API①	36.36	35.89	48.60
十六烷值	46.3	43.8	73.8
浊点/℃	-12	-18	-32
初馏点/℃	162	166	232
50% 物质馏出点/℃	253	247	273
干　点	353	345	294
闪点/℃	61	63	106
硫/$\mu g \cdot g^{-1}$	9.0	9.8	<3
芳烃/%			1.8
烯烃/%			1.8

①用来表示油品相对密度 60/60℉的一种约定尺度，其关系式如下：°API = 141.51（相对密度 60/60℉）-131.5，标准温度如没有其他说明，定义中指的是温度为 60℉。

由表 5-4 可知，第一代生物柴油（脂肪酸甲酯）与第二代生物柴油（异构化烷烃）相比，存在以下三个不足之处：1）密度高，与石油柴油组分调和时比例不能大；2）馏程窄且含氧，安定性差；3）热值低，与石油柴油组分调和的燃料经济性较差。可再生柴油与石化柴油产品的馏程近似，十六烷值高，密度较低，是作为理想的优质石化柴油调和组分。可和低经济价值的轻循环加氢催化处理生成油调和，生产符合规格要求的超低硫柴油。另外，可再生柴油用作柴油车燃料时，CO_2 排放量只有 1.7～1.9t/t；而用石化柴油时，CO_2 排放量为 3.8t/t，全生命周期的温室气体排放量比石化柴油减少 40%～60%。

6 生物柴油和甘油的下游产品开发与应用

生物柴油生产企业的直接产品有两种：长碳链高级脂肪酸单烷基甲酯（生物柴油）和甘油。脂肪酸甲酯具有可生物降解、高闪点、无毒、低 VOC（挥发性有机化合物）含量、优良的润滑性能和溶解性等优点。其除了可作为石化柴油的代替品外，还是生产可生物降解且具有高附加值精细化工产品的重要原料。在生产化工中间体、工业溶剂、表面活性剂等方面具有非常广泛的用途。甘油除了具有医用、食用等用途外，还可生产丙二醇、环氧氯丙烷等产品。脂肪酸甲酯和甘油的下游产品开发路线示意图如图 6-1 所示。

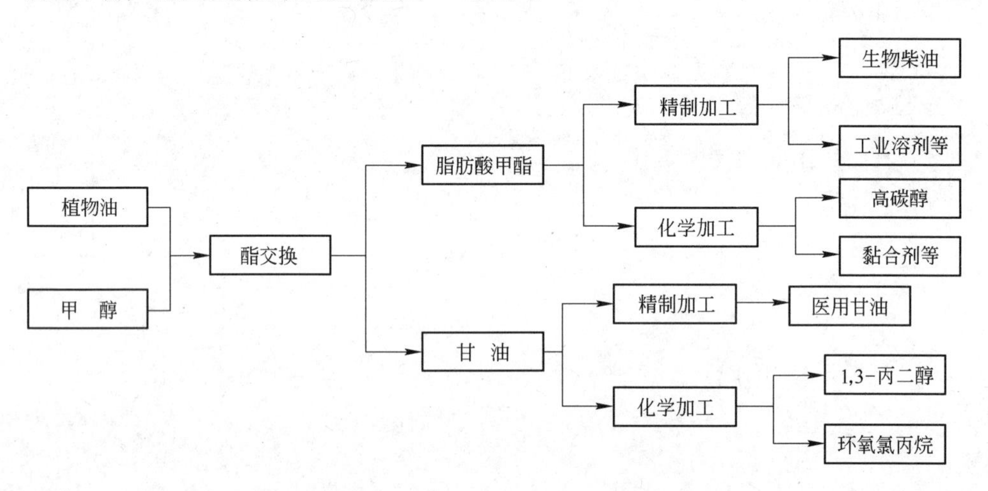

图 6-1　脂肪酸甲酯和甘油的下游产品开发路线示意图

天然油脂（主要成分为甘油三酸酯）与低碳醇（主要是甲醇）在催化剂的作用下通过酯交换生产生物柴油（脂肪酸甲酯），同时副产甘油。以脂肪酸甲酯为原料衍生的部分化工产品及路线示意图如图 6-2 所示。脂肪酸甲酯与二乙醇胺反应生成链烷醇酰胺，通过磺化中和生成脂肪酸甲酯磺酸盐，通过乙氧基化生成乙氧基酯，通过加氢生成脂肪醇，与异丙醇反应生成异丙酯，与蔗糖生成蔗糖聚酯，与菌作用生成多羟基烷基酸，与三羟甲基丙烷、季戊四醇、正十六醇或油醇酯交换生成合成酯等。随着国内外生物柴油越来越广泛的使用，甘油的产量也将有大幅度的提高。因此，开发甘油利用的新用途，如通过其来合成具有更多经济附加值的化工产品或具有重要用途的化工中间体，在目前天然油脂价格还较高的情况下，对降低生物柴油的生产成本也有着很重要的作用。以甘油为原料可以生产很多产品，近几年发展起来的主要是1,3-丙二醇和1,2-丙二醇、环氧氯丙烷等产品。其中，以甘油制取1,3-丙二醇最为重要。以甘油为原料衍生的部分化工产品及路线示意图如图6-3所示。

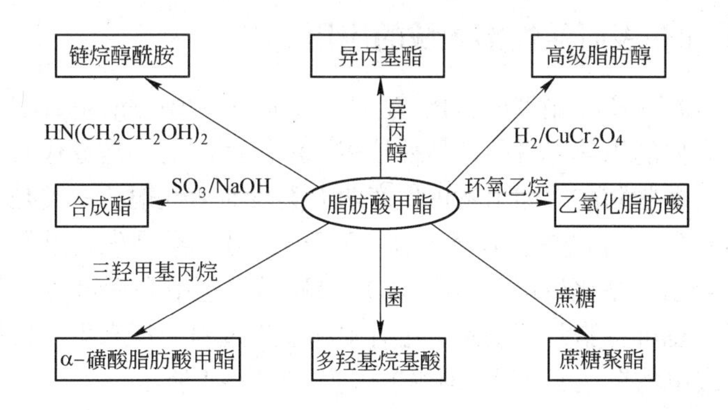

图6-2 以脂肪酸甲酯为原料衍生的部分化工产品及路线示意图

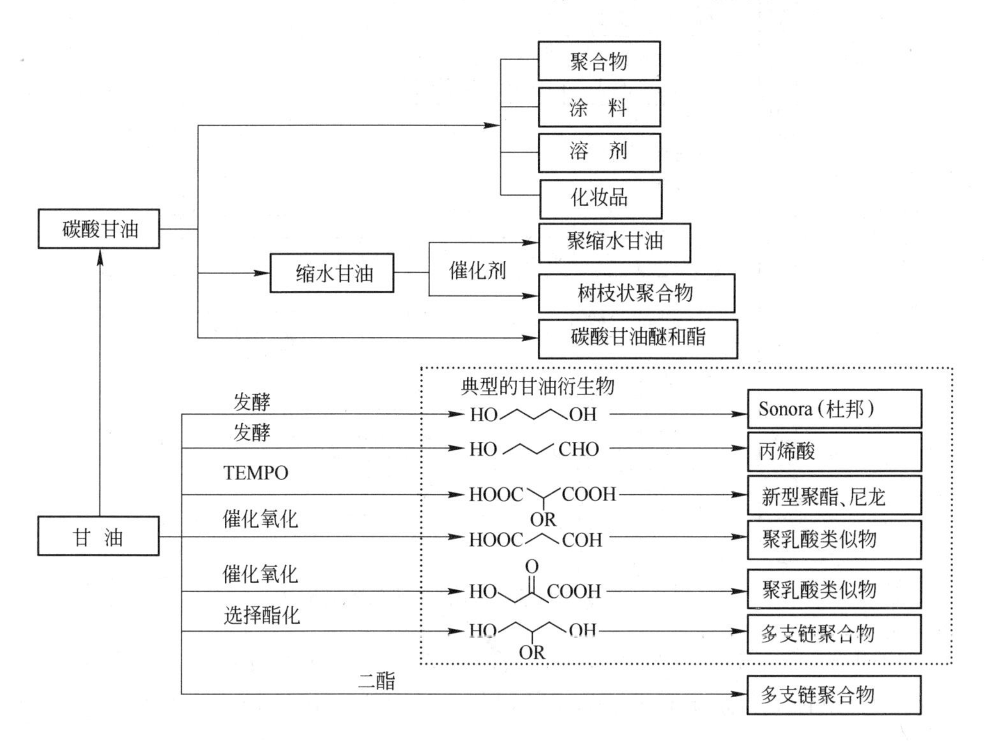

图6-3 以甘油为原料衍生的部分化工产品及路线示意图

本章，作者将对以脂肪酸甲酯或甘油为原料衍生的化工产品的种类、生产工艺和用途进行详细的论述。通过以上分析，不但可促进生物柴油的产业化发展，提高其市场竞争力；同时，也可为生物柴油加工企业开发以脂肪酸甲酯和甘油为原料的化工产品提供参考，具有可观的社会经济效益和可持续发展的战略意义。生物柴油下游产品的多样性，表现在两个方面：首先是原有产品新用途的开发和利用；其次是新产品的研发。

6.1 生物柴油在表面活性剂领域的应用

生物柴油（FAME），作为表面活性剂（surface active agents，SAA）的生产原料，是其最主要的用途。目前，品种较多，涉及面广泛，是替代石化活性剂产品的最好原料。从脂肪酸甲酯出发可生产两大类表面活性剂，一类是通过直接磺化中和反应过程生产脂肪酸甲酯磺酸盐（MES）；另一类是先通过加氢生产脂肪醇，脂肪醇再经乙氧基化生产醇醚（AE），AE 经磺化中和后可生产醇醚硫酸盐（AES）。同时，也可将脂肪醇经先磺化后中和反应过程处理来生产伯烷基硫酸盐（PAS）。脂肪酸甲酯在表面活性剂领域的应用如图 6-4 所示。

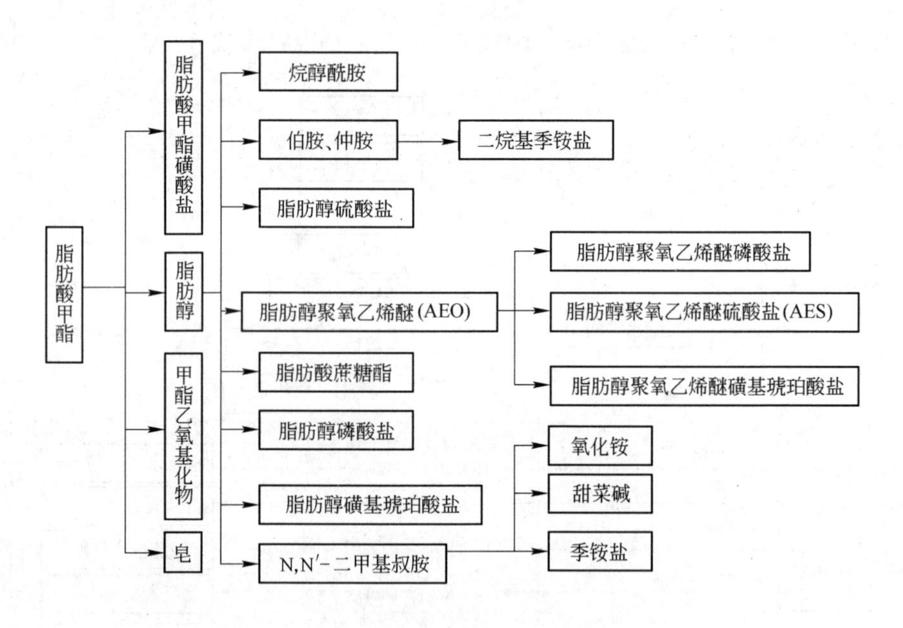

图 6-4 脂肪酸甲酯在表面活性剂领域的应用

由于生物柴油的生产原料为天然油脂，因此其合成的表面活性剂大多具有优良的生物降解性能，是很有发展前景的绿色合成原料。下面将分别介绍。

6.1.1 脂肪酸甲酯磺酸盐

脂肪酸甲酯磺酸盐（MES），即 α-磺酸脂肪酸甲酯，是一种性能优越的新型阴离子表面活性剂，具有良好的去污性、抗硬水性、起泡性、低刺激性、钙皂分散性以及高生物降解性，可应用于制备各种洗涤用品，也可在塑料、皮革、涂料、丝绸以及矿物等多种工业领域方面应用，目前已受到了国内外的广泛关注。MES 的表面活性明显优于当前主流洗涤剂生产中所使用的表面活性剂——直链烷基苯磺酸盐，它是国际上公认的可用来替代烷基苯磺酸钠的第三代表面活性剂。MES 的研究起始于 20 世纪 50 年代。80 年代，美国、日本、法国已经建立了年产万吨生产基地。我国起步较晚。郑延成等人以从动植物油脂中提取的直链饱和单羧酸为原料，如月桂酸（C_{12}）、肉豆蔻酸（C_{14}）、棕榈酸（C_{16}）和硬脂酸（C_{18}），合成出了性能好、活性高的 MES。MES 的性质类似于肥皂，由于其不含磷，适应现在对环境的绿色要求，因此它在肥皂粉、钙皂分散剂、洗涤剂、乳化剂等领域越来越受到人们的关注，同时也给天然油脂加工增添了活力，促进了天然油脂深加工的发展。朱传勇等人用 MES 取代了部分 K_{12} 作为牙膏的发泡剂，除了可改善外观以外，并且符合国家相应标准要求。Cohen 等人在水溶剂条件下，通过采用适当波长的紫外照射的方式，合成了脂肪酸甲酯磺酸盐（Phi-MES），其中 SO_3 基团可出现在烷基链的任一位置。Phi-MESC_{16} 不仅具有很好的去污能力、良好的水解稳定性、优异的抗硬水能力，还具有优越的生物相容性。

日本狮子（Lion）油脂公司开发了一种可制备质量较好 MES 的生产工艺，其用 TO 型磺化器来磺化脂肪酸甲酯，并采用新漂白技术来改善产品的色泽，有效地抑制了二钠盐生成。凯密桑公司在早期开发 MES 时认识到，生产 MES 最基本的工艺要求是能够有效控制少量二钠盐的生成，二钠盐含量低以及高转化率可有效降低成本。该公司经多年的研究表明，再酯化以及酸漂白技术只需 1h 就可得到色泽浅和二钠盐含量低的产品。休舒洗涤剂公司采用了德国鲁奇公司的技术制造脂肪酸甲酯，再采用美国凯密桑公司的技术进行脂肪酸甲酯的磺化，一举成为全球最大的以天然油脂为原料、制造价廉物美的环保型表面活性剂的大企业。现在，MES 除了用于商品洗涤剂外，在国外还可作为辅助表面活性剂而掺在肥皂里来生产优质的复合皂条，从而进一步扩大了 MES 的应用领域。

MES 可由脂肪酸甲酯经过先磺化（见图 6-5）再中和反应过程制备而成。

脂肪酸甲酯与 SO_3 的磺化反应，常在降膜式磺化器中进行，具体反应过程如下：首先，脂肪酸甲酯吸附 SO_3，使其 α-碳上的氢被激活而活化；进而，与 SO_3 在 α-碳上快速磺化形成中间体 1（$RCH_2COO(SO_3)CH_3$）。为得到目标产物脂肪酸甲酯磺酸盐，中间体 1 在离开降膜式磺化器前，必须进行老化重排，而释放出 SO_3，释放出的 SO_3 继续与中间体 1 反应生成中间体 2（$RCH(SO_3H)COOSO_3CH_3$），中间体 2 再与脂肪酸甲酯反应生成产品脂肪酸甲酯磺酸（$RCH(SO_3H)COOCH_3$）。脂肪酸甲酯磺化后得到的产品，再与碱中和反应生成各种盐，产物为混合物，其中 $RCH(SO_3M)COOCH_3$ 为目标产品，$RCH(SO_3M)COOM$ 为副产品。

脂肪酸甲酯磺酸中和反应过程中所使用的碱，通常选用氢氧化钠水溶液，中

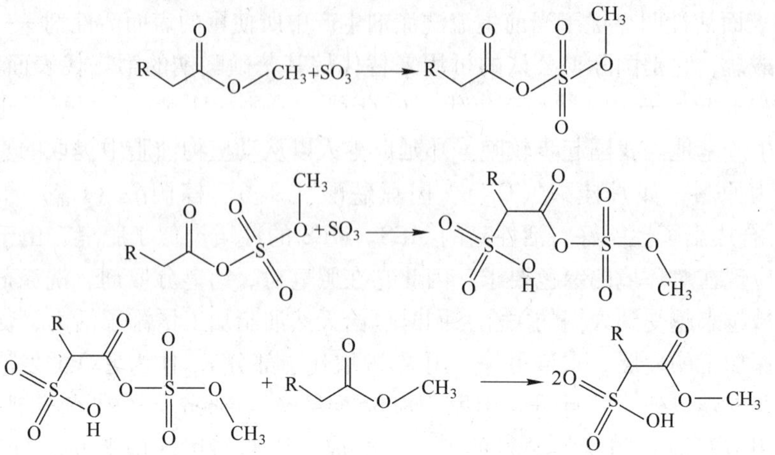

图 6-5 脂肪酸甲酯磺化反应过程

和温度不可超过45℃，或者温度过高会发生乳化作用。氢氧化钠浓度也不宜过高，否则会使物料黏度增大，导致局部碱液过剩，引起水解。如果中间体在中和前转化得不完全，那么在中和过程中，脂肪酸甲酯磺酸的酯基易发生水解，而形成二钠盐。因此，SO_3 应适当过量，这样有助于缩短反应时间，提高转化率，但 SO_3 量也不宜过高，过高将会导致副反应发生。同时，为了降低二钠盐的生成，在中和时必须严格控制 pH 值以防 MES 水解。中间体在进行老化时，反应物色泽容易加深，所以磺化后的产物还需进行漂白。在漂白过程中，应把握好 pH 值和时间，以免影响产品质量。在磺化装置中，水虽然是一种非主要生产原料，但是若控制不好则会给生产带来不良影响，例如与其他溶液相比，某些表面活性剂在水溶液中会有强烈的温度变化和溶解特性，因此，生产原料对含水量也有严格的要求。

尽管各个国家对 MES 已有多年的研究，也积累了很多的生产经验，但是在生产过程中始终都存在着一些难以解决的问题，如磺化技术难于控制、pH 值要求苛刻、漂白剂的选择和副产物二钠盐的生成。磺化率的高低直接影响 MES 的去污能力，制备 MES 的磺化过程大多在降膜式磺化器中进行，为了保证反应进行完全，脂肪酸甲酯在磺化器中的反应时间必须延长，但是降膜式磺化器的特点是物料停留时间短，磺化速度慢，所以磺化后需进行老化。利用较高温度和较长时间继续老化反应，使脂肪酸甲酯磺化尽可能完全，但是过强的反应条件会加重磺化产品的色泽，色泽的好坏也是产品的一个重要指标，所以，磺化条件的控制是 MES 生产中的一个关键问题。

脂肪酸甲酯和 SO_3 磺化生产中对 pH 值的控制调节有较高的要求。在生产过程中，如果pH值波动，会导致大量中和反应后得到的产品转化成二钠盐和甲醇，产生产品收率降低、原材料浪费、设备腐蚀和环境污染等问题。磺化后产物呈黑色或棕红色，需要进行漂白作用而提高产品的色泽。漂白剂可以选用过氧化氢、次氯酸钠和硼氢化钠等。一般用过氧化氢对老化后的产品进行漂白。漂白过程中加入甲醇起到再酯化作用，增加酯化率。漂白过程中应严格控制过氧化氢的浓度和加料速度、甲醇的加料速度、漂白的时间和温度，还要注意设备的防腐。

MES生产中产生的副产物有二钠盐、甲醇、二甲基硫酸盐和二甲醚四种。二钠盐是最主要的副产物。在磺化后的中和过程中，只有少量的甲醇释放到了体系中。二甲基硫酸盐可与体系中的任何醇反应，在中和步骤中还可与氢氧化钠反应。二甲醚可随漂白剂的清洗而去除。脂肪酸甲酯可以通过水解形成二钠盐，pH值过高或过低都会促进脂肪酸甲酯降解成甲醇和二钠盐，这将大大影响产品的得率和应用价值。在我国，洗涤温度一般为常温，所以生产的洗涤剂要有较好的冷水溶解性。二钠盐溶解性差，表面活性也很低，其存在于洗涤产品中将非常不利于产品的使用。因此，在MES的生产中尽量减少二钠盐的生成，这一点非常关键。

目前，国外MES主要生产商有美国Stepan公司、Huish公司和日本Lion公司等；外资在华企业主要是美国Chemithon公司在中国广州的浪奇实业股份公司，建设预计产能要达20万吨/年的MES生产基地；国内在无锡、成都、大连、南通等地失败的基础上，终于由浙江嘉兴赞宇科技有限公司与北京紫晶石公司等合作开发了具有完全自主知识产权的6万吨/年的脂肪酸甲酯磺酸盐生产线。

6.1.2 脂肪醇及相应衍生物

6.1.2.1 脂肪醇

脂肪醇，通式为ROH，可作为洗涤剂用表面活性剂的生产原料。在洗涤剂中，R一般为$C_{12}\sim C_{18}$的烃基。高碳脂肪醇具有两亲特性（亲水亲油），在分子中既有疏水基（如碳氢链），又有亲水基（如羟基）。但是，脂肪醇在水中的溶解度很低，必须添加亲水基或将羟基转变为硫酸基，使其亲水亲油平衡值达到必要数值，有了足够的亲水基后，才可溶于水。并且，能成为聚集体（胶束）时，这种脂肪醇衍生物才是表面活性剂。例如，十二醇不溶于水，但当它变成十二醇硫酸钠时，由于接上了一个硫酸基（$—SO_3$），水溶性变好，并能在水中生成胶束，因此达到一定浓度时，显示出非常好的表面活性。基于脂肪醇的这种特性，人类已经以脂肪醇为原料，合成了多种具有各自独特优异性能的表面活性剂。

目前，国内天然脂肪醇主要由天然脂肪酸或脂肪酸甲酯经催化加氢过程制备而成。脂肪酸加氢生产脂肪醇的反应式如下：

$$R-C(=O)-OH + H_2 \longrightarrow R-C-OH + H_2O \quad (6\text{-}1)$$

脂肪酸甲酯加氢生产脂肪醇的反应式如下：

$$R-C(=O)-OCH_3 + H_2 \longrightarrow R-C-OH + HOCH_3 \quad (6\text{-}2)$$

在气-液相催化加氢反应体系中，由于氢气在反应混合物中的溶解度低，传质阻力大，导致催化剂表面的氢气浓度较低，反应属于扩散控制。脂肪酸（或脂肪酸甲酯）的加氢过程往往是在温度为290～330℃，压力为20～30MPa，H_2与脂肪酸（或脂肪酸甲酯）的摩尔比为(20～50)∶1的条件下，于固定床或悬浮床反应器中完成。比较以上两种脂肪醇的合成方法，可知脂肪酸甲酯加氢合成法更具优势，其优势为：反应易进行，无水生成，铜、铬、锌等催化剂不会中毒，避免了脂肪酸的微量腐蚀。因此，脂肪酸甲酯加氢合成法的经济效益优于脂肪酸加氢合成法。目前，脂肪酸甲酯加氢合成法已被世界各国广泛采用。

工业上，脂肪酸甲酯的加氢过程较早使用的是Cu-Cr催化剂，这类催化剂虽然具有较高的催化活性和良好的选择性，但在制备过程中，有大量的Cr^{6+}会在对产品进行过滤和水洗处理时流入母液，不可避免地产生环境污染问题。因此，开发新的助剂来替代铬元素是脂肪酸甲酯加氢合成脂肪醇研究的关键核心问题。随后，Cu-Mn、Cu-Zn、Cu-Fe系催化剂均相继研制成功。以上催化剂在催化活性、选择性和寿命等方面均有着优异的表现，但仍不能很好地解决催化加氢过程中反应压力过高的问题。

脂肪酸甲酯加氢传统工艺中的苛刻反应条件，使得该过程的设备投资和操作费用巨大，对生产安全要求也高。因此，国内外学者进行了一系列探索研究来缓和该过程所需要的操作工艺条件，并开发了一些新型催化剂来实现脂肪酸甲酯中压加氢合成脂肪醇。在加氢反应由高压变中压过程中，催化剂是技术突破的关键。国内外已经做了大量的研究工作去提高催化剂在温和条件下的催化效果，已开发的性能优良的催化剂有德国汉高和日本花王公司的Cu-Zn系列、兰州化物所的Cu-Zn-Cr及比利时Oleofina SA的Cu-Cr/Cu-Si等。从报道的数据来看，评价结果均还只限于实验室范围。综上所述，适用于脂肪酸甲酯中压加氢制脂肪醇工艺的催化剂主要组分仍为传统加氢金属元素铜、锌、铬等，但通过特殊的制备工艺及助催化组分的加入，使催化剂性能大大改观。另外，使用不同催化剂时，与之相适合的脂肪酸甲酯加氢过程工艺条件和操作方式也会有较大的差异，如Cu-Zn系列适合于悬浮床加氢工艺，而Cu-Cr-Mn-Ba-Si、Cu-Cr-Zn及Cu-Cr/Cu-Si适合于固定床加氢工艺。已报道的适用催化剂类型、反应器形式、主要工艺参数的评价结果见表6-1。

表6-1 催化剂类型、反应器形式、主要工艺参数的评价结果

催化剂类型	反应器	主要工艺参数		脂肪醇收率/%
		温度/℃	压力/MPa	
CuCrMnBaSi	固定床	200	2~10	>98
CuCr/CuSi	固定床	218	6	97.5
CuZn	悬浮床	200	5	90
CuZnW	悬浮床	240	10	
CuZnTi	悬浮床	230	12	
CuZnCr	固定床	280	8	>90
RuSnAl	悬浮床	270	8	>80

在一些现有的甲酯中压法生产脂肪醇的研究报告中，也已经指出除选用不同催化剂外，新工艺方法也会对甲酯中压加氢反应产生显著的影响。为了缓解液相与气相加氢过程中存在的氢气溶解度低的问题，荷兰阿姆斯特丹大学研究了基于惰性溶剂的液相甲酯加氢过程。通过添加诸如正辛烷或高沸点的矿物白油等线型烷烃溶剂来作为氢气的载体，从而增加液相中的氢气与甲酯摩尔比，使得甲酯加氢反应在8MPa下就可达到很高的转化率和选择性。由于氢压较低，反应得到的烷烃副产物很少（摩尔分数约占总产物的0.5%）；蜡酯的摩尔分数约占总产物的4.5%，但其可以循环并通过加氢得到相应的醇。因此，反应总选择性大于99%。但是，这种以添加溶剂的方法来增加液相中的氢酯摩尔比的甲酯催化加氢反应过程，其最大不足在于需对添加的大量溶剂和反应得到的产物先要进行有效的分离处理，才可再循环利用。

与传统单管固定床反应器加氢工艺比较，同时使用两个串联的固定床反应器（即位于上游的主反应器和位于下游的后反应器）的新工艺中，由于可分别控制主、后反应器的温度，因此可有效抑制副产物形成，而提高转化率，并得到高质量和高纯度的脂肪醇。主反应器温度控制在180~250℃之间，出口位置处的油转化率为50%~100%；后反应器温度控制在120~180℃之间，使出口位置处的油能够完全转化，终产物中烷烃含量不大于0.1%，醛副产物含量不大于3×10^{-6}，循环气中一氧化碳浓度不大于10×10^{-6}，无需通过后处理装置来除去副产物，即可得产品脂肪醇。如果同时使用3个固定床反应器（即保护反应器、主反应器和后反应器），可明显延长催化剂的使用寿命，因为保护反应器实为加氢油料预处理反应器，油料通过后除去了硫、磷、卤等对加氢催化剂毒害大的物质。据报道，串联2个或3个反应器的加氢工艺为2~30MPa，氢油摩尔比为(15~100)：

1，液时空速为0.2～$5h^{-1}$。

日本花王公司还介绍了另一种生产高质量、高纯度、仅含少量烃、醛副产物脂肪醇的方法。甲酯与氢气一起下行并流连续通过反应器中的加氢催化剂，在反应器垂直方向位置上装备至少一个冷却装置用于冷却反应体系。该法可省去副产物处理步骤。固定床逆流进料加氢工艺是对传统并流进油、氢气传统工艺的突破。逆流法是通过选取适当的反应器尺寸，控制质量流量范围，从而不会出现溢流现象。甲酯加氢逆流法工艺流程如图6-6所示。

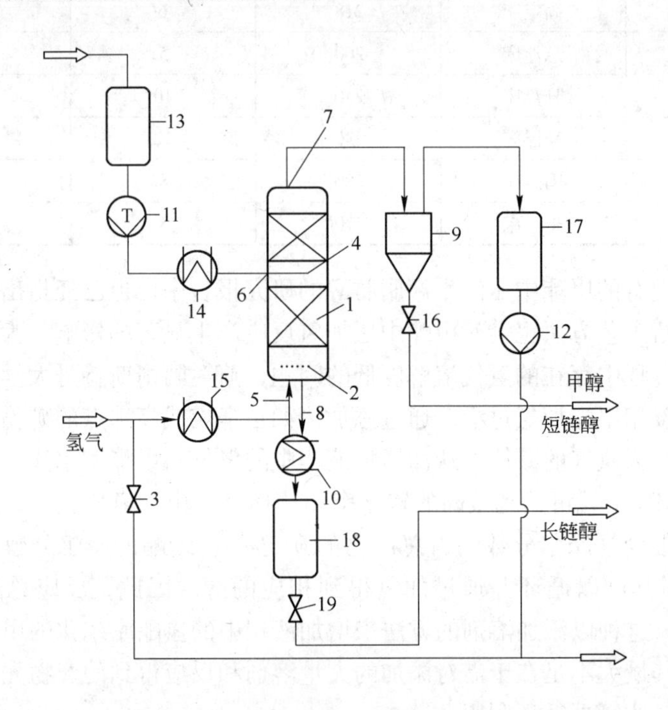

图6-6 甲酯加氢逆流法制备脂肪醇工艺流程

1—反应器；2，4—气体分布器；3—调节阀；5，6—入口；7—反应器顶部出口；8—反应器底部出口；9—气液分离器；10—冷凝器；11—泵；12—气泵；13—配料罐；14，15—预热器；16，19—排出阀；17—氢气储罐；18—接受器

逆流法制备脂肪醇工艺流程如下：热甲酯经配料罐13，由泵11进入预热器14，经入口6、气体分布器4垂直连续进入反应器1；气体经气泵12、调节阀3、预热器15后，从入口5、气体分布器2进入反应器1。氢气、甲醇及短碳链醇由反应器顶部出口7，经气液分离器9，液相经排出阀16得到甲醇及短碳链醇，经过冷凝器10到接受器18，由排出阀19得长链醇。该工艺的优点为：反应产物所需后处理工序少，在高空速下运转得高收率醇，催化剂寿命长。实例中以C_{12}～C_{18}脂肪酸甲酯为原料，市售加氢催化剂，在液时空速$1h^{-1}$，气时空速$1500h^{-1}$，反应温度

230℃、反应压力10MPa条件下，甲酯转化率97.2%，脂肪醇得率为95.0%。

据美国Colin A Houston & Associate预测，未来的几年中，西欧将继续占据全球高碳脂肪醇最大的市场份额；消费增长速度最快的区域是亚洲，年增长率约为4.8%。高碳脂肪醇的需求取决于下游产品尤其是表面活性剂的需求情况。约80%的高碳脂肪醇被用于生产3类大宗表面活性剂，分别是脂肪醇醚硫酸盐（35%）、脂肪醇乙氧基化物（22%）和脂肪醇硫酸盐（22%）。近几年来，全球各种表面活性剂需求量正在稳步增长，年增长率约为3%；特别是亚太地区，工业表面活性剂的需求年增长率为4.7%，家用表面活性剂为3.6%，护肤用表面活性剂则高达7.7%。

我国是一个高碳脂肪醇的消费大国，以脂肪醇为原料衍生得到的塑料制品、洗涤剂、表面活性剂以及其他精细化工产品，均有着广阔的消费市场。随着人民生活水平的日益提高，对高碳脂肪醇系列产品及其衍生物产品的需求也在逐步增加，必将刺激高碳脂肪醇的进一步发展。与欧美等发达国家相比，我国高碳脂肪醇生产技术落后、规模小、生产成本高、产品档次低、缺乏市场竞争力。

6.1.2.2 脂肪醇硫酸盐

脂肪醇硫酸钠（主要是椰油醇硫酸钠，国际上一般称为SDS或SAS，在国内一般简称为发泡剂K_{12}）是一种性能优良的阴离子表面活性剂，具有乳化、起泡、渗透和去污性能及配伍性能好等优点。作为脂肪醇系列的一种表面活性剂，它来自可再生资源，具有生物降解快的特点，符合当今世界对环保的要求。在医药、牙膏、乳液聚合、农药、造纸、电镀和建筑等许多行业都有着极其广泛的应用。其合成路径介绍如下。

首先，脂肪醇磺化形成磺酸酯：

$$\mathrm{ROH + SO_3 \longrightarrow R{-}O{-}\overset{\overset{\displaystyle O}{\|}}{\underset{\underset{\displaystyle O}{\|}}{S}}{-}OH} \qquad (6\text{-}3)$$

磺酸酯再与氢氧化钠、氨水、一乙醇胺或三乙醇胺等碱反应，以氢氧化钠为例：

$$\mathrm{R{-}O{-}\overset{\overset{\displaystyle O}{\|}}{\underset{\underset{\displaystyle O}{\|}}{S}}{-}OH + NaOH \longrightarrow R{-}O{-}\overset{\overset{\displaystyle O}{\|}}{\underset{\underset{\displaystyle O}{\|}}{S}}{-}ONa + H_2O} \qquad (6\text{-}4)$$

K_{12}的主要应用领域如下：（1）可应用于手洗餐具洗涤剂中，用等量的液体K_{12}代替脂肪醇聚氧乙烯醚硫酸盐（AES）时，可明显提高产品的增稠性能。由于AES的生产需要使用来自于石油的衍生物——环氧乙烷为原料，致使AES的价格受石油价格的影响大。因此，可通过液体K_{12}来代替AES。(2) 可应用于洗衣粉配方中，主要与表面活性剂LAS复合配制，加入液体K_{12}后可提高产品的去污性能。(3) 可应用于牙膏中，用作发泡剂。它的主要优点是具有芳香味，并与一些阳离子抗菌剂的抗菌活性相当。

6.1.2.3 脂肪醇聚氧乙烯醚

脂肪醇聚氧乙烯醚（AEO）是非离子型表面活性剂中发展最快、用量最大的品种，亲油基和亲水基分别是由具有活泼氢的脂肪醇和环氧乙烷经聚合反应制得，是由环氧乙烷加成数不同的多种聚氧乙烯醚构成的混合物。其合成路线如下：

$$\mathrm{ROH} + n\,\underset{\mathrm{O}}{\triangledown} \longrightarrow \mathrm{R{-}O{-}(CH_2CH_2O)_n H} \qquad (6\text{-}5)$$

AEO的主要用途是经磺化、中和生产脂肪醇聚氧乙烯醚磺酸盐（AES）。聚氧乙烯醚及其衍生物是性能优良的表面活性剂，具有较好的润湿、渗透、分散、乳化、增溶和洗涤等作用，常用于餐具洗涤剂、沐浴露、洗发香波、洗脸洗手液等与人体皮肤、头发等身体组织直接接触的液体洗涤剂。由于AEO具有独特的作用和性能，有大量国内外学者对其进行了合成方法改进和发展其下游产品的研究。1978年，美国的Conoco公司首次发现某些含钡化合物，如$Ba(OH)_2$和BaO等催化乙氧基化得到的产物，具有分布较窄且副产物较少的特点。张跃军等人研究了脂肪醇聚氧乙烯醚磺基琥珀酸单酯二钠盐的合成；刘继宪等人合成并表征了脂肪醇聚氧乙烯醚甲基丙烯酸酯以及有关AEO再醚糖苷化、硫酸盐、磷酸酯化和磷酸酯三乙醇胺盐等下游产品的研制工作。

6.1.2.4 脂肪醇聚氧乙烯醚磺酸盐

脂肪醇聚氧乙烯醚磺酸盐（AES）是精细化工用途最广的原料之一，可作为配制低磷、无磷洗涤剂及重垢型洗涤剂的主要成分，在配方中起着增溶、发泡、去污的作用。脂肪醇聚氧乙烯醚磺酸盐的结构特点如下：将两种不同的亲水基团设计在同一个表面活性剂分子中，使其兼具阴离子型和非离子型表面活性剂的特点，而具有良好的耐盐能力和化学稳定性。根据反离子种类的不同，可将AES分为AES-Na（常称为AES）、AES-NH_4（简称为铵盐）、AES-$N(CH_2CH_2CH)_3$（三乙醇胺盐）。其中，AES-Na产量最大，应用最广泛，如餐具洗涤剂、重垢洗涤剂、洗衣液等民用洗涤剂；AES-NH_4产量相对较小，由于其对人体温和，主要用于香波、浴液、洗手液等个人清洁用品；AES-$N(CH_2CH_2CH)_3$虽性能温和，但成本较高，且储存过程中易泛黄，因此用量非常少，仅用于一些特殊的、极温和的配方产品中。

醇醚磺酸盐较之其原料醇醚，具有良好的发泡力，它的洗涤性及耐硬水性比烷基苯磺酸盐及烷基磺酸盐要强。对人体皮肤刺激性小，对碱性、中性及弱酸性水、硬水均较稳定，能与多种阴离子、非离子及两性离子表面活性剂复配，具有良好的去污力、润湿力、发泡力及乳化力。其主要制备方法如下：

（1）羟乙基磺酸钠法。在粉状氢氧化钾的催化作用下，脂肪醇聚氧乙烯醚与羟乙基磺酸钠反应，制得聚氧乙烯醚磺酸盐，收率在50%左右，合成路线如下：

$$R\!-\!O\!\left(\!\!-\!\!\diagup\!\!\diagdown\!-O\!\right)_n\!H + HO\diagdown\!\diagup SO_3Na \longrightarrow R\!-\!O\!\left(\!\!-\!\!\diagup\!\!\diagdown\!-O\!\right)_{n-1}\!\diagup\!\!\diagdown SO_3Na + H_2O \tag{6-6}$$

该反应为两相反应，副产物水会产生大量泡沫，从而不利于反应的进行，因此需控制泡沫，并除去副产物水。Naylor等人在醇醚过量、减压和通入氮气等惰性气体的条件下，于180～190℃进行反应，羟乙基磺酸盐的转化率最高可达70%～80%。反应结束后，过量的醇醚用甲缩醛或环己酮反复萃取，产物溶于水中。

（2）磺酸酯盐转化法。在高温条件下，聚氧乙烯醚磺酸酯盐与亚硫酸钠及亚硫酸氢钠复配而成的混合物反应，可将其转化为相应的磺酸盐。合成路线如下：

$$\begin{aligned} &R\!-\!O\!\left(\!\!-\!\!\diagup\!\!\diagdown\!-O\!\right)_n SO_3Na + Na_2SO_3 + NaHSO_3 \longrightarrow \\ &R\!-\!O\!\left(\!\!-\!\!\diagup\!\!\diagdown\!-O\!\right)_{n-1}\!\diagup\!\!\diagdown SO_3Na + Na_2SO_3 + NaHSO_3 \end{aligned} \tag{6-7}$$

该方法的主要缺点是转化率不高。另外，由于聚氧乙烯醚磺酸酯盐和磺酸盐性质较接近，反应后产品不易分离，为二者的混合物。

（3）丙烷磺内酯法。丙烷磺内酯法是通过磺丙基化反应制得聚氧乙烯醚磺酸盐，该法具有反应速率快、产率高、设备简单、副产物少等优点。缺点是1,3-丙烷磺内酯的工业来源不广、易爆、价高，特别是有潜在的致癌性，使其应用受到限制，人们不得不寻找其他的代用途径。其合成路线如下：

$$R\!-\!O\!\left(\!\!-\!\!\diagup\!\!\diagdown\!-O\!\right)_n H + Na \longrightarrow R\!-\!O\!\left(\!\!-\!\!\diagup\!\!\diagdown\!-O\!\right)_n Na + H_2 \tag{6-8}$$

$$R\!-\!O\!\left(\!\!-\!\!\diagup\!\!\diagdown\!-O\!\right)_n Na + \text{(1,3-丙烷磺内酯: 五元环 O–S(=O)(=O))} \longrightarrow R\!-\!O\!\left(\!\!-\!\!\diagup\!\!\diagdown\!-O\!\right)_{n-1}\!\diagup\!\!\diagdown SO_3Na \tag{6-9}$$

丙烷磺内酯具有很强的开环反应能力，可以与许多化合物反应。开环反应的结果是向受体提供活性磺丙基中间体，使产物在弱碱性条件下具有一定水溶性，并使分子具有阴离子的特性。

6.1.2.5 脂肪醇醚磺酸盐

由于脂肪醇醚磺酸盐（AESO）在高电解质、高温、极端 pH 值等特殊环境中，具有优良的综合性能，尤其是因为其具有在高温、高矿化度的地藏环境中提高石油采收率的潜能，而使其多年来备受关注。AESO 的制备方法大致可分为丙磺内酯法、磺烷基化法、烯烃加成法和亚硫酸盐磺化法等，但这些制备方法都存在一些不足之处，如原料成本高、产率低、污染严重等，而制约着其工业化生产。由脂肪醇聚氧乙烯醚硫酸盐（AES）直接转化合成脂肪醇聚氧乙烯醚磺酸盐的反应过程见式（6-10）：

$$R\diagdown O(\diagup\diagdown O)_{n-1}\diagup\diagdown SO_3Na + NaSO_3 \longrightarrow R\diagdown O(\diagup\diagdown)_n SO_3Na + NaSO_4 \qquad (6\text{-}10)$$

该方法虽存在 AES 易水解、磺化率低等问题，但因其制备工艺具有原料廉价易得、流程短、污染小、操作简单等优势，而引起了广泛的研究兴趣。另外，由于 AESO 分子结构中的硫酸酯基被稳定的磺酸基所取代，因此，AESO 除了具有与 AES 类似的优良性质，还极大地改善了 AES 的不稳定性，从而能在油田、高温和极端酸碱条件等特殊场合中使用。

目前，在全球各种能源中，石油始终占据着重要的地位。石油的开采是一个关系到国家经济发展的重要环节。全球大部分油田在经历了一次采油和二次采油后，都已经进入三次采油阶段。根据我国油田的特点，表面活性剂驱油已成为我国三次采油的主要发展方向。醇/酚醚磺酸钠对高矿化度、高温、高钙镁离子的地下油藏的环境不敏感，是一种理想的三次采油用表面活性剂。此外，它还可以作为表面活性助剂，与聚异丁基磺酸盐、石油磺酸盐、改性木质素磺酸盐等复配使用，改善驱油效率；也可作为原油降黏剂，与氢氧化钠、盐酸胍、十二烷基磺酸钠等复配后使用，可改进原油运输的流动性，降低能耗。

6.1.3 烷醇酰胺

目前，常用的表面活性剂绝大部分都是阴离子表面活性剂，主要有石油磺酸盐、烷基苯磺酸盐、木质素磺酸盐等。这类表面活性剂虽然具有生产成本低、界面活性好、耐温性能好等优点，但是，它们的耐盐能力比较差，临界胶束浓度比较高。而且，这类表面活性剂的原料主要来自于石油的提取物。因此，一方面，由于石油是不可再生的资源而限制了其生产；另一方面，这类表面活性剂的生产加工过程中会排放出大量的污染物质，对生态环境造成了一定的危害。

烷醇酰胺是一种新型的驱油用非离子表面活性剂，国外商品名为 Ninol（尼诺尔）6501 和 Ninol 6502，通式为 $RCON(C_nH_{2n}OH)_2$（$n = 2 \sim 3$），$RCON(C_2H_4OH)_2$ 是 1∶1 型膏状体。烷醇酰胺为淡黄色固体，无毒、无刺激性。它的分子中存在酰胺键，因此具有很强的耐水解能力。烷醇酰胺与其他表面活性剂的不同之处在于它没有浊点，与其他类型表面活性剂的相溶性很好；它在溶液中不是离子状态，所以在地层中受离子影响很小，具有很好的抗盐能力，进一步降低油水界面张力；它在水中不解离，所以在一般的固体上不发生强烈的吸附；具有良好的增稠、稳泡、增泡、去污、钙皂分散、乳化等性能，是非离子型表面活性剂，可作为增稠剂和泡沫稳定剂，大量用于洗涤剂、化妆品、柴油乳化以及塑料中的抗静电剂、金属加工清洗剂和防锈剂、纺织助剂和油田开采驱油用表面活性剂。

烷醇酰胺的合成方法归纳起来有脂肪酸法、脂肪酸甲酯法和甘油酯法三种。制备烷醇酰胺的原料主要为高级脂肪酸，以天然脂肪酸为原料制成的油脂衍生物和油基表面活性剂具有优异的生物降解性能，被称为绿色表面活性剂。而甘油酯广泛存在于动物和植物体内，油脂不仅是可再生资源，而且无支链、无环状结构的直链脂肪酸甘油酯是生产表面活性剂的优质原料。以脂肪酸和二乙醇胺为原料合成烷醇酰胺的反应过程见式（6-11）：

$$R-C(=O)OH + HN(CH_2CH_2OH)_2 \longrightarrow RC(=O)-N(CH_2CH_2OH)_2 + H_2O \quad (6\text{-}11)$$

由于二乙醇胺分子中有两个羟基和一个亚胺基。因此，其可与脂肪酸发生酰胺化和酯化反应。在一定温度下，由于亚胺基具有较强的亲核性，酰胺化为主要反应，即酰胺化反应的速度大于酯化反应速度。当温度升高时，酰胺化反应速度增加 Δv_a，酯化反应速度增加 Δv_b，则 $v_a + \Delta v_a \leqslant 2(v_b + \Delta v_b)$，即当温度高至某一数值时，酯化反应会成为主要反应。即在高温下，当酰化反应进行到一定程度后，通过酰胺化反应生成的烷醇酰胺以及二乙醇胺上的羟基，都可与脂肪酸反应，生成酰胺酯或氨基酯。但在较低温度下，烷醇酰胺与脂肪酸反应生成的酰胺酯在碱性介质中，易与二乙醇胺发生氨解反应，又可以转变为烷醇酰胺，而氨基酯在同样的条件下则转化得非常缓慢。而脂肪酸进行的酰化反应是可逆的，必须把反应生成的水及时移除，不然生成的水能把酰基水解掉，可用共沸蒸馏法或加入化学脱水剂等实现。为了使反应进行彻底，可使用过量的脂肪酸，也可加入催化剂来提高该过程的反应速率。该法工艺简单，但产品纯度低，品质较差，产物为低活性烷醇酰胺。在高温下，低活性烷醇酰胺将会朝生成 N,N-二(2-羧乙基)哌嗪的方向进行。由于上述反应存在，一般由脂肪酸与二乙醇胺直接反应生成的烷醇酰胺产品中的有效成分较低。

$$2R-COOH + NH(CH_2CH_2OH)_2 \longrightarrow NH(CH_2CH_2O-CO-R)_2 + 2H_2O \quad (6\text{-}12)$$

$$2R-COOH + R-CO-N(CH_2CH_2OH)_2 \longrightarrow R-CO-N(CH_2CH_2O-CO-R)_2 + 2H_2O \quad (6\text{-}13)$$

以脂肪酸和二乙醇胺为原料，也可通过两步法来制备二乙醇酰胺，原理如下：第一步，二乙醇胺与过量的硬脂酸反应，除了生成硬脂酸二乙醇酰胺以外，还有副产物酰胺酯和氨基酯生成。第二步，在碱性催化剂作用下，使第一步生成的副产物酰胺酯和氨基酯发生胺解反应，转化成硬脂酸二乙醇酰胺。

脂肪酸甲酯法是比较常用的合成烷醇酰胺的方法，它是指先用 $C_8 \sim C_{18}$ 脂肪酸与甲醇进行酯化，所制得的脂肪酸甲酯再与单乙醇胺或二乙醇胺缩合制取烷醇酰胺。酯交换法的最大优点是产品纯度高（大于90%），反应温度较低，时间短，但是工艺流程复杂，成本高，尤为不利的是使用甲醇对劳动保护、防火、防爆等条件要求高。以脂肪酸甲酯（生物柴油）合成烷基醇酰胺的反应过程见式(6-14)：

$$R-CO-CH_3 + NH(CH_2CH_2OH)_2 \longrightarrow R-CO-N(CH_2CH_2OH)_2 + HOCH_3 \quad (6\text{-}14)$$

小山基雄对上述反应的副产物进行了研究，他发现酰胺单酯、酰胺双酯在碱性催化剂和二乙醇胺的作用下进行氨基分解，可迅速转变成烷醇酰胺，而使脂肪醇酰胺含量大大提高，达到90%～95%。对比前两种方法，用生物柴油作原料不仅使合成的烷醇酰胺的活性得到了很大提高，且降低了对设备的要求，缩短了反应时间。原料对反应条件的影响见表6-2。

表6-2 原料对反应条件的影响

原 料	设 备	温度/℃	时间/h	活性/%
生物柴油（甲酯）	碳 钢	90～115	4	60
脂肪酸	不锈钢	140～160	6	90

甘油酯法合成烷醇酰胺，通常以椰子油为原料。德国汉高公司公布的专利文献中，报道了将椰子油直接和单乙醇胺在酸催化下反应合成椰油酸单乙醇酰胺的工艺方法，只需把副产品甘油不断移出反应体系，就可提高酰胺产率。而我国椰子油产量少，主要依靠进口，远不能满足生产需要。因此，国内一直在探索使用

动植物油脂代替椰子油合成烷醇酰胺的方法。目前，已有使用棕榈油、米糠油、菜子油、棉油、大豆油、混合油、猪油和牛油等为原料合成烷醇酰胺的研究报道。杨春霞等人以棉子油为原料，通过与二乙醇胺直接反应，合成了烷醇酰胺，并通过分步加料的方式，减少了氨基单、双酯等副产物的生成。相关反应式如下：

$$\begin{array}{l} RCOOCH_2 \\ | \\ RCOOCH \\ | \\ RCOOCH_2 \end{array} + 3NH(CH_2CH_2OH)_2 \longrightarrow 3RC(=O)N(CH_2CH_2OH)_2 + \begin{array}{l} HOCH_2 \\ | \\ HOCH \\ | \\ HOCH_2 \end{array} \qquad (6\text{-}15)$$

脂肪酸甲酯法合成烷醇酰胺收率可达90%，但工艺流程较复杂；脂肪酸法产率低、副产物多；甘油酯法工艺简单，但副产物甘油难以分离。近期，M. Fernandez-Perez 等人探索用选择性酶作为生物催化剂合成烷醇酰胺。研究表明，烷醇酰胺中少量的二乙醇胺虽不能引起鼠类基因突变，但有明显的致癌作用，故需探索提高产率和降低乙醇胺的新工艺。有专利对脂肪酸甲酯法进行改进，将产物用脂肪酰氯处理，产率可达98.9%；或在反应物中加入汞，在产物中加入水和盐酸，然后用反相渗透膜过滤，或在产物中加入酶，产率提高到99.5%；再将乙醇胺先和 NaOH、汞反应，然后再加入脂肪酸甲酯，产率达99.1%。

以烷醇酰胺为原料，进一步合成乙氧基化烷醇酰胺、烷醇酰胺磷酸酯、烷醇酰胺硼酸酯及烷醇酰胺硫酸酯等衍生表面活性剂。其中备受关注的为乙氧基化脂肪酸单乙醇酰胺，它因易于生物降解、耐水解且保留有脂肪酸中的双键而有望替代脂肪醇聚氧乙烯醚以及油漆、涂料中的壬基酚。在性能研究方面，Folme 等人以十八酸合成的一系列不饱和脂肪酸单乙醇酰胺为对象评估了双键、酰胺键对其物化性能的影响。研究表明，酰胺键的存在有利于氢键的形成，可降低临界胶束浓度（cmc），而双键的存在提高了分子亲水性，同时也阻碍了表面活性剂基团聚合而使氢键的形成变得困难，cmc 增大。

6.1.4 脂肪酸蔗糖酯

脂肪酸蔗糖酯（简称蔗糖酯，SE），是由蔗糖与 $C_8 \sim C_{22}$ 等脂肪酸或脂肪酸酯通过酯交换反应合成的一类化合物。蔗糖酯是一种白色到黄色的粉末或无色到微黄色的黏稠液体，无味或稍有特殊气味，易溶于乙醇、丙酮，单酯可溶于水，二酯和三酯难溶于水。利用原料来源广泛的蔗糖和生物柴油（脂肪酸酯）为原料，通过酯交换反应合成蔗糖酯，既可解决国内蔗糖供过于求的状况，也可显著增加生物柴油的经济和市场效益。SE 是一种典型的非离子表面活性剂。其中，—OH 和碳链分别为亲水基和亲油基。

作为一种性能优越的非离子表面活性剂，SE 可在内服药和外用药中作为乳化剂、分散剂、增溶剂、稳定剂、增稠剂等助剂或直接作为药物使用。通过 Okamoto 等人的研究可知，把月桂酸蔗糖酯溶于丙二醇中，当浓度在 1.5% 时，可以明显增强利多卡因（一种麻醉剂）和酮咯分的透皮渗透性；Potier 等人合成了具有抗氧化剂性能的 SE，可以捕捉诱发心血管疾病或癌症的过氧、烃基、烷基过氧自由基和单线态氧等活性氧；SE 添加在食品中有抑菌作用，尤其是对一些高温嫌气耐热芽孢菌，能防止其孢子的萌发和生长，并防止蛋白质和淀粉的冷冻变性，在体内不提供能量，是较理想的脂肪替代品。

目前，SE 的合成研究主要集中于蔗糖与酸或酯的酯交换反应。Cruces 等人以蔗糖和醋酸乙烯酯为原料，以二甲基亚砜为溶剂，在磷酸氢二钠的催化下，通过酯交换法合成了四种 SE 产品（辛酸、月桂酸、豆蔻和棕榈酸蔗糖酯）。Sabeder 等人将果糖和脂肪酸在有机溶剂中经脂肪酶催化成功合成了 SE。在合成上，可采用直接糖苷法和转糖苷法两种方法来合成蔗糖酯。具体合成工艺如下：

直接糖苷法：

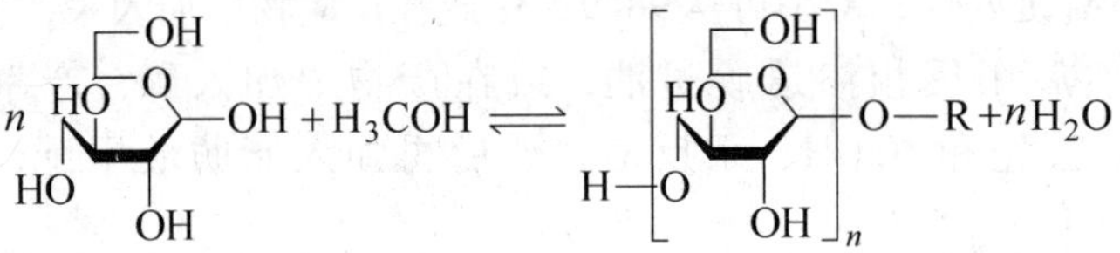

$$n\ \text{[glucose]}\text{—OH} + H_3COH \rightleftharpoons \left[\text{H—O—[glucose]—O—R}\right]_n + nH_2O \quad (6\text{-}16)$$

转糖苷法：

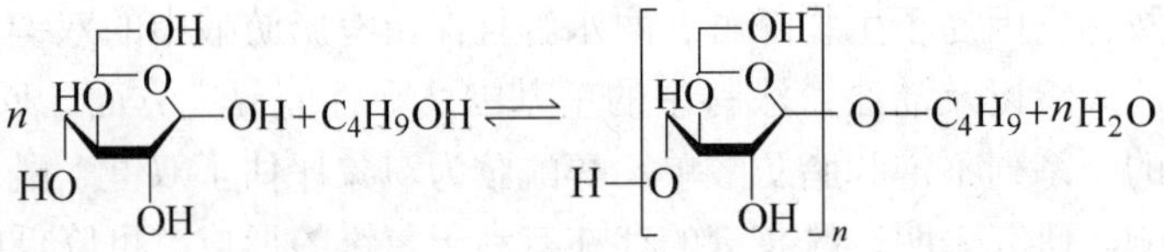

$$n\ \text{[glucose]}\text{—OH} + C_4H_9OH \rightleftharpoons \left[\text{H—O—[glucose]—O—}C_4H_9\right]_n + nH_2O \quad (6\text{-}17)$$

$$\left[\text{H—O—[glucose]—O—}C_4H_9\right]_n + ROH \rightleftharpoons \left[\text{H—O—[glucose]—O—R}\right]_n + C_4H_9OH \quad (6\text{-}18)$$

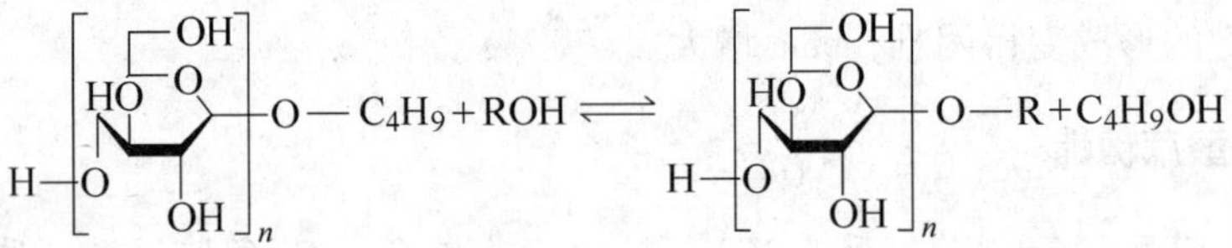

6.1.5 脂肪酸甲酯乙氧基化物

脂肪酸甲酯乙氧基化物（fatty acid methyl ester ethoxylates，FMEE）是一种新型的醚-酯型非离子表面活性剂，是以脂肪酸甲酯为原料，经碱土金属等复合催化剂作用，直接与环氧乙烷（ethylene oxide，EO）发生加成反应后制备而成。与传统的脂肪醇乙氧基化物（alcohol ethoxylate，AE）相比，具有以下优点：生产成本低（脂肪酸甲酯价格比脂肪醇便宜）、水溶性好、对油脂增溶能力强、皮肤刺激性小、生态毒性低、生物降解性好。近年来，FMEE 受到高度重视，有望成为一种优良表面活性剂，作为洗涤剂、清洁剂等安全、高效产品的优质原料。根据美国洗涤协会 Tom Senwelo 博士发表在《国际洗涤标准专刊》上的文章，脂肪酸甲酯乙氧基化物（FMEE）的去油能力是脂肪醇聚氧乙烯醚的 1.5 倍，是三乙醇胺油酸皂的 2.5 倍。在除蜡方面，脂肪酸甲酯乙氧基化物（FMEE）的除蜡能力是脂肪醇聚氧乙烯醚的 1.6 倍，是三乙醇胺油酸皂的 1.4 倍。

传统方法有两种，在传统乙氧基催化剂作用下，分别以甲醇和脂肪酸（或脂肪酸甲酯）为原料经过两步反应得到 FMEE，见式（6-19）和式（6-20）。这两种方法都必须在高温、高压下进行，能耗大且副产物多（如二酯、聚乙二醇），在实际工业生产中价值不大，这也是多年来 FMEE 未引起注意的主要原因。

$$CH_3OH \xrightarrow[\text{高温高压}]{n\,\text{环氧乙烷}} CH_3O(CH_2CH_2O)_nH \xrightarrow[\text{高温高压}]{RCOOCH_3\text{或}RCOOH} RCO(OCH_2CH_2)_nOCH_3 \quad (6\text{-}19)$$

$$RCOOH \xrightarrow[\text{高温高压}]{n\,\text{环氧乙烷}} RCOO(CH_2CH_2O)_nH \xrightarrow[\text{高温高压}]{CH_3OH} RCO(OCH_2CH_2)_nOCH_3 \quad (6\text{-}20)$$

在新型复合氧化物催化剂存在下，由脂肪酸甲酯和环氧乙烷经一步反应直接制备 FMEE，反应条件与醇类乙氧基化的条件相当（170～180℃，0.5MPa），反应式见式（6-21）。该法可利用传统的乙氧基化装置，直接以脂肪酸甲酯为原料来制备 FMEE，克服了以前两步法的缺点，既节省了资金，又减少了向环境中排放的废气量，对工业生产和环保都非常有利。

$$RCOOCH_3 + n\,\text{环氧乙烷} \longrightarrow RCO(OCH_2CH_2)_nOCH_3 \quad (6\text{-}21)$$

Hama 等人用 ^{18}O 同位素标记 $C_{11}H_{23}CO^{18}OCH_3$，并通过气质联用分析法对乙氧基化的产物进行了分析，对脂肪酸甲酯乙氧基化的反应机理进行了研究。从谱图分析结果可知，^{18}O 仅存在于 FMEE 末端的甲氧基基团中，这表明了该反应是在酰基和甲氧基之间断裂，然后再发生加成聚合反应，反应历程如图 6-7 所示，即首先由催化剂（氧化镁和金属铝等复合型催化剂）表面的氧化镁所产生的碱性中心与外加铝离子酸性中心所导致的双官能团效应，脂肪酸甲酯分裂成酰基阳离子和甲氧基阴离子，形成中间吸附物，接着环氧乙烷被极化，而与酸性中心铝之间产生强烈吸引，从而甲氧基亲核进攻，环氧乙烷开环聚合。另外，通过$—OCH_2CH_2OCH_3$阴离子重新成键，酰基阳离子从催化剂表面化学解吸，生成几乎是纯单酯的均相 FMEE。

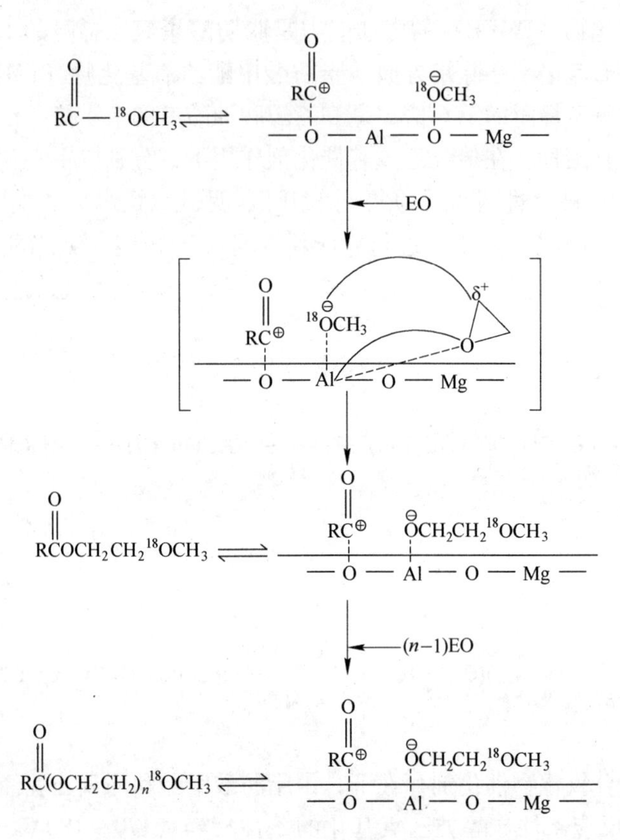

图 6-7 脂肪酸甲酯乙氧基化反应历程

正因为如此，国内外对脂肪酸甲酯乙氧基化的催化工艺和合成工艺都做了不懈的努力，如中国日用化学工业研究院的研究人员采用自制催化剂对 FMEE 进行了合成及性能的研究，并于 2002 年开始商品化生产。Arias 在紫外探测下，用非水毛细管电泳法也分离出了聚合度为 5～10 的脂肪醇聚氧乙烯醚，其分离误差小于 4%。孙永强等人进行了以不同原料油甲酯制备而成的 FMEE 等量替代 AE 的实际应用的研究。

6.1.6 生物柴油在其他领域的应用

除了上述在表面活性剂方面的用途外，生物柴油还可以在塑料领域用作环氧类增塑剂，醇酸树脂，酰胺类润滑剂；用于合成金属皂；废水处理；应用于农药

与药物等领域。

6.1.6.1 塑料领域的应用

塑料产业和纺织印染工业的飞速发展显著增加了增塑剂等助剂的用量。较常用的增塑剂是邻苯二甲酸酯类，但随着近年来人们对传统 PVC 邻苯二甲酸酯类增塑剂与人类健康影响研究的认识深入，发现邻苯二甲酸酯类增塑剂对人体会产生毒害作用，甚至致癌，特别是对婴儿和儿童的生长和发育影响更大。同时，随着石油资源的日益衰竭和相关环境法规、公约的执行，国际上已经开始采取相应的措施来限制邻苯二甲酸酯类增塑剂的使用。因此，增塑剂的研究和应用将向绿色、环保、原料可再生方向发展。环保型增塑剂种类很多，综合考虑增塑剂的性能与价格等因素，目前研究较多、应用比较广泛的环保型增塑剂主要有两大类：环氧类和柠檬酸三丁酯类。

环氧类增塑剂主要包括环氧中性油脂和环氧脂肪酸甲酯，其可以由大豆油、葵花子油、亚麻油、蓖麻油等植物油通过环氧化反应制备而成，是一类无毒、环保型的增塑剂。国内外开发应用较早的一种环氧增塑剂是环氧大豆油（ESO），具有优良的增塑和热稳定作用，在塑料、涂料、新型高分子材料等工业领域中有着广泛的应用，近年来产量持续增长。环氧类增塑剂主要是改善 PVC 制品对热和光的稳定性，且与金属稳定剂并用时能长期发挥热稳定性和光稳定性的协同效果。

环氧酯类化合物是在分子结构中带有环氧基团的化合物，在工业聚氯乙烯树脂加工工业中，它不仅对 PVC 有增塑作用，而且可使聚氯乙烯链上的活泼氯原子稳定，结构中的环氧基团可以吸收因光和热降解出来的氯化氢，从而阻止了 PVC 的连续分解作用，起到稳定剂的作用，可延长 PVC 制品的使用寿命。环氧增塑剂具有优良的耐水性、耐油性，同时还是良好的辅助稳定剂。有实验证明，环氧类增塑剂与金属皂类、有机锡类稳定剂同时使用，能起到协同作用，其稳定效果更为显著，所以环氧增塑剂在现代塑料工业中应用日益广泛。

在美国，环氧增塑剂的消费量约占增塑剂总量的 10%，仅次于邻苯二甲酸酯和脂肪族二元酸酯，占消费量的第三位。在 PVC 制品中，主要是用其既有增塑性又有稳定性的特点，在软制品中一般加入 2 ~3 份，即可大大改善其耐候性，如和聚酯增塑剂并用，最适用于冷冻设备的塑料制品、机动车用塑料、食品包装等塑料制品，环氧增塑剂毒性极小，在许多国家已被允许用于食品及医药的包装材料。

在环氧增塑剂产品中主要是官能团环氧基团的合成。一般来说，带有不饱和双键的脂肪族化合物都可被过氧化物环氧化，但烯键在末端或羟基（或羧基）与烯键相邻的化合物，由于双键的电子效应，双键的环氧化速度较慢。油脂的不饱和双键不在端基，紧邻双键也无其他基团，所以易进行环氧化反应。油脂的无毒可再生也是环氧增塑剂产品的一大亮点。甲酯环氧化反应过程如下：首先，脂肪酸在酸性条件下与双氧水反应生成过氧脂肪酸；然后，过氧脂肪酸与不饱和脂肪酸甲酯反应生成脂肪酸甲酯。甲酯环氧化反应过程如图 6-8 所示。

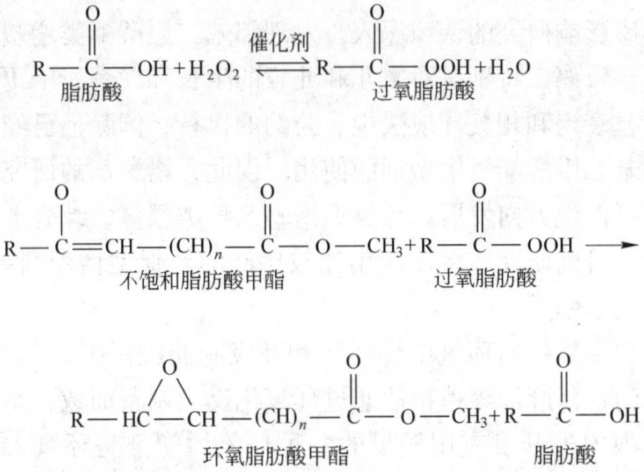

$$\underset{\text{脂肪酸}}{R-\overset{\overset{\displaystyle O}{\|}}{C}-OH} + H_2O_2 \xrightleftharpoons{\text{催化剂}} \underset{\text{过氧脂肪酸}}{R-\overset{\overset{\displaystyle O}{\|}}{C}-OOH} + H_2O$$

$$\underset{\text{不饱和脂肪酸甲酯}}{R-\overset{\overset{\displaystyle O}{|}}{C}{=}CH-(CH)_n-\overset{\overset{\displaystyle O}{\|}}{C}-O-CH_3} + \underset{\text{过氧脂肪酸}}{R-\overset{\overset{\displaystyle O}{\|}}{C}-OOH} \longrightarrow$$

$$\underset{\text{环氧脂肪酸甲酯}}{R-HC\overset{O}{\frown}CH-(CH)_n-\overset{\overset{\displaystyle O}{\|}}{C}-O-CH_3} + \underset{\text{脂肪酸}}{R-\overset{\overset{\displaystyle O}{\|}}{C}-OH}$$

图 6-8 脂肪酸甲酯环氧化反应过程

对环氧脂肪酸甲酯的研究，同样集中在催化剂的选择、工艺条件的优化等几方面。聂小安等人以生物柴油为原料，甲酸为载氧体，磷酸为催化剂，石油醚为溶剂，制备环氧脂肪酸甲酯，环氧值可达 4. 89%。Rios 和 Jorge 等人利用氧化铝作为催化剂，其中一种为通过溶胶-凝胶法制备得到的氧化铝，分别以无水过氧化氢或过氧化氢的水溶液为氧化剂、乙酸乙酯为溶剂，氧化不饱和脂肪酸甲酯。结果表明，氧化铝表现出高催化活性和选择性。当用过氧化氢的水溶液作为氧化剂时，通过溶胶-凝胶法制备得到的氧化铝的催化活性最佳，反应物的转化率可达 95%，选择性大于 97%，回用 4 次后，转化率仍可达 87%。Guidotti 等人对不同种类的 Ti-Si 分子筛催化脂肪酸甲酯合成环氧脂肪酸甲酯也进行了研究。从分子筛的结构特征和物化性能两个方面解释了分子筛的催化活性，并针对催化剂的 Ti 负载率、循环使用性和稳定性作了探讨。结果表明，虽然 Ti-MCM-41 的比表面积很大，但是 Ti-SiO_2 表现出更高的催化活性，并至少可回用 4 次。Evelyne 等人在无溶剂体系下，以磷酸钨为催化剂，研究了油酸甲酯、亚油酸甲酯等物质环氧化反应的影响因素，包括反应时间、反应温度、H_2O_2 含量、反应环境等。结果发现，在不同反应气氛中（氮气、空气和氧气）环氧化反应的转化率和产率有差异，在氮气中最低，在氧气中最高。以上差异可归结如下：在氧气存在时，可抑制 H_2O_2 分解而提高其利用率，从而提高环氧化反应的转化率和产率。

刘元法等人以硬脂酸为载氧体，甲苯为溶剂，酶为催化剂，进行了棉子油环氧化制备环氧棉子油的研究，得到的环氧化值为5.39%。Klass等人同样在甲苯溶剂中，以脂肪酶为催化剂，进行了菜子油、向日葵油、大豆油和亚麻油的环氧化实验研究。结果表明，脂肪酶有很高的底物选择性和转化率。Tomás等人把脂肪酶固定在丙烯酸树脂上来作为催化剂，进行了大豆油催化环氧化反应研究，在所得到的条件下，有90%的双键转化为环氧键。但是，酶在回用几次后容易失活。Hilker等人研究了脂肪酶催化亚麻油合成环氧亚麻油的反应，认为酶催化亚麻油体系中，底物和产物的内扩散对反应结果影响很大，同时反应温度和过氧化氢的浓度对酶的活性有显著影响。Cecilia等人研究了无溶剂条件下，脂肪酶催化氧化油酸和油酸甲酯生成环氧油酸和环氧油酸甲酯的反应，结果表明，反应温度对油酸的环氧化反应影响很明显，而对油酸甲酯的影响不显著，但是同样存在酶容易失活的问题。

无论化学法还是酶法，在催化合成环氧增塑剂的反应体系中都存在环氧基开环的副反应。Campanella等人认为在反应体系中H^+的存在会促使环氧基和羟基、酯键等反应而打开环氧键。Zoran等人认为在酸性条件下，氢离子进攻环氧基形成羟基后，羟基继续进攻环氧基还可以形成醚类物质或低聚物。因此，控制H^+浓度是一个取得较高转化率的重要因素。Evelyne等人则研究了温度对环氧键稳定性的影响，结果表明，对于单纯环氧化合物来说，即使在很高温度下也是很稳定的，但当过氧化氢和催化剂同时存在时，即使在很低的温度下，环氧键也会大量分解，并发生聚合反应。

另外，无论是化学法还是酶法，在环氧增塑剂的合成过程中，都会产生工业废酸和废水，而对环境造成污染。废水的主要成分是有机酸、中性油脂、脂肪酸甲酯、环氧中性油脂、环氧脂肪酸甲酯、过氧有机酸、硫酸、过氧化氢等物质。针对这些污染物，目前的研究主要采用H_2O_2催化氧化法来处理废水。其原理为：H_2O_2在亚铁盐的催化氧化下，能分解生成较多的氧化性极强的氢氧游离基（OH^-），通过OH^-去迅速分解有机物质，最终生成CO_2和H_2O。具体操作步骤如下：首先，将车间中排出的废水利用重力法进行隔油，油类尽量回收利用；其次，加入$FeSO_4$进行曝气催化氧化反应；再次，加入NaOH使pH值调至6~7，经过两级沉降后，在接触氧化池进行曝气氧化处理；最后，达标排放，COD的去除率可达97.9%。

采用化学法合成环氧增塑剂时，以硫酸为催化剂的工艺路线比较成熟，但是硫酸的存在会造成设备腐蚀。酶催化法合成环氧增塑剂，具有反应条件温和、可有效避免设备腐蚀等优势。但是，目前酶催化剂的成本相对较高，反应时间较长，工艺还需进一步优化。针对环氧化反应产生的废水和废酸的处理仍需要进一步深入研究。虽然如此，随着人们对健康与环境保护意识，使用环氧增塑剂来替代传统增塑剂的研究将会受到越来越多的关注，而使其成为增塑剂的主要品种。

6.1.6.2 醇酸树脂

醇酸树脂是由多元醇、邻苯二甲酸酐和油脂（甘油三脂肪酸酯）缩合共聚而成的改性聚酯树脂。目前，它主要用于作为生产油漆的原料。它以芳香酸聚酯为主链，可提供刚性；脂肪酸酯为侧链，增加柔韧性。该树脂中的侧链可由廉价和活性更高的生物柴油（甲酯）替代脂肪酸或油脂来制得。制造醇酸树脂的多元醇主要有丙三醇（甘油）、三羟甲基丙烷、三羟甲基乙烷、季戊四醇、乙二醇、1,2-丙二醇、1,3-丙二醇等。多元醇的羟基个数称为该醇的官能度，丙三醇为三官能度醇，季戊四醇为四官能度醇。根据醇羟基的位置，有伯羟基、仲羟基和叔羟基之分。它们分别连在伯碳、仲碳和叔碳原子上。羟基的活性顺序为：伯羟基 > 仲羟基 > 叔羟基。常见多元醇的物理性质见表 6-3。用三羟甲基丙烷合成的醇酸树脂具有更好的抗水解性、抗氧化稳定性、耐碱性和热稳定性，与氨基树脂有良好的相容性，此外，还具有色泽鲜艳、保色力强、耐热及快干的优点。乙二醇和二乙二醇主要与季戊四醇复合使用，以调节官能度，使聚合反应过程平稳，而避免胶化。

表 6-3 常见多元醇的物理性质

单体名称	结构式	相对分子质量	溶点(沸点)/℃	密度/g·cm^{-3}
丙三醇(甘油)	$HOCH_2CH(OH)CH_2OH$	92.09	18(290)	1.26
三羟甲基丙烷	$CH_3CH_2C(CH_2OH)_3$	134.12	56～59(295)	1.18
季戊四醇	$C(CH_2OH)_4$	136.15	189(260)	1.38
乙二醇	$HO(CH_2)_2OH$	62.07	-13.3(197.2)	1.12
二乙二醇	$HO(CH_2)_2O(CH_2)_2OH$	106.12	-8.3(244.5)	1.12
丙二醇	$CH_3CH(OH)CH_2OH$	76.09	-60(187.3)	1.04

醇酸树脂涂料具有漆膜附着力好、光亮、丰满等特点，且具有很好的施工性。醇酸树脂本身是一种独立的涂料材料，其干性、光泽、硬度、耐久性都是油性漆所不及的。醇酸树脂可以制成清漆、磁漆、底漆、腻子、水性漆；但其涂膜较软，耐水、耐碱性欠佳。醇酸树脂可与其他树脂（如硝化棉、氯化橡胶、环氧树脂、丙烯酸树脂、聚氨酯树脂、氨基树脂）等并用；或与氨基树脂、多异氰酸酯等共缩聚，制成其他体系的涂料，可广泛用于桥梁等建筑物以及机械、车辆、船舶、飞机、仪表等的表面涂装。此外，醇酸树脂原料易得、工艺简单，符合可持续发展的社会要求。目前，醇酸漆仍然是重要的涂料品种之一，其产量约占涂料工业总量的 20% ～25% 。其余用作胶黏剂、增韧剂、油墨及模塑料。

脂肪酸法合成醇酸树脂，常使用一元酸，主要有：苯甲酸、松香酸以及脂肪酸（亚麻油酸、妥尔油酸、豆油酸、菜子油酸、椰子油酸、蓖麻油酸、脱水蓖麻油酸等)。亚麻油酸、桐油酸等干性脂肪酸感性较好，但易黄变、耐候性较差；豆油酸、脱水蓖麻油酸、菜子油酸、妥尔油酸黄变较弱，应用较广泛；椰子油酸、蓖麻油酸不黄变，可用于室外用漆和浅色漆的生产。苯甲酸可以提高耐水性，由于增加了苯环单元，可以改善涂膜的干性和硬度，但用量不能太多，否则涂膜会变脆。

脂肪酸法合成醇酸树脂的过程如下：将脂肪酸、多元醇（甘油）、多元酸（苯二甲酸酐）在一起进行酯化。具体方法有：

（1）常规法：将全部反应物加入反应釜内混合，在不断搅拌下升温，在200~250℃保温酯化。中间不断地测定酸值和黏度，达到要求时停止加热，将树脂溶化成溶液，但这种方法制得的漆膜干燥时间慢、挠折性、附着力均不太理想。

（2）高聚物法：先加入部分脂肪酸（40%~90%）与多元醇、多元酸进行酯化，形成链状高聚物，然后再补加余下的脂肪酸，将酯化反应完成。所制备的树脂漆膜干燥快，挠折性、附着力、耐碱性都比常规法有所提高。

醇解法是合成醇酸树脂的重要方法。由于油脂与多元酸（或酸酐）不能互溶，因此用油脂合成醇酸树脂时，要先将油脂醇解为不完全的脂肪酸甘油酯（或季戊四醇酯）。油脂不完全醇解反应后得到的脂肪酸甘油酯是一种混合物，其中含有单酯、双酯、未反应油脂、甘油。单酯含量是一个重要指标，会影响醇酸树脂的质量。若使用醇解法合成醇酸树脂，醇解时需使用催化剂。常用的催化剂为氧化铅和氢氧化锂（LiOH），由于环保问题，氧化铅被禁用。醇解催化剂可以加快醇解进程，且使合成的树脂清澈透明。其用量一般占油脂用量的0.02%。聚酯化反应也可以加入催化剂，主要为有机锡类，如二月硅酸二丁基锡、二正丁基氧化锡等。其反应过程如图6-9所示。

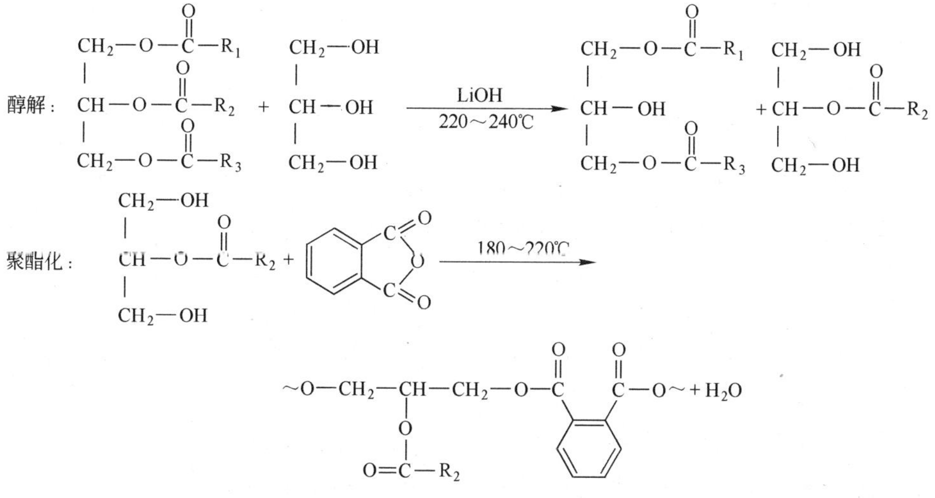

醇解：

$$\begin{array}{l} CH_2-O-\overset{O}{\overset{\|}{C}}-R_1 \\ | \\ CH-O-\overset{O}{\overset{\|}{C}}-R_2 \\ | \\ CH_2-O-\overset{O}{\overset{\|}{C}}-R_3 \end{array} + \begin{array}{l} CH_2-OH \\ | \\ CH-OH \\ | \\ CH_2-OH \end{array} \xrightarrow[220\sim240^{\circ}C]{LiOH} \begin{array}{l} CH_2-O-\overset{O}{\overset{\|}{C}}-R_1 \\ | \\ CH-OH \\ | \\ CH_2-O-\overset{O}{\overset{\|}{C}}-R_3 \end{array} + \begin{array}{l} CH_2-OH \\ | \\ CH-O-\overset{O}{\overset{\|}{C}}-R_2 \\ | \\ CH_2-OH \end{array}$$

聚酯化：

$$\begin{array}{l} CH_2-OH \\ | \\ CH-O-\overset{O}{\overset{\|}{C}}-R_2 \\ | \\ CH_2-OH \end{array} + C_6H_4(CO)_2O \xrightarrow{180\sim220^{\circ}C}$$

$$\sim O-CH_2-\underset{\underset{O=C-R_2}{|}}{\underset{O}{\underset{|}{CH}}}-CH_2-O-\overset{O}{\overset{\|}{C}}-C_6H_4-\overset{O}{\overset{\|}{C}}-O\sim + H_2O$$

图6-9 醇解法合成醇酸树脂的反应过程

醇解-溶剂法生产醇酸树脂的工艺流程如图 6-10 所示。

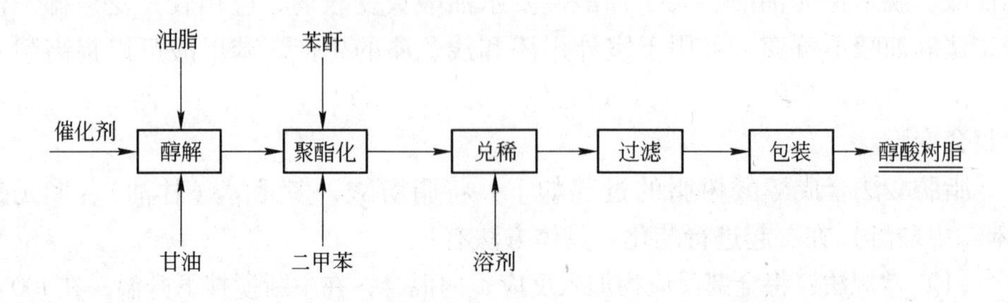

图 6-10 醇解-溶剂法生产醇酸树脂的工艺流程

无论是脂肪酸法还是醇解法，在合成醇酸树脂时，都可分为熔融法与溶剂法两种生产工艺。在实际生产中，熔融法需在反应釜内不断输入惰性气体（CO_2），使反应物与空气隔绝，减少物料的氧化，并带出酯化反应生成的水，使生产出的树脂颜色尽可能浅，外观好，产品质量稳定。溶剂法则利用二甲苯与水共沸产生蒸汽来封闭液面，带走酯化反应生成的水。熔融法醇解与酯化在同一反应釜内进行，醇解终止后，降温至 180～200℃ 时再加入苯二甲酸酐，升温酯化，直至反应终点。醇酸树脂合成主要采用溶剂法生产，它与熔融法的区别就在于酯化反应时，常加入一定数量（占反应物料总量的 4%～6%）的二甲苯，通过冷凝器、分水器、回流管，使二甲苯在反应釜内与反应生成的水共沸。生成的混合蒸汽，可经过冷凝后分层，使水在分水器内排除。最终，完成酯化反应。

熔融法设备简单、利用率高、安全，但产品色深、结构不均匀、批次性能差别大、工艺操作较困难，主要用于聚酯合成。由于熔融法和溶剂法的利弊鲜明，国内涂料行业大都愿意采用溶剂法。

6.1.6.3 合成皂盐

金属皂是高级脂肪酸金属盐的总称，一般为 Ca、Ba、Zn、Cd、Pb 及稀土金属（RE）的皂盐，其中铅盐所占的比例最大，可用作聚氯乙烯（polyvinylchlorid，PVC）稳定剂。PVC 是五大通用塑料之一，其制品具有软硬度易调控、力学性能高、电绝缘性好、透明性高等特点。但是，热稳定性差是其突出缺点。一般来说，PVC 在 100℃ 以上时，开始出现脱 HCl、大分子交联及热变色等降解现象。因此，在 PVC 加工过程中需加入热稳定剂。目前，工业上常用的热稳定剂主要有铅盐类、金属皂和有机锡等，但多数品种有毒，难以满足环保要求。传统的硬脂酸钙、硬脂酸锌是公认的无毒热稳定剂，但作为热稳定剂，硬脂酸钙、硬脂酸锌的性能仍然难以满足 PVC 加工应用的性能要求；另外，其与 PVC 的相容性也较差。因此，其使用价格仍然不能与铅盐类稳定剂竞争。尽管可以通过提高用量来达到与铅盐类稳定剂相同甚至更高的初期热稳定性，但老化后的稳定性仍然相差很多。林美娟制备了聚氯乙烯用各种无毒硬脂酸金属皂及新型脂肪酸金属皂，并研究了其热稳定性能、力学性能及透明性能。研究结果表明，新型脂肪酸皂的热稳定时间均比相应的硬脂酸皂延长了 1 ~ 2 倍，热烘变色性也相应有所改善。这表明新型脂肪酸皂具有较高的热稳定性；硬脂酸稀土皂及锰皂透明性最高，新型脂肪酸皂透明性大多也都较高。郭立新等人以一种简便的方法制备了以环氧脂肪酸钙、环氧脂肪酸锌为主的固体钙锌复合稳定剂。新型钙锌复合稳定剂具有合成方法工艺简便和无毒无尘等优势。该稳定剂中含有的环氧基团与硬脂酸钙/锌并用环氧化合物或 β-二酮类似，具有辅助热稳定作用。研究发现，其对 PVC 不但有较好的长期热稳定作用，而且具有较好的初期着色性，可用于无毒制品，具有良好的社会和经济效益。

稀土稳定剂是近几年发展起来的新型热稳定剂，具有无毒、高效、多功能、价格适中等优点，适用于软硬质及透明与不透明的 PVC 制品。20 世纪 80 年代，我国最先开发了 PVC 稀土热稳定剂，主要品种有稀土氧化物与铅盐皂类的复合物、有机稀土化合物、液体稀土稳定剂等。胡圣飞等人研究了稀土复合稳定剂和铅稳定剂在 PVC 中的应用。结果表明，稀土复合稳定剂对 PVC 的力学性能、加工性能都有不同程度的提高，热稳定性能较好的稀土复合稳定剂符合 PVC 的加工条件，并能改善 PVC 与 $CaCO_3$ 界面的黏合状态。李敏贤等人研究了制备条件对稀土热稳定剂收率的影响。从实验发现：反应温度为 60℃、pH 值为 8、硝酸稀土的浓度为 1.0mol/L、氨水的浓度为 0.5mol/L 条件下，得到的稀土热稳定剂产品收率最高，改善了稀土热稳定剂的分散性，提高了热稳定效果，降低了生产成本。在此制备工艺中，用氨水替代目前应用较多的氢氧化钠与稀土溶液反应制备稀土-锌复合热稳定剂，不需研磨即可得到比当前稀土热稳定产品粒度小且均匀的粉末，分散性较好，从而提高了热稳定剂的热稳定效果。这在一定程度上改变了目前稀土热稳定体系因分散性差而影响热稳定性的问题，而且副产物硝酸铵可作农用化肥等化工原料，大大降低了生产成本。

用生物柴油合成金属皂不仅可一步制得、原料广，且无废水排放。陈登龙经试验表明，生物柴油制备脂肪酸镧热稳定剂是可行的。

6.1.6.4　其他应用

生物柴油在工业废水处理中的应用目前主要是针对含苯系物的治理，如冯晓根等人用生物柴油对工业苯胺废水进行了处理，结果表明经三级萃取后，苯胺去除率达 99.98%。

由于甲酯的无毒性，又与很多有机试剂具有较好的可溶性，可作为药物溶剂，因此，其在农药和药物合成上有较大的运用潜力。目前，已有将成分较为单一的脂肪酸甲酯作为茎叶处理除草剂的喷雾助剂，如刘跃群等人用生物柴油作为溶剂对精喹禾灵乳油进行了研究。

由此可见，生物柴油（脂肪酸甲酯）的衍生产品很多，已经应用于或者正在研究开发的领域也很多。用其生产的表面活性剂除了具有良好的去污力和钙皂分散力外，还具有生物降解率高、毒性低、无磷等优点，是未来高环保要求下的洗涤剂、清洗剂的最佳合成材料，用于塑料行业也可以简化工艺，节约成本，且不影响原产品性能。

6.2 副产品甘油的开发利用

随着生物柴油备受青睐，生物柴油生产过程中产生的副产物——甘油的产量也随之增大，每生产 10kg 生物柴油就会有 1kg 的甘油产生。与石化柴油相比，生物柴油的生产成本较高。如能把生物柴油生产过程中得到的副产物甘油充分利用起来，那么，不但可以提高生物柴油的综合经济效益，同时，也是一条重要的降低生物柴油生产成本的途径。纯甘油是一种无色有甜味的黏状液体，它是一种三元醇。甘油应用广泛，在我国目前主要用于生产涂料、食盐、医药、牙膏、玻璃纸、绝缘材料等。

生物柴油生产过程中产生的副产物——甘油的纯度较差，一般为 80% ~ 90% 。原料及工艺过程都直接影响粗甘油的成分。粗甘油中一般含有废催化剂、中和后的各种盐类、残留甲醇、甲酯、油脂、皂和游离脂肪酸等。因此，粗甘油的精制脱色，是其能有效利用的关键环节之一。作为一种重要的化工产品，甘油可广泛应用于不同行业。在不同领域，甘油所采用的标准有差别，美国药典甘油标准见表 6-4，德国工业甘油标准见表 6-5，中国甘油产品国家标准见表 6-6，日本药用甘油标准和食品级甘油标准分别见表 6-7 和表 6-8。

表 6-4 美国药典甘油标准（2006 年）

项 目	甘 油	项 目	甘 油
纯 度	99.0% ~101.0%	硫酸盐	0.002 以下
色 泽	比较液以下	重金属	5μg 以下
认可实验	红外吸收光谱	氯化化合物	0.003 以下
相对密度（25℃）	1.249 以上	脂肪酸，脂类	1mL 以下
灼烧残渣	0.01% 以下	二甘醇和相关化合物	0.1 以下不包含二甘醇
水 分	5.0% 以下	有机挥发性杂质，残余溶剂	符合要求
氯化物	0.001% 以下		

表 6-5 德国工业甘油标准

项 目	甘 油	项 目	甘 油
纯 度	最少 99.5%	气 味	微弱，温和的，无刺激人的气味
水 分	最大 0.5%	密度（20℃）	1.257 ~ 1.261g/mL
浑浊度	0 ~ 1 度	折射率	1.4714 ~ 1.4745
色 泽	最大 30		

表 6-6 中国甘油产品国家标准

项 目	指 标		
	优等品	一等品	二等品
外 观	透明无悬浮物	透明无悬浮物	透明无悬浮物
气 味	无异味	无异味	无异味
色 泽	<20	<30	<70
相对密度	>1.2572	>1.2559	>1.2481
氯化物(Cl 计)/%	<0.001	<0.01	
硫酸化灰分/%	<0.01	<0.01	<0.05
每 100g 酸碱度/mmol	<0.064	<0.10	<0.30
每 100g 皂化当量/mmol	<0.64	<1.0	<3.0
砷(As)/$mg \cdot kg^{-1}$	<2	<2	
重金属(Pb)/$mg \cdot kg^{-1}$	<5	<5	
还原性物质	无沉淀或银镜		

表 6-7 日本药用甘油标准

项 目	甘 油	浓甘油
纯 度	84% ~ 87%	98%
性 状	无色透明液体，有黏性，无臭，有甜味，和水混溶，在醚中极难溶解	无色透明液体，有黏性，无臭，有甜味，和水混溶，在醚中极难溶解
认可实验	加入硫酸钾加热产生丙烯醛味道	加入硫酸钾加热产生丙烯醛味道
折射率（n_d，20℃）	1.449 ~ 1.453	1.470 以上
相对密度（20℃/20℃）	1.221 ~ 1.230	1.258 以上
色 泽	不溶于控制溶液	不溶于控制溶液
酸度或碱度	中性	中性
氯化物（Cl^-）	0.001% 以下	0.001% 以下
硫酸盐	0.002 以下	0.002 以下
铵	石蕊试纸不变色	石蕊试纸不变色

续表 6-7

项　目	甘　油	浓甘油
砷（As_2O_3）	2.0×10^{-6}以下	2.0×10^{-6}以下
丙烯醛、葡萄糖和其他还原性物质	溶液不变色和产生浑浊	溶液不变色和产生浑浊
脂肪酸及脂肪酸酯	3.0mL 以下	3.0mL 以下
硫酸呈色物	比较液以下	比较液以下
强热残分	0.01% 以下	0.01% 以下

表 6-8　日本食品级甘油标准

项　目	甘　油
性　状	无色透明液体，有黏性，无臭，有甜味
认可实验	加入碘酸钾加热，产生丙烯醛的味道
相对密度（20℃/20℃）	1.25～1.264
氯化物（Cl^-）	0.003% 以下
重金属（Pb）	5.00×10^{-6}以下
砷（As_2O_3）	4.00×10^{-6}以下
还原性物质	比较液以下
强热残分	0.01 以下
纯　度	95% 以上

目前，粗甘油精制的方法主要有离子交换法、减压蒸馏法和膜过滤法。陈文伟等人筛选出大孔弱酸阳离子树脂和大孔强碱阴离子树脂，对生物柴油副产物甘油进行了分离与精制，经脱色、蒸馏处理获得了高纯度甘油。刘汉勇等人采用减压蒸馏结合活性炭吸附脱色的方法，对来源于马来西亚的粗甘油进行了精制提纯。实验所得的甘油纯度为 99.5%，甘油收率为 91.8%。甘油的主要用途见表 6-9。我国和发达国家在甘油消费构成上的差别见表 6-10。

表 6-9　甘油的主要用途

工　业	用　途
食　品	润滑剂、甜味剂、溶剂、保湿剂、增口味剂、单甘酯、聚甘油酯
医　药	润湿剂、润滑剂、溶剂、平滑剂、祛痰剂、止咳糖浆等
化妆品	牙膏、漱口液、护肤品、护发品、皂类
涂料（醇酸树脂）	生产玻璃纸、塑化剂、柔软剂
烟　草	黏结剂、增塑剂、三乙酸甘油酯
炸　药	硝化甘油、固体火箭炮灰料的黏结剂

续表 6-9

工　业	用　途
聚氨酯	生产柔性聚氨酯泡沫塑料、环氧丙烷/环氧树脂加成用引发剂、吸水性树脂
纺　织	棉纱和布匹的润滑、上胶、柔软
造　纸	润湿剂、塑化剂

表 6-10　我国和发达国家在甘油消费构成上的差别　　(%)

相关工业	中　国	美　国	西　欧	日　本	全球平均（消费构成）
药品、化妆品	11.5	39.5	23.1	34.0	37.0
食　品		14.5	5.6		12
烟　草	7.3	15.8	16.9	5.3	9.0
醇酸树脂	49.0	9.2	13.1	11.6	13.0
聚氨酯	5.2	10.5	13.1	11.6	11.0
玻璃纸	1.5	2.0	4.4	3.8	2.0
炸　药	3.1	0.6	3.1	1.9	3.0
其　他	23.2	7.9	20.6	23.9	15.0

虽然纯甘油可作为制药、香料、化妆品、卫生用品等工业的生产原料，但是从生物柴油生产过程中得到的副产品粗甘油中提炼出高纯度的甘油，不仅提纯过程复杂，而且费用高。因此，能否开发新的方法和途径去利用生物柴油的副产物甘油非常关键，下面将对生物柴油副产品甘油的开发与利用进行阐述。

6.2.1　制备 1,2-丙二醇

甘油选择性加氢还原的主要产物是1,2-丙二醇和1,3-丙二醇。1,2-丙二醇是生产不饱和聚酯、环氧树脂和聚氨酯树脂的重要原料。1,2-丙二醇的黏性和吸湿性好，并且无毒，因而在食品、医药和化妆品工业中可广泛用作吸湿剂、抗冻剂、润滑剂和溶剂。正如美国生物柴油委员会技术总监 Howell 所述，1,2-丙二醇正在将大量充斥的生物柴油生产过程得到的副产物——粗甘油变成促进生物柴油产业发展的巨大动力。

甘油催化氢解生产二元醇的反应中，甘油的转化率、反应的主要产物及其选择性很大程度上取决于催化剂，报道的催化剂的种类也非常多。在不同的催化剂条件下，反应机理也不同。甘油催化加氢制取1,2-丙二醇的反应多采用含铜催化剂。上海华谊丙烯酸有限公司采用含铜催化剂，通过高压高温氢气还原，产物1,2-丙二醇的收率超过90%，催化剂寿命超过1000h。日本学者 Sato 等人使用含有55% CuO 的铜铝复合催化剂，在固定床式下行式反应器中、氢气环境下，将

甘油选择性氢解为1,2-丙二醇。通过温度梯度洗脱的方式，实现了1,2-丙二醇的高选择性生成。Franke等人的专利中报道了其制备1,2-丙二醇的方法，产率可达95%以上。在高压反应器中，通过改变催化剂中CuO和ZnO的质量比可得到高纯度的1,2-丙二醇。Henkelmann等人详细探讨了铜基催化剂与不同金属与金属氧化物复配，甘油的转化率和1,2-丙二醇的选择性均较高。国内中科院兰州化物所以生物基甘油的选择性加氢为切入点，开展了新型非贵金属纳米催化剂及相应的工业放大生产1,2-丙二醇的技术。

6.2.2 制备1,3-丙二醇

1,3-丙二醇（1,3-propanediol，1,3-PDO）为无色、无臭、具有咸味、吸湿性的黏稠液体。它是生产不饱和聚酯、增塑剂、表面活性剂、乳化剂和破乳剂的原料；在聚氨酯行业中，其常用作聚酯多元醇的原料、聚醚多元醇的起始剂和聚氨酯扩链剂等；在有机化工行业中，其也是重要的单体和中间体，最主要的用途是作为聚合物单体，合成聚对苯二甲酸丙二醇酯（PTT）。估计到2020年，1,3-丙二醇的潜在市场容量可达227万吨。目前，甘油制备1,3-丙二醇的主要方法有化学法和生物转化法。

甘油化学法制备1,3-丙二醇可分为脱羟基法、加氢脱水法和脱水成丙烯醛法。其中，脱羟基法的反应步骤明确，反应速度较快，副产物少，易于分离，有利于甘油转化成1,3-丙二醇。但反应物原料——磺酰氯是一种精细化学品，生产量较小，价格高，影响了该方法的工业化推广。随着全球对1,3-丙二醇的需求量的不断增大，甘油的选择性催化将是研究的重点和难点，通过催化氢解反应来生产1,3-丙二醇的研究还相对较少，并且氢解的主要产物为1,3-丙二醇和1,2-丙二醇的混合物，产物选择性差。因此，分离技术的提高将是甘油催化氢解的又一挑战。Che在铑配合物$Rh(CO)_2(acac)$的均相催化体系中加入钨酸（H_2WO_4）和碱性物质（胺或酰胺），在适当条件下，甘油可被催化氢解成1,3-丙二醇，产率为21%；同时，还有几乎等量的1,2-丙二醇生成。丙烯醛法制备1,3-丙二醇，首先要将甘油通过催化脱水，使甘油转化为丙烯醛。德国Degussa公司开发出一种以丙烯为原料生产1,3-丙二醇的工艺，由于催化剂较昂贵，推广还存在一定难度。

由甘油通过化学方法制备1,3-丙二醇，具有以下不足：设备投资大、工艺要求严格、操作条件苛刻、副产物多、产品提取难度大且“三废”处理成本高。而生物发酵法具有工艺路线短、条件温和、操作简便、选择性高、无环境污染、能耗低、投资小的优点，是一种经济环保的生产1,3-丙二醇的理想方法。多种细菌中，例如克雷伯氏菌（*Klehsiella*）、柠檬酸菌（*Citrobacter*）、梭状芽孢杆菌属（*Clostridium*）、肠杆菌属、乳杆菌属发现了能够生产1,3-丙二醇的菌株。1995

年，杜邦公司的专利首先介绍了生物发酵法合成1,3-丙二醇的新工艺，与化学法相比较，生物发酵法生产1,3-丙二醇具有选择性高、操作条件温和等优点，但是生产周期长，而且菌类的存在限制了甘油的浓度范围，这使得生成物的浓度和收率都有待提高。清华大学直接利用生物柴油的副产品——粗甘油发酵生产1,3-丙二醇，该技术已完成了$50m^3$的发酵试验，1,3-丙二醇的质量浓度可达70g/L，实现了酶法制备生物柴油和生物柴油副产物甘油发酵生产1,3-丙二醇的工艺耦合。

6.2.3 制备二羟基丙酮

二羟基丙酮（dihydroxyacetone，DHA），是最简单的多羟基酮糖。其外观为白色粉末状结晶，易溶于水、乙醇、乙醚和丙酮等有机溶剂，熔点为75~80℃，水溶性大于250g/L（20℃），在pH值为6.0时稳定。DHA分子中含有3个官能团（2个羟基和1个羰基），化学性质活泼，能广泛参与诸如聚合、缩合等各种化学反应，是一个重要的化学合成中间体，也是一个重要的多功能试剂。如在工业应用上，能有效还原丁二烯-苯乙烯复合物。DHA不仅是一种重要药物，也是一种重要的医药中间体，其作为药物已经应用在低血糖与糖尿病的治疗及某些病毒性皮肤病的治疗上。DHA被广泛应用于化妆品中，与皮肤表层自由氨基结合形成细密的薄膜，起到很好的保湿及防晒作用。二羟基丙酮的生产方法主要有化学合成和微生物发酵两种方法。

微生物法的机理是利用微生物代谢产生的甘油脱氢酶，催化甘油分子结构上的仲位羟基进行脱氢反应生成DHA。因此，凡是能够利用甘油并且具有相应的甘油脱氢酶系的微生物，都可以转化甘油制备二羟基丙酮。具有生物转化二羟基丙酮工业价值的微生物主要是醋酸杆菌、葡萄糖酸杆菌、酵母和脉孢菌等，其中醋酸杆菌属的氧化葡萄糖酸杆菌(*Gluconobacter oxydans*)是工业发酵生产二羟基丙酮的重要菌种。Juraj等人采用静息细胞法研究发现，用甘油作为底物转化的最适合温度为30℃，随着温度的升高，酶的活性下降，最适合pH值为5.5~6.0。甘油的浓度为1.5mol/L时，加入适量的菌体（6mg/mL），可以将甘油完全转化为DHA。冯屏等人利用膜生物反应器（MBR）连续培养发酵制取DHA。研究结果表明，制取DHA的最适合条件为甘油浓度60g/L，玉米浆和蛋白水解液质量浓度为0.5g/L，稀释率为$0.067h^{-1}$，其体积产率较分批发酵提高2~3倍，连续发酵时间可达到400h。

直接催化氧化法是在催化剂和氧化剂的作用下，通过一步反应将甘油转化为DHA的方法。甘油结构上有伯位和仲位两种羟基官能团，在一定条件及催化剂作用下容易被氧化，但不同催化剂及反应条件，将使得伯位和仲位上羟基的氧化选择性不同。该过程为一复杂的平行反应和连串反应过程（见图6-11），有两种进行路径：一种是氧化伯羟基生成甘油醛、甘油酸和丙醇二酸。丙醇二酸可以进一步氧化生成乙醇酸、乙醛酸、乙二酸和丙酮二酸；另一种是氧化甘油分子结构上的仲羟基生成 DHA，二羟基丙酮可以进一步氧化为羟基丙酮酸。化学法合成二羟基丙酮采用的催化剂主要是贵金属类，早期单元贵金属催化剂（如钯、铂）的研究较多，但是转化率或选择性不是很高。Demirel 等人采用 Au-Pt/C 作催化剂，在常压下，以分子氧作氧化剂，并且使反应在恒定的 pH 值（pH = 12）下进行。当采用 0.8% Au-0.2% Pt 时，甘油的转化率为 50%，DHA 的选择性从 26%（Au/C）增加到 36%。RoSaria 等人采用电催化氧化甘油制 DHA，其产率最高可达 35%，开辟了一条新的甘油催化氧化路径。谢艳丽等人合成了一系列贵金属多元催化剂，采用催化剂 5% Bi-9% Pt/C 可有效地将甘油催化氧化，反应温度为 55℃，反应时间为 50h，甘油全部转化，DHA 的产率为 50.05%。

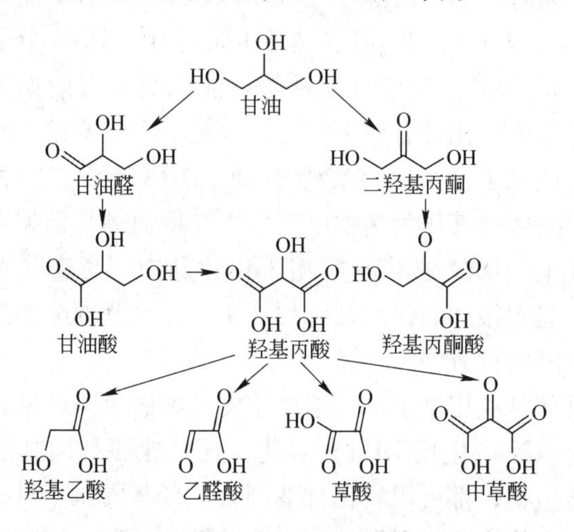

图 6-11　甘油直接催化氧化法的产物

通过化学氧化法，为甘油开发利用制备二羟基丙酮提供了一种工艺较简单的新途径，但是催化剂比较昂贵。目前，该反应的产率还不是很高，反应结束后，体系中尚余大量未转化的甘油。因此，从甘油的部分氧化产物中分离纯化 DHA 比较麻烦，还有待进一步研究。

微生物转化法生产 DHA 具有专一性强、反应条件温和、底物利用率高、转化率高和副产物少等优点，而且，微生物发酵制备的 DHA 还可应用于食品和医药工业等领域，该工艺日益成为甘油转化为 DHA 的新技术。目前，工业上微生物法生产二羟基丙酮的反应通常是在大的有氧搅拌器中按分批操作模型进行的，在此过程中要一直保持底物甘油和产物二羟基丙酮的浓度小于微生物的抑制质量浓度（通常都在 150g/L 左右）。因此，每批发酵液中，二羟基丙酮的最终质量浓度都较低（一般都在 60 ~ 80g/L），并且存在一定量未转化的甘油。二羟基丙酮和甘油在化学结构及物理性质上相似，这使得从发酵液中提取二羟基丙酮的工艺较为繁琐。常用的方法是先在发酵液中加入碳酸钡、助滤剂（如活性炭、阳离子树脂等），过滤除去菌体、色素和蛋白质等杂质，然后经过离子交换层析收集洗脱液，最后在洗脱液中加入正丁醇并通过真空共沸蒸馏（<40Pa）去除水分后得到二羟基丙酮产品。

由于二羟基丙酮的水溶性好，使得常规的萃取法很难将其从水溶液中提取出来。美国专利介绍了一种化学萃取的方法。这种方法是在发酵液中加入乙醛与二羟基丙酮进行缩合反应（所得缩醛的水溶性大大降低），再使用常规萃取方法将缩醛提取出来，并通过水解，然后减压分离得到二羟基丙酮产品。谢艳丽等人报道了一种应用钙型离子交换树脂为吸附剂，以去离子水作洗脱剂，从甘油部分氧化产物中分离提纯二羟基丙酮的方法。经过分离提纯，二羟基丙酮的质量分数可从原来的17.4%达到90.8%。

6.2.4 制备环氧氯丙烷

环氧氯丙烷又名表氯醇（ECH），是一种重要的有机化工原料和精细化工产品。目前，世界环氧氯丙烷的总消费量约120万吨/年，主要用于生产环氧树脂、增强树脂、氯醇橡胶、缩水甘油醚等物质。环氧氯丙烷主要出口国为日本和美国，主要进口地区为亚洲和东欧。今后几年，环氧氯丙烷的需求量将以年均约5%~6%的速度增长。我国经济的持续增长同样推动了环氧氯丙烷、环氧树脂消费市场的迅猛发展，成为全球环氧树脂需求增长最快的国家。

传统的环氧氯丙烷生产工艺有丙烯高温氯化法、醋酸丙烯酯法、丙烯醛法、丙酮法、氯丙烯直接环氧化法、Interox 法等。但这些方法成本较高，而且对环境污染较大，“三废”排放污染问题难以解决，尤其是排放废水中的COD含量一直居高不下。随着生物柴油生产过程中得到的副产物——甘油的大量涌现，其作为一种环保的原料，促使了以甘油来制备环氧氯丙烷技术的发展，其技术已由小试进入大规模化的成熟工艺生产阶段。甘油法制备环氧氯丙烷已成为业界的热点，随着2006年陶氏化学、苏威几乎同时宣布建设甘油法环氧氯丙烷大型生产装置，以及多家厂商在华实施或推出采用甘油法工艺的环氧氯丙烷建设计划，一个全球性的环氧氯丙烷发展高潮已经形成。

目前，甘油法制备环氧氯丙烷的技术已经比较成熟，其生产过程一般由氯化和环化两个反应单元组成，生产工艺分为连续法和间歇法两种。

甘油的氯化反应，一般以HCl为另一反应物，在合适的反应温度及催化剂存在下进行反应，得到的产物主要有一氯丙二醇和最终产物二氯丙醇，副产物为有机酸甘油酯、甘油的低聚物等，可使用液体盐酸与甘油来进行氯化反应，但反应的收率较低，因为盐酸中含有大量的水，随着水进入反应体系，将会降低反应速率而延长反应时间，并促使副反应的发生。氯化反应原料可以采用氯化氢气体，氯化氢气体可以由氯化钠和浓硫酸制得，也可以由三氯化磷和盐酸反应经干燥制得，其中反应的 HCl 可以重复利用，节约成本。此法优点为反应速率提高，反应时间缩短，二氯丙醇得率也较高。因此，氯化反应过程中除水工序是非常重要的，因为除去水分可以缩短反应时间，增大反应速率。

环化反应是将氯化反应生成的二氯丙醇和碱液反应，脱去一分子氯化氢，环化生成环氧氯丙烷。碱液一般用氢氧化钙或氢氧化钠配制成一定浓度的碱液来进行环化。通常二氯丙醇与碱的配料比中必须使碱适当过量，以保证环化完全。但是，如果碱过量太多，将促进环氧氯丙烷水解而生成甘油，降低产率。同时，环化时间过短，1,2-二氯丙醇转化率较低，若反应时间过长，会导致环氧氯丙烷水解成甘油。因此，环化时应尽量使生成的 ECH 及时分离出来以免发生过多的副反应，影响 ECH 的收率。目前，国内外着重于环化反应器装置研究、产物环氧氯丙烷水解研究等。

ECH 的制备过程分为四个重要阶段：（1）甘油氯化；（2）中和过量氯化氢；（3）环化；（4）环氧氯丙烷的精馏。其工艺流程如图 6-12 所示。比利时索尔维公司研究的新工艺利用已二酸专有催化剂，不需要用氯化氢，大大减少了副产物的产生，对环境的污染也减小了。

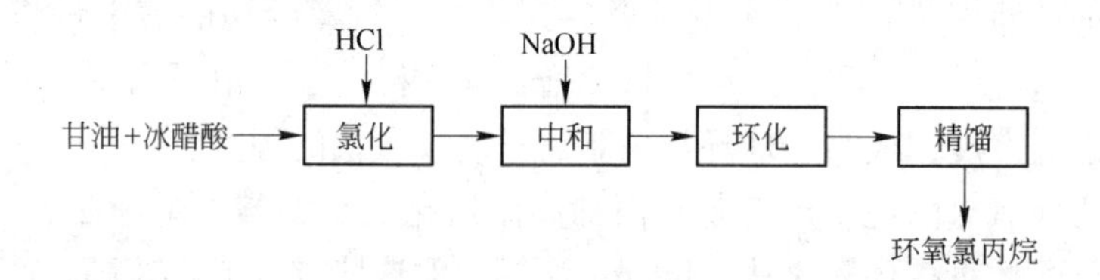

图 6-12 环氧氯丙烷制备工艺流程

甘油法生产环氧氯丙烷为一个两步反应过程：甘油氯化生成二氯丙醇和二氯丙醇皂化生成环氧氯丙烷。工艺过程有连续法和间歇法两种：连续法是将甘油氯化后不经过任何处理直接进行环化反应；间歇法是将甘油先氯化后，然后用碱液来中和过量的氯化氢，紧接着减压蒸馏得到二氯丙醇，最后进行环化反应。连续法具有简单和操作方便的优点，然而，由于生产工艺过程中，没有对氯化产物进行任何的处理，在环化反应时需要过量的碱液，同时，副产物较多，不易分离，对环氧化产物的提纯有一定的影响。间歇法则弥补了连续法的不足，操作上比连续法复杂，但未反应的甘油和一氯取代物可再循环利用。比利时索尔维（Solvay）公司开发了由甘油生产环氧氯丙烷的 Epicerol 工艺。该工艺借助特殊的催化剂，通过甘油与氯化氢反应，用一步法制取中间体二氯丙醇，无需使用氯气。此外，该工艺产生的氯化副产物极少，大大减少了水的消耗量和废水量。2010 年 3 月，江西全球化工股份有限公司启动我国第一套采用甘油催化氯代法合成环氧氯丙烷的万吨级装置建设项目，甘油经选择性催化氯代反应合成二氯丙醇，在碱作用下，环氧化合成环氧氯丙烷。

6.2.5 制备丙烯醛

甘油的利用大多集中在氧化和还原及其直接使用方面，而较少有甘油脱水制丙烯醛的研究报道。丙烯醛是一种简单的不饱和醛，在通常情况下是无色透明、有恶臭的液体，其蒸气有很强的刺激性和催泪性。丙烯醛是重要的有机合成中间体，可用于制造蛋氨酸而作为畜禽的饲料添加剂；丙烯醛经还原生成的烯丙醇可用作生产甘油的原料；丙烯醛经氧化成丙烯酸，可进一步制备丙烯酸酯。此外，丙烯醛的二聚体可用于制备二醛类化合物，广泛用作造纸、鞣革和纺织助剂。国外将其用作油田注入水的杀菌剂，以抑制注入水中的细菌生长，防止细菌在地层造成腐蚀及堵塞等问题。丙烯醛是生产戊二醛、1,2,6-己三醇及交联剂等的原料，还可用于制造胶体锇、钌、铑。丙烯醛与溴作用可得到2,3-二溴丙醛。2,3-二溴丙醛是医药中间体，可用来生产抗肿瘤药甲胺蝶呤等。甘油脱水得到丙烯醛的化学反应过程见式（6-22）：

$$\begin{array}{l} HOCH_2 \\ \quad | \\ HOCH \\ \quad | \\ HOCH_2 \end{array} \longrightarrow CH_2{=}CHCHO + 2H_2O \qquad (6\text{-}22)$$

Ramayya 等人在 400℃、34.5MPa 的条件下，以浓硫酸为催化剂，进行了甘油脱水反应，甘油的转化率为 40%，丙烯醛的选择性达 84%。Chai 等人在常压和 315℃的条件下，以固体酸为催化剂，进行了甘油脱水的反应研究，丙烯醛的最高产率为 45%。他认为固体酸催化剂的使用，克服了甘油在高温条件下与液体强酸作用时碳化现象严重及丙烯醛收率低等问题。江苏工业学院的张跃等人以甘油为原料合成丙烯醛，此工艺过程在常压条件下用固体催化剂连续进行反应。此工艺的最佳条件为：温度 330℃，在磷钨杂多酸催化剂催化条件下，甘油转化率达到 100%，丙烯醛摩尔收率达到 83.7%。Watanabe 通过使用超临界水，并以硫酸为催化剂，甘油的转化率可达到 90%，丙烯醛的选择性达到 80% 左右。

6.2.6 生产乙二醇

乙二醇（简称 EG 或 MEG），又称甘醇，是一种重要的石油化工原料，是乙烯的重要衍生物之一，也是二元醇中产量最大的产品。其用途非常广泛，最大用途是生产聚酯，包括纤维、薄膜及工程塑料，还可直接用作防冻剂，也是生产醇酸树脂、增塑剂、油漆、胶黏剂、表面活性剂、炸药等产品不可缺少的物质，也可用于配制低凝固点冷却液和用作溶剂。

目前，国内外生产乙二醇的主要方法是环氧乙烷直接加压水合法。但该方法生产乙二醇的工艺流程长、设备多、能耗高，目标产物乙二醇的选择性偏低，生产成本高，并且存在设备易腐蚀和污染环境等问题。因此，国内外开始致力于研究和开发新的乙二醇生产技术，通过甘油催化氢解合成乙二醇便是其中最为可行的一条路线。氢解时，首先是甘油分子吸附于催化剂表面，在催化剂的作用下脱氢生成甘油醛（glycer aldehyde）；然后，中间体甘油醛从催化剂表面脱附下来，在碱性环境中发生 C—C 键断裂生成羟基乙醛（glycolaldehyde）；最后，生成的羟基乙醛发生催化加氢反应生成乙二醇。早在 1983 年，杜邦公司就报道了一种利用多元醇（如甘油）通过氢解反应制取乙二醇的方法。具体反应过程为：氢解温度为 275℃，压力为 27.6MPa，以 Ni/Al_2O_3 或 Ni/SiO_2 为催化剂，并加入适量强碱作为助剂，但其选择性只有 15%。甘油催化氢解合成乙二醇的过程见式（6-23）~式（6-25）。

$$\text{HO, HO, HO (glycerol)} \longrightarrow \text{O, HO, HO (glyceraldehyde)} + H_2 \tag{6-23}$$

$$\text{O, HO, HO (glyceraldehyde)} \longrightarrow \text{HCHO} + \text{O, HO (glycolaldehyde)} \tag{6-24}$$

$$\text{O, HO (glycolaldehyde)} + H_2 \longrightarrow \text{OH, HO (ethylene glycol)} \tag{6-25}$$

众多研究表明，通过改变反应条件有利于乙二醇的生成，例如延长反应时间、升高氢气压力或控制反应体系的 pH 值在较低水平。另外，选用对 C—C 键的氢解活性高于 C—O 键的适当催化剂（如 Ni 或 Ru 等），也有利于乙二醇的生成。最近，戴维技术公司研制了一种新型的高效催化剂，它是一种以贵金属盐和有机磷化氢配合物为原料的均相氢解催化剂，具有高活性和选择性，该公司还开发了一种独特的加工工艺，该工艺使用串联操作的搅拌釜式反应器，在均一的液相下进行反应，转化率高达 90%。

6.2.7　制备碳酸甘油酯

碳酸甘油酯（4-羟甲基-1,3-二氧戊杂环-2-酮，GC）是甘油的重要衍生物，它是双基团极性化合物，在气体分离膜、非挥发性溶剂、医药、去污剂、胶黏剂、化妆品、生物润滑剂等方面有潜在的应用价值。因此，开发 GC 的合成工艺，具有重要的理论意义和应用价值。GC 的合成方法主要有甘油超临界 CO_2 法、羰基化法、酯交换法 3 种：甘油超临界 CO_2 法投资高，产品收率低；羰基化法的反应条件苛刻，且其原料光气、CO 均为有毒有害物质；酯交换法中的甘油-环状碳酸酯法，由于原料价格高且不易得，另外该工艺的副产物1,2-二元醇的沸点高，难与产物分离，使其应用性受到了很大限制。甘油-碳酸二甲酯（DMC）法，作为另一种通过酯交换合成GC的方法，具有原料环保易得、反应条件温和、对设备要求低、副产物甲醇的沸点低而易与产物分离等优点，是目前所有制备GC的方法中最为绿色环保、经济简便的方法。甘油-DMC法合成GC见反应式(6-26)。

$$H_3C-O-\overset{\overset{\displaystyle O}{\|}}{C}-O-CH_3+\begin{matrix}HOCH_2\\|\\HOCH\\|\\HOCH_2\end{matrix}\longrightarrow \text{(GC)}+2CH_3OH \quad (6\text{-}26)$$

近年来，国内外针对甘油-DMC法合成GC展开了一系列相关研究。Malyaadri等人以Mg/Al/Zr复合物为催化剂，进行了催化甘油和DMC生成GC的反应。虽然该法所使用的催化剂易于回收，但DMC和甘油的摩尔比高达5∶1。Bai等人以KF为活性物质，并负载在羟磷灰石载体上的方式开发了一种负载型催化剂，用于催化甘油和DMC生成GC的反应。该方法所使用的催化剂活性高，且重复利用性较好，但KF为有毒物质，不利于在工业上的推广应用。Li等人以CaO为催化剂，使用恒沸精馏耦合的方法来制备GC，减少了DMC的用量并提高了催化剂的回收利用性，但对设备要求高，且反应中需要额外引入苯等有毒物质作为恒沸剂，不仅增加了反应成本也为产品后处理带来了不便。其他催化方法：脂肪酶催化法，不仅催化剂成本高且反应时间长达数天。水滑石催化法需要引入二甲基甲酰胺等作为溶剂。离子液体催化法虽反应速率快，产品收率高，但催化剂制备方法复杂，成本过高。

6.2.8 甘油气化重整制氢

近年来，许多国内外的研究者进行了以生物柴油生产过程得到的副产物粗甘油为原料，经催化剂作用，通过水蒸气重整制氢的研究，这为生物柴油副产物甘油的处置和高效利用提出了新途径。氢能源是一种二次能源，其发热值仅次于核能源，开发研究生物柴油副产物粗甘油为原料，经催化重整制取氢能源具有很重要的意义。

甘油常规水蒸气重整制氢的报道较多。1983年，Stein等人研究了甘油蒸气在一种层流反应器中的分解反应。产物的主要成分是CO、H_2、C_2H_4和CH_4。与此同时，几乎没有CO_2产生。实验表明，甘油最初的分解产物为CO、乙醛和丙烯醛。Soares等人发现，在Pt催化作用下，甘油水溶液可以转化成CO和H_2的混合物。通过调变催化剂用量，还可以使合成气中CO和H_2的比例调节到1∶2。Adhikari等人研究了几种典型的催化剂对重整生物甘油制氢的活性，高温、低压和高 S/C（水蒸气与进料碳含量比例）比值可提高氢气的产率，最佳制氢条件为：温度大于900K，S/C 为9，操作压力为常压。Hirai 等人在固定床反应器中，选择 Ru/Y_2O_3 催化剂对甘油催化重整进行的研究表明，在600℃时，原料甘油100%转化，H_2 的选择性高达90%。Adhikari 等人研究担载金属的 Al_2O_3 催化剂对甘油重整制氢性能，金属成分包括 Rh、Pt、Pd、Ir、Ru 和 Ni，结果表明，Ni/Al_2O_3 和 $Rh/CeO_2/Al_2O_3$ 具有较好的甘油重整制氢性能，采用 Ni/Al_2O_3 的 H_2 选择性在80%左右，而 $Rh/CeO_2/Al_2O_3$ 催化剂 H_2 选择性为71%。Zhang 等人研究了甘油重整制氢催化剂，结果表明，Ir/CeO_2 在400℃使甘油100%转化，H_2 选择性超过85%。Adhikari 等人评估了 Ni/CeO_2、Ni/MgO 和 Ni/TiO_2 甘油重整催化剂，结果表明，Ni/CeO_2 等具有最好的催化性能，600℃原料甘油转化率在95%以上，H_2 选择性为74%。实际上，传统商业 Ni 基甲烷/甲醇等重整催化剂同样对甘油重整表现出较好的性能，Dou 等人选择商业重整催化剂 NiO/Al_2O_3，其对甘油重整表现出良好的性能，氢气产率与选择性均随温度升高而提高。

甘油重整为强吸热反应，包括复杂的化学过程，首先为甘油在水蒸气环境下的热裂解反应，转化为 H_2 和 CO：

$$C_3H_8O_3 \xrightarrow{H_2O} 3CO + 4H_2 \tag{6-27}$$

水蒸气变换反应为：

$$CO + H_2O = CO_2 + H_2 \tag{6-28}$$

总的甘油重整制氢反应为：

$$C_3H_8O_3 + 3H_2O = 3CO_2 + 7H_2 \tag{6-29}$$

从总的甘油重整制氢表达式可见，理想条件产品 H_2 纯度也不超过70%，通常实验室 H_2 产率最高仅在60%～65%之间。在较低温度，CO 甲烷化副反应与过程积炭也不容忽视。

6.2.9 其他用途

甘油酸是可用于生化研究领域的一种重要物质，如肌肉生理学、制药和有机合成。甘油经氧化反应生成甘油酸的过程：实际是在碱性条件下，利用 Pd、Pt 和 Au 等金属催化剂，将其先转化为甘油醛，再氧化甘油醛得到甘油酸。Garcia 等人采用 Pd/C 催化剂，在333K 的温度下，催化氧化甘油。研究发现，在4h 反应时间内，甘油可完全转化；3～4h 反应时间里，甘油酸出现了70%的高选择性。Carrettin 等人报道了利用 Au/C 催化剂，采用高压反应釜，以空气作氧化剂氧化甘油。其结果显示，使用 Au 催化剂，甘油酸的选择性接近100%。由此可见，使用 Au 催化剂比 Pd 催化剂具有更好的选择性，且循环多次后，Au 催化剂的活性仍然很稳定。而使用 Pd/C 催化剂时，通常会有副产物 Cl 产生。

乳酸广泛应用于食品、医药、发酵、纺织、化妆品和农产品等行业。Kishida

等人报道了甘油水热合成乳酸的方法。在300℃温度下，将甘油置于0.25mol/L的NaOH反应液中，反应1h得到主要产物乳酸。当NaOH在甘油中的浓度为1.25mol/L时，乳酸的产率达到了90%。该项工作还探讨了甘油在碱催化的条件下，氧化生成乳酸的反应机理。清华大学刘海超课题组报道了一种由甘油选择性制备乳酸的方法。具体过程如下：在常压及363K时，以Au-Pt/TiO_2为催化剂，甘油首先氧化生成甘油醛和二羟基丙酮，并迅速转化为乳酸。

聚合甘油是无色黏稠状的液体或半固体，可溶于水及乙醇，吸湿性比甘油略低，是一种多元醇。聚合甘油具有醇类的所有性质，如与脂肪酸酯化可生成各种酯；与环氧乙烷、环氧丙烷等反应可生成环氧乙烷、环氧丙烷等的加成物；未完全酯化的聚合甘油酯的羟基又可以与环氧乙烷、环氧丙烷等反应生成环氧乙烷、环氧丙烷等的加成物等。精细化工行业中，聚合甘油用于制造乳脂和乳液，在牙膏中可用作膏体的增稠剂。聚合甘油的环氧丙烷加成物是优质护发用化妆品的原料，可代替石油化学品（脂肪族醇醚，可用作香波、护发素二苯甲酮衍生物用于紫外线吸收；二元酸酯或盐用作乳化剂和洗净剂）。此外，聚合甘油在合成树脂中作抗静电剂、稳定剂，在糊精、氯化钙和明胶等水溶性黏结剂中加入聚合甘油，在淀粉浆糊中加入聚合甘油硼酸酯，可调整固化时间、提高储藏稳定性。

用Na_2CO_3或者用MCM-41型多孔材料催化甘油反应，使两个或多个甘油分子间的羟基经脱水后生成聚合甘油。聚合甘油是两个或多个甘油分子间的羟基经脱水后生成的醚，这种化合物有链状和环状，结构式如下：

$$HOCH_2CHOHCH_2—[OCH_2CHOHCH_2]_n—OCH_2CHOHCH_2OH, n = 0,1,2,3,\cdots$$

目前，制备聚合甘油的方法主要有酸法、表氯醇合成法及碱法。然而，由于前两种方法具有原料昂贵、产物复杂及反应条件苛刻等局限性，碱法已成为研究的热点。

参考文献

[1] 冀星，郗小林，钱家麟，等．我国石油安全战略探讨[J]．中国能源，2004，26(1)：16～22.

[2] 李昌珠，蒋丽娟，程树棋．生物柴油——绿色能源[M]．北京：化学工业出版社，2005.

[3] MUSTAFA B. Potential alternatives to edible oils for biodiesel production—a review of current work[J]. Energy. Convers. Manage.，2011，52：1479～1492.

[4] AMISH P V，JASWANT L V，SUBRAHMANYAM N. A review on FAME production processes [J]. Fuel，2010，89：1～9.

[5] 钱伯章．生物柴油生产现状及技术进展[J]．新材料产业，2005，9：49～55.

[6] SRIVASTAVA A，PRASAD R. Triglycerides-based diesel fuels [J]. Renew. Sust. Energ. Rev.，2000，4：111～113.

[7] TOMASEVIC A V，SILER-MARINKOVIC S S. Methanolysis of used frying oil [J]. Fuel. Process. Technol.，2003，81：1～6.

[8] 谭天伟，王芳，邓立，等．生物柴油的生产和应用[J]．现代化工，2002，22：4～6.

[9] RAHEMAN H，PHADATARE A G. Diesel engine emissions and performance from blends of karanja methylester and diesel[J]. Biomass. Bioenergy.，2004，27：393～397.

[10] 吴谋成．生物柴油[M]．北京：化学工业出版社，2008.

[11] 丁丽芹，何力．国外生物燃料的发展及现状[J]．现代化工，2002，22：55～56.

[12] SHARMA Y C，SINGH B，UPADHYAY S N. Advancements in development and characterization of biodiesel：a review[J]. Fuel，2008，87：2355～2373.

[13] GERPEN J V. Biodiesel processing and production [J]. Fuel. Process. Technol.，2005，86：1097～1107.

[14] SHU Q，YANG B L，YANG J M，et al. Predicting the viscosity of biodiesel fuels based on mixture topological index method[J]. Fuel，2007，86：1849～1854.

[15] DEMIRBAS A. Progress and recent trends in biodiesel fuels [J]. Energ. Convers. Manage.，2009，50：14～34.

[16] SHU Q，WANG J F，PENG B X，et al. Predicting the surface tension of biodiesel fuels by a mixture topological index method，at 313K[J]. Fuel，2008，87：3586～3590.

[17] SHU Q，GAO J X，LIAO Y H，et al. Estimation of the sauter mean diameter for biodiesels by the mixture topological index[J]. Renew. Energy，2011，2：482～487.

[18] AHMAD M，ULLAH K，KHAN M A，et al. Quantitative and qualitative analysis of sesame oil biodiesel[J]. Energ. Source. Part A，2011：1239～1249.

[19] MONTEIROA M R，AMBROZINA A R P，LIÃOB L M，et al. Critical review on analytical methods for biodiesel characterization[J]. Talanta，2008：593～605.

[20] FREEDMAN B，KWOLEK W F，PRYDE E H. Quantitation in the analysis of transesterified soybean oil by capillary gas chromatography [J]. J. Am. Oil. Chem. Soc.，1986，62：1370～1375.

[21] MITTELBACH M. Diesel fuel derived from vegetable oils, V [1]: gas chromatographic determination of free glycerol in transesterified vegetable oils [J]. Chromatographia, 1993, 37: 623 ~ 626.

[22] KARAN B, JONATHAN M, ALAN H, et al. Thin layer chromatography and image analysis to detect glycerol in biodiesel[J]. Fuel, 2008: 3369 ~ 3372.

[23] TARVAINEN M, SUOMELA J P, LALLIO H. Ultra high performance liquid chromatography-mass spectrometric analysis of oxidized free fatty acids and acylglycerols [J]. Eur. J. Lipid. Sci. Technol., 2011: 409 ~ 422.

[24] HOLČAPEK M, JANDERA P, FISCHER J. Analytical monitoring of the production of biodiesel by high performance liquid chromatography with various detection methods[J]. J. Chromatogr. A., 1999: 13 ~ 31.

[25] DORADO M P, PINZI S, HARO A, et al. Visible and NIR spectroscopy to assess biodiesel quality: determination of alcohol and glycerol traces[J]. Fuel, 2011: 2321 ~ 2325.

[26] MUHAMMAD T, SAQIB A, FIAZ A, et al. Identification, FTIR, NMR (^{1}H and ^{13}C) and GC/MS studies of fatty acid methyl esters in biodiesel from rocket seed oil [J]. Fuel. Process. Technol., 2011: 336 ~ 341.

[27] CHIEN Y C, LU M M, CHAI M, et al. Characterization of biodiesel and biodiesel particulate matter by TG, TG ~ MS, and FTIR[J]. Energy. Fuels., 2009: 202 ~ 206.

[28] 张蓉仙，陈秀. 生物柴油的热分析[J]. 石油与天然气化工，2009，38：161 ~ 163.

[29] FERRÃO-GONZALESA A D, VÉRASA I C, SILVAA F A L. Thermodynamic analysis of the kinetics reactions of the production of FAME and FAEE using Novozyme 435 as catalyst[J]. Fuel. Process. Technol., 2011: 1007 ~ 1011.

[30] JIANG X X, NAOKO E, ZHONG Z P. Fuel properties of bio-oil/bio-diesel mixture characterized by TG, FTIR and ^{1}HNMR[J]. Korean J. Chem. Eng., 2011, 28: 133 ~ 137.

[31] BARTHOLOMAEUS P, SIGURD S, CHRISTOPH G, et al. Novel sensitive determination of steryl glycosides in biodiesel by gas chromatography-mass spectroscopy[J]. J. Chromatogr. A., 2010: 6555 ~ 6561.

[32] YANG Z, HOLLEBONE B P, WANG Z, et al. Determination of polar impurities in biodiesels using solid-phase extraction and gas chromatography-mass spectrometry[J]. J. Sep. Sci., 2011: 409 ~ 421.

[33] SORICHETTI P A, SORICHETTI P A, ROMANO S D. Physico-chemical and electrical properties for the production and characterization of biodiesel[J]. Phys. Chem. Liq., 2005, 43: 37 ~ 48.

[34] TYAGI O S, ATRAY N, KUMAR B, et al. Production, characterization and development of standards for biodiesel—A review[J]. Mapan, 2010, 25: 197 ~ 218.

[35] ZIEJEWSKI M Z, KAUFMAN K R, PRATT G L. Vegetable oil as diesel fuel[C]. Seminar Ⅱ, Northern Regional Research Center, Peoria, Illinois, 1983: 19 ~ 20.

[36] ZIEJEWSKI M Z, KAUFMAN K R, SCHWAB A W, et al. Diesel engine evaluation of non-i-

onic sunflower oil-aqueous ethanol micro emulsion [J]. J. Am. Oil. Chem. Soc., 1984, 61: 1620 ~ 1626.

[37] KRALJ A K. Heat integration between two biodiesel processes using a simple method[J]. Energy. Fuels., 2008, 22: 1972 ~ 1979.

[38] SCHWAB A W, DYKSTRA G J, SELKE E, et al. Diesel fuel from thermal decomposition of soybean oil[J]. J. Am. Oil. Chem. Soc., 1988, 65: 1781 ~ 1786.

[39] MODI M K, REDDY J R, RAO B V, et al. Lipase-mediated conversion of vegetable oils into biodiesel using ethyl acetate as acyl acceptor[J]. Bioresour. Technol., 2007, 98: 1260 ~ 1264.

[40] ROYON D, DAZ M, ELLENRIEDER G, et al. Enzymatic production of biodiesel from cotton seed oil using t-butanol as a solvent[J]. Bioresour. Technol., 2007, 98: 648 ~ 653.

[41] XU Y Y, DU W, LIU D H, et al. A novel enzymatic route for biodiesel production from renewable oils in a solvent-free medium[J]. Biotechnol. Lett., 2003, 25: 1239 ~ 1241.

[42] WARABI Y, KUSDIANA D, SAKA S. Biodiesel fuel from vegetable oil by various supercritical alcohols[J]. Appl. Biochem. Biotechnol., 2004, 115: 793 ~ 801.

[43] VICENTE G, MARTINEZ M, ARACIL J. Integrated biodiesel production: a comparison of different homogeneous catalysts systems[J]. Bioresour. Technol., 2004, 92: 297 ~ 305.

[44] LEUNG D Y C, WU X, LEUNG M K H. A review on biodiesel production using catalyzed transesterification[J]. Appl. Energy., 2010, 87: 1083 ~ 1095.

[45] ZHENG S, KATES M, DUBÉ M A, et al. Acid-catalyzed production of biodiesel from waste frying oil[J]. Biomass. Bioenergy., 2006, 30: 267 ~ 272.

[46] WAHLEN B D, BARNEY B M, SEEFELDT L C. Synthesis of biodiesel from mixed feedstocks and longer chain alcohols using an acid-catalyzed method [J]. Energy. Fuels., 2008, 22: 4223 ~ 4228.

[47] GRYGLEWICZ S. Rapeseed oil methyl esters preparation using heterogeneous catalysts [J]. Bioresour. Technol., 1999, 70: 249 ~ 253.

[48] LECLERCQ E, FINIELS A, MOREAU C. Transesterification of rapeseed oil in the presence of basic zeolites and related solid catalysts[J]. J. Am. Oil. Chem. Soc., 2001, 78: 1161 ~ 1165.

[49] FENG Y, HE B, CAO B, et al. Biodiesel production using cation-exchange resin as heterogenous catalyst[J]. Bioresour. Technol., 2010, 101: 1518 ~ 1521.

[50] 娄文勇，蔡俊，段章群，等. 基于纤维素的固体酸催化剂的制备及其催化高酸值废油脂生产生物柴油[J]. 催化学报，2011，32：1755 ~ 1761.

[51] TODA M, TAKAGAKI A, OKAMURA M. Green chemistry-biodiesel made with sugar catalyst [J]. Nature, 2005, 438: 178.

[52] SHU Q, ZHANG Q, XU G H, et al. Preparation of biodiesel using s-MWCNT catalysts and the coupling of reaction and separation[J]. Food. Bioprod. Process., 2009, 87: 164 ~ 170.

[53] LIU R, WANG X Q, ZHAO X, et al. Sulfonated ordered mesoporous carbon for catalytic preparation of biodiesel[J]. Carbon, 2008, 46: 1664 ~ 1669.

[54] SHU Q, NAWAZ Z, GAO J X, et al. Synthesis of biodiesel from waste oil feedstocks using a carbon-based solid acid catalyst: reaction and separation[J]. Bioresour. Technol., 2010, 101: 5374~5384.

[55] SHU Q, GAO J X, NAWAZ Z, et al. Synthesis of biodiesel from waste vegetable oil with large amounts of free fatty acids using a carbon-based solid acid catalyst[J]. Appl. Energy., 2010, 87: 2589~2596.

[56] SHU Q, ZHANG Q, XU G H, et al. Synthesis of biodiesel from cottonseed oil and methanol using a carbon-based solid acid catalyst[J]. Fuel. Process. Technol., 2009, 90: 1002~1008.

[57] 杨颖，鲁厚芳，梁斌. SO_4^{2-}/TiO_2 固体酸煅烧条件对其催化酯化反应活性的影响[J]. 化学反应工程与工艺，2007，23(1)：13~18.

[58] 舒庆，张强，高继贤，王金福. 炭基固体酸催化制备生物柴油研究进展[J]. 现代化工，2009，29：21~25.

[59] 彭宝祥，舒庆，王光润，王金福. 酸催化酯化法制备生物柴油动力学研究[J]. 化学反应工程与工艺，2009，25：250~255.

[60] JUAN J C, ZHANG J C, YARMO M A. Structure and reactivity of silica-supported zirconium sulfate for esterification of fatty acid under solvent-free condition[J]. Appl. Catal. A-Gen., 2007, 332: 209~215.

[61] PENG B X, SHU Q, WANG J F, et al. Biodiesel production from cheap raw feedstocks via solid acid catalysis[J]. Process. Saf. Environ. Protec., 2008, 86(6): 441~447.

[62] TAKAGAKI A, TODA M, OKAMURA M, et al. Esterification of higher fatty acids by a novel strong solid acid[J]. Catal. Today., 2006, 116: 157~167.

[63] MINAMIA E, SAKA S. Kinetics of hydrolysis and methyl esterification for biodiesel production in two-step supercritical methanol process[J]. Fuel, 2006, 85: 2479~2483.

[64] TESSER R, SERIO M D, GUIDA M. Kinetics of oleic acid esterification with methanol in the presence of triglycerides[J]. Ind. Eng. Chem. Res., 2005, 44: 7978~7982.

[65] WANG C W, ZHOU J F, CHEN W, et al. Effect of weak acids as a catalyst on the transesterification of soybean oil in supercritical methanol[J]. Energy. Fuels., 2008, 22: 3479~3483.

[66] FREEDMAN B, BUTTERFIELD R O, PRYDE E H. Transesterification kinetics of soybean oil [J]. J. Am. Oil. Chem. Soc., 1986, 63: 1375~1380.

[67] NOUREDDINI H, ZHU D. Kinetics of soybean oil[J]. J. Am. Oil. Chem. Soc., 1997, 74: 1457~1463.

[68] GAN M Y, PAN D, MA L, et al. The kinetics of the esterification of free fatty acids in waste cooking oil using $Fe_2(SO_4)_3$/C catalyst[J]. Chin. J. Chem. Eng., 2009, 17: 83~87.

[69] CHEN H, WANG J F. Kinetics of KOH catalyzed tranesterification of cottonseed oil for biodiesel production[J]. J. Chem. Ind. Eng (China), 2005, 56: 1971~1974.

[70] SHU Q, GAO J X, LIAO Y H, et al. Reaction kinetics of biodiesel synthesis from waste oil using a carbon-based solid acid catalyst[J]. Chin. J. Chem. Eng., 2011, 1: 163~168.

[71] HAYYAN M, MJALLI F S, HASHIM M A, et al. A novel technique for separating glycerine

from palm oil-based biodiesel using ionic liquids [J]. Fuel. Process. Technol., 2010, 91: 116 ~ 120.

[72] MAZZIERI V A, VERA C R, YORI J C. Adsorptive properties of silica gel for biodiesel refining[J]. Energy & Fuels, 2008, 22: 4281 ~ 4284.

[73] SHI H X, BAO Z H. Direct preparation of biodiesel from rapeseed oil leached by two-phase solvent extraction[J]. Bioresour. Technol., 2008, 99: 9025 ~ 9028.

[74] SALEH J, DUBE M A, TREMBLAY A Y. Effect of soap, methanol, and water on glycerol particle size in biodiesel purification[J]. Energy. Fuels., 2010, 24: 6179 ~ 6186.

[75] CASAS A, RUIZ J R, RAMOS M J, et al. Effects of triacetin on biodiesel quality[J]. Energy. Fuels., 2010, 24: 4481 ~ 4489.

[76] LEEVIJIT T, TONGURAI C, PRATEEPCHAIKUL G, et al. Performance test of a 6-stage continuous reactor for palm methyl ester production[J]. Bioresour. Technol., 2008, 99: 214 ~ 221.

[77] SALEH J, TREMBLAY A Y, DUBÉ M A. Glycerol removal from biodiesel using membrane separation technology[J]. Fuel, 2010, 189: 2260 ~ 2266.

[78] GONZALO A, GARCÍA M, SÁNCHEZ J L. Water cleaning of biodiesel. effect of catalyst concentration, water amount, and washing temperature on biodiesel obtained from rapeseed oil and used oil[J]. Ind. Eng. Chem. Res, 2010, 49: 4436 ~ 4443.

[79] HAAS M J. Improving the economics of biodiesel production through the use of low value lipids as feedstocks: vegetable oil soapstock[J]. Fuel. Process. Technol., 2005, 86: 1087 ~ 1096.

[80] MARCHETTI J M, MIGUEL V U, ERRAZU A F. Techno-economic study of different alternatives for biodiesel production[J]. Fuel. Process. Technol., 2008, 89: 740 ~ 748.

[81] TIAN H, LI C Y, YANG C H, et al. Alternative processing technology for converting vegetable oils and animal fats to clean fuels and light olefins[J]. Chin. J. Chem. Eng., 2008, 16: 394 ~ 400.

[82] DIAZ M S, ESPINOSA S, BRIGNOLE E A. Model-based cost minimization in noncatalytic biodiesel production plants[J]. Energy. Fuels., 2009, 23: 5587 ~ 5595.

[83] FURUTA S, HIROMI M, KAZUSHI A. Biodiesel fuel production with solid superacid catalysis in fixed bed reactor under atmospheric pressure[J]. Catal. Commun., 2004, 5: 721 ~ 723.

[84] ZHANG Y, DUBE M A, MCLEAN D D, et al. Biodiesel production from waste cooking oil: 1. Process design and technological assessment[J]. Bioresour. Technol., 2003, 89: 1 ~ 16.

[85] YE J C, TU S, SHA Y. Investigation to biodiesel production by the two-step homogeneous base catalyzed transesterification[J]. Bioresour. Technol., 2010, 101: 7368 ~ 7374.

[86] SANTACESARIA E, TESSER R, SERIO M D, et al. Comparison of different reactor configurations for the reduction of free acidity in raw materials for biodiesel production[J]. Ind. Eng. Chem. Res., 2007, 46: 8355 ~ 8362.

[87] NOUREDDINI H, HARKEY D, MEDIKONDURU V. A continuous process for the conversion of vegetable oils into methyl esters of fatty acids [J]. J. Am. Oil. Chem. Soc., 1998, 75:

1775 ~ 1783.

[88] LIANG X Z, GAO S, WU H H, et al. Highly efficient procedure for the synthesis of biodiesel from soybean oil[J]. Fuel. Process. Technol. , 2009, 90: 701 ~ 704.

[89] ABDULLAH A Z, RAZALI N, MOOTABADI H, et al. Critical technical areas for future improvement in biodiesel technologies[J]. Environ. Res. Lett. , 2007, 2: 1 ~ 6.

[90] GUMPON P, KRIT S, MICHAEL A. Design and testing of continuous acid-catalyzed esterification reactor for high free fatty acid mixed crude palm oil[J]. Fuel. Process. Technol. , 2009, 90: 784 ~ 789.

[91] TALUKDER M M R, BEATRICE K L M, SONG O P, et al. Improved method for efficient production of biodiesel from palm oil[J]. Energy. Fuels. , 2008, 22: 141 ~ 144.

[92] 崔建华. 脂肪酸甲酯制备表面活性剂的研究与生产现状[J]. 河南化工, 2009, 26: 3 ~ 6.

[93] 王迎宾, 谢文磊, 淳宏, 等. 磺酸盐类表面活性剂的合成和应用现状[J]. 四川化工, 2009, 12: 22 ~ 25.

[94] 王奎, 蒋剑春, 李翔宇, 等. 生物柴油用于合成蔗糖酯的工艺研究[J]. 林产化学与工业, 2010, 30: 1 ~ 5.

[95] 李玉芳. PVC 稀土热稳定剂研究应用进展[J]. 国外塑料, 2008: 35 ~ 38.

[96] 黄辉, 范春玲, 曹贵平, 等. 天然脂肪醇的合成研究进展[J]. 日用化学工业, 2008, 38: 113 ~ 116.

[97] 周星, 陈立功, 朱立业. 生物柴油副产物粗甘油开发利用和研究进展[J]. 精细石油化工进展, 2010, 411: 44 ~ 47.

[98] 杨凯华, 蒋剑春, 聂小安, 等. 生物柴油的制备及其副产物粗甘油分离与精制工艺的研究[J]. 生物质化学工程, 2006, 40: 1 ~ 4.

[99] 刘汉勇, 宁春利, 张春雷, 等. 生物柴油副产粗甘油的精制工艺研究[J]. 化学世界, 2009: 174 ~ 179.

[100] MANUEL C. Purification of glycerol/water solutions from biodiesel synthesis by ion exchange: sodium removal part Ⅰ [J]. J. Chem. Technol. Biotechnol. , 2009: 738 ~ 744.

[101] 刘德华, 杜伟, 刘宏娟. 生物法联产生物柴油和1, 3-丙二醇及产业化前景[J]. 合成纤维, 2005, 34: 112 ~ 115.

[102] 余健儿, 王建黎, 计建炳. 由甘油制备 1, 3-二羟基丙酮的研究进展[J]. 现代化工, 2009, 29: 45 ~ 48.

[103] 尤小姿. 甘油法制备环氧氯丙烷工艺研究[D]. 厦门: 厦门大学, 2009.

[104] 张跃, 谢国红, 刘建武, 等. 生物甘油制备农药中间体丙烯醛的研究[J]. 安徽农业科学, 2009, 37: 1420 ~ 1422.

[105] 杜美美, 李秋小, 董万田, 等. CaO 催化制备碳酸甘油酯[J]. 精细化工, 2012, 29: 200 ~ 204.

[106] 刘琦, 张鹏博, 王星会, 等. 甘油水蒸气重整制氢催化剂研究进展[J]. 分子催化, 2012, 26: 89 ~ 97.

[107] 黄士学，崔洪友，钱绍松，等．甘油脱水制丙烯醛催化剂的研究进展[J]．化工进展，2012，31：74～82.

[108] 张金廷，施永诚．聚合甘油的性质及其应用[J]．日用化学品科学，2005，28：22～24.

[109] 欧兰英，兰支利，尹笃林，等．生物质甘油制备环氧氯丙烷的研究[J]．化学工业与工程，2011，28：39～43.

[110] 豆斌林，陈海生．水蒸气重整生物甘油制氢的研究进展[J]．化工进展，2011，30：967～972.

[111] 刘蕾，权静，徐琳．以甘油生产环氧氯丙烷的研究进展[J]．广州化工，2011，39：11～12.

冶金工业出版社部分图书推荐

书　名	定价(元)
现代生物质能源技术丛书	
生物质生化转化技术	49.00
沼气发酵检测技术	18.00
生物柴油检测技术	22.00
污泥处理与资源化丛书	
污泥干化与焚烧技术	35.00
污泥生物处理技术	35.00
污泥处理与资源化应用实例	32.00
污泥循环卫生填埋技术	35.00
污泥管理与控制政策	42.00
污泥资源化利用技术	42.00
污泥表征与预处理技术	32.00
冶金过程污染控制与资源化丛书	
绿色冶金与清洁生产	49.00
冶金过程固体废物处理与资源化	39.00
冶金过程废水处理与利用	30.00
冶金过程废气污染控制与资源化	40.00
冶金企业污染土壤和地下水整治与修复	29.00
冶金企业废弃生产设备设施处理与利用	36.00
矿山固体废物处理与资源化	26.00
冶金资源高效利用	56.00
环境生化检验	14.80
现代色谱分析法的应用	28.00
无机化学与化学分析学习指导	25.00
固水界面化学与吸附技术	55.00
材料化学实验教程	16.00
钢铁冶金的环保与节能(第2版)	56.00
钢铁工业废水资源回用技术与应用	68.00
固体废物污染控制原理与资源化技术(本科教材)	39.00
生活垃圾处理与资源化技术手册	180.00
工业固体废物处理与资源	39.00
环保设备材料手册(第2版)	178.00
电子废弃物的处理处置与资源化	29.00